Ania Carolina Muntau
Julia Katharina Aust

Last Minute Pädiatrie

1. Auflage

ELSEVIER
URBAN & FISCHER

URBAN & FISCHER München

Zuschriften und Kritik an:
Elsevier GmbH, Urban & Fischer Verlag, Hackerbrücke 6, 80335 München
E-Mail: medizinstudium@elsevier.de

Wichtiger Hinweis für den Benutzer

Die Erkenntnisse in der Medizin unterliegen laufendem Wandel durch Forschung und klinische Erfahrungen. Herausgeber und Autoren dieses Werkes haben große Sorgfalt darauf verwendet, dass die in diesem Werk gemachten therapeutischen Angaben (insbesondere hinsichtlich Indikation, Dosierung und unerwünschter Wirkungen) dem derzeitigen Wissensstand entsprechen. Das entbindet den Nutzer dieses Werkes aber nicht von der Verpflichtung, anhand weiterer schriftlicher Informationsquellen zu überprüfen, ob die dort gemachten Angaben von denen in diesem Buch abweichen und seine Verordnung in eigener Verantwortung zu treffen.
Für die Vollständigkeit und Auswahl der aufgeführten Medikamente übernimmt der Verlag keine Gewähr.
Geschützte Warennamen (Warenzeichen) werden in der Regel besonders kenntlich gemacht (®). Aus dem Fehlen eines solchen Hinweises kann jedoch nicht automatisch geschlossen werden, dass es sich um einen freien Warennamen handelt.

Bibliografische Information der Deutschen Nationalbibliothek
Die Deutsche Nationalbibliothek verzeichnet diese Publikation in der Deutschen Nationalbibliografie; detaillierte bibliografische Daten sind im Internet über http://dnb.d-nb.de abrufbar.

1. Auflage 2011

Der Urban & Fischer Verlag ist ein Imprint der Elsevier GmbH.

11 12 13 14 5 4 3 2 1

Um den Textfluss nicht zu stören, wurde bei Berufsbezeichnungen die grammatikalisch maskuline Form gewählt. Selbstverständlich sind in diesen Fällen immer Frauen und Männer gemeint.

Planung: Christina Nussbaum, Sabine Hennhöfer, Elsevier Deutschland, München
Lektorat: Hans Reuter, Julia Ehmer, Schäffler & Kollegen GmbH, Augsburg
Herstellung: Peter Sutterlitte, München
Satz: abavo GmbH, Buchloe/Deutschland; TnQ, Chennai/Indien
Druck und Bindung: Printer Trento, Italien
Umschlaggestaltung: SpieszDesign, Neu-Ulm
Abbildungen: © Elsevier GmbH, München
Titelfotografie: © GettyImages/Kick Images/Tsoi Hoi Fung

ISBN 978-3-437-43008-4

Aktuelle Informationen finden Sie im Internet unter **www.elsevier.de** und **www.elsevier.com**

So nutzen Sie das Buch

Prüfungsrelevanz
Die Elsevier-Reihe Last Minute bietet Ihnen die Inhalte, zu denen in den Examina der letzten fünf Jahre Fragen gestellt wurden. Eine Farbkennung gibt an, wie häufig ein Thema gefragt wurde, d.h. wie prüfungsrelevant es ist:

- Kapitel in violett ■ kennzeichnen die Inhalte, die in bisherigen Examina sehr häufig geprüft wurden.
- Kapitel in grün ■ kennzeichnen die Inhalte, die in bisherigen Examina mittelmäßig häufig geprüft wurden.
- Kapitel in blau ■ kennzeichnen die Inhalte, die in bisherigen Examina eher seltener, aber immer wieder mal geprüft wurden.

Lerneinheiten
(1) Das gesamte Buch wird in Tages-Lerneinheiten unterteilt. Diese werden durch eine „Uhr" dargestellt: Die Ziffer gibt an, in welcher Tages-Lerneinheit man sich befindet.

(1) Jede Tages-Lerneinheit ist in sechs Abschnitte unterteilt: Der ausgefüllte Bereich zeigt, wie weit Sie fortgeschritten sind.

Und online finden sie zum Buch

- Original-IMPP-Fragen
- zu jedem Kapitel typische Fragen und Antworten aus der mündlichen Prüfung.

■ **CHECK-UP**

☐ Check-up-Kasten: Fragen zum Kapitel als Selbsttest.

Merkekasten: wichtige Fakten, Merkregeln.

Zusatzwissen zum Thema, z.B. zusätzliche klinische Informationen

Adresse

Prof. Dr. Ania C. Muntau
Dr. von Haunersches Kinderhospital der LMU München
Lindwurmstr. 4
80337 München

In der Reihe Last Minute erscheinen folgende Titel:

- Last Minute Anatomie
- Last Minute Biochemie
- Last Minute Chirurgie
- Last Minute Gynäkologie und Geburtshilfe
- Last Minute Innere Medizin
- Last Minute Mikrobiologie
- Last Minute Neurologie
- Last Minute Pädiatrie
- Last Minute Pathologie
- Last Minute Pharmakologie
- Last Minute Physiologie
- Last Minute Psychiatrie

Abkürzungen

µE	Mikro-Einheiten
µg	Mikrogramm
AA	Autoimmunhämolytische Anämie
AABR	Ableitung akustisch evozierter Hirnstammpotenziale
ABPA	Allergische bronchopulmonale Aspergillose
ACE	Azetylcholinesterase
ACTH	Adrenokortikotropes Hormon
ADH	Antidiuretisches Hormon
ADHS	Aufmerksamkeits-Defizit-Hyperaktivitäts-Störung
ADPKD	Autosomal-dominant vererbte polyzystische Nierenerkrankung
Ag	Antigen
AGS	Adrenogenitales Syndrom
AIDS	Acquired immunodeficiency syndrome
ALL	Akute lymphatische Leukämie
ALTE	Apparent life threatening episode
AML	Akute myeloische Leukämie
ANA	Antinukleäre Antikörper
ANCA	Antineutrophile zytoplasmatische Antikörper
ANI	Akute Niereninsuffizienz
ANS	Atemnotsyndrom
A.	Aorta
APECED	Autoimmune Polyendokrinopathie-Candidiasis-Ektodermale-Dystrophie
aPTT	Aktivierte partielle Thromboplastinzeit
ART	Antiretrovirale Therapie
AS	Alport-Syndrom
ASD	Atriumseptumdefekt
AV	Atrioventrikulär
AVM	Arteriovenöse Malformationen
AVSD	Atrioventrikulärer Septumdefekt
BAT	Blutaustauschtransfusion
BH4	Tetrahydrobiopterin
BIPAP	Bilevel intermittent positive airway pressure
BKS	Blutkörperchensenkungsgeschwindigkeit
BMD	Becker-Muskeldystrophie
BMI	Body-Mass-Index
BNS	Blitz-Nick-Salaam
BPD	Bronchopulmonale Dysplasie
BRD	Bundesrepublik Deutschland
CACT	Azylcarnitin-Carnitin-Translokase
CATCH-22	Cardial, Abnormal face, Thymic hypoplasia, Cleft palate, Hypocalcemia
CCM	Zerebrale kavernöse Malformationen
cCT	Zerebrale Computertomografie
CDC	Centers for disease control
CF	Zystische Fibrose
CFTR	Cystic-fibrosis-transmembrane-conductance-regulator
CHE	Cholinesterase
CK	Kreatinkinase
CKD	Chronic-kidney-disease
CK-MB	Kreatinkinase Myokardtyp
cm	Zentimeter
CML	Chronisch myeloische Leukämie
cMRT	Zerebrale Magnetresonanztomografie
CMV	Zytomegalievirus
CNI	Chronische Niereninsuffizienz
CPT	Carnitinpalmitoyltransferase
CRH	Corticotropin releasing hormone
CRP	C-reaktives Protein
CT	Computertomografie
CTD	Carnitintransporter
d	Tag
DCARD	Disease controlling antirheumatic drugs
DCM	Dilatative Kardiomyopathie
DIOS	Distales intestinales Obstruktionssyndrom
dl	Deziliter
DM	Dermatomyositis
DMARD	Disease modifying antirheumatic drugs
DMD	Duchenne-Muskeldystrophie
DMSA	Dimercaptobernsteinsäure
DNA	Desoxyribonukleinsäure
DRD	Dopa-responsive Dystonie
DSD	Disorders of sex development
EAEC	Enteroaggregative Escherichia coli
EBV	Epstein-Barr-Virus
ECHO	Enteric cytopathogenic human orphan (virus)
ED	Einzeldosis
EEG	Elektroenzephalogramm/-grafie

EHEC	Enterohämorrhagische Escherichia coli
EIEC	Enteroinvasive Escherichia coli
EKG	Elektrokardiogramm/-grafie
ELBW	Extremely Low Birth Weight
ELISA	Enzyme-linked immunsorbent assay
EMB	Ethambutol
EPEC	Enteropathogene Escherichia coli
ERCP	Therapeutische endoskopisch retrograde Cholangiopankreatikografie
ESWL	Extrakorporale Stoßwellenlithotripsie
ETEC	Enterotoxin bildende Escherichia coli
FAB	French-American-British
FFP	Fresh-Frozen-Plasma
FH	Familiäre Hypercholesterinämie
FISH	Fluoreszenz-in-situ-Hybridisierung
FLV	Fulminantes Leberversagen
FSH	Follikelstimulierendes Hormon
FSME	Frühsommermeningoenzephalitis
fT3	Freies Trijodthyronin
fT4	Freies Thyroxin
g	Gramm
G6PDH	Glukose-6-Phosphat-Dehydrogenase
GABA	γ-Aminobuttersäure
GBM	Glomeruläre Basalmembran
GBS	Guillain-Barré-Syndrom
GCS	Glasgow Coma Scale
G-CSF	Granulozyten-koloniestimulierender Faktor
GFR	Glomeruläre Filtrationsrate
GLDH	Glutamatdehydrogenase
GM-CSF	Granulozyten-Markophagen-koloniestimulierender Faktor
GnRH	Gonadotropin releasing hormone
GOT	Glutamat-Oxalazetat-Transaminase
GPT	Glutamat-Pyruvat-Transaminase
GRH	Growth hormone releasing hormone
GSB	Gesamtbilirubin
h	Stunde
HAV	Hepatitis-A-Virus
Hb	Hämoglobin
HbA	Adultes Hämoglobin
HbF	Fetales Hämoglobin
HBV	Hepatitis-B-Virus
hCG	Humanes Choriongonadotropin
HCM	Hypertrophe Kardiomyopathie
HCV	Hepatitis-C-Virus
HDL	High-density Lipoproteins
HDV	Hepatitis-D-Virus
HEV	Hepatitis-E-Virus
HHV	Humanes Herpes-Virus
HiB	Haemophilus influenzae Typ b
HIV	Human immunodeficiency virus
Hk	Hämokrit
HLA	Human leucocyte antigene
HNO	Hals-Nasen-Ohren
HPV	Humanes Papillomavirus
HSMN	Hereditäre sensomotorische Neuropathie
HSV	Herpes-simplex-Virus
HUS	Hämolytisch-urämisches Syndrom
HWI	Harnwegsinfektion
i.m.	Intramuskulär
i.S.	Im Serum
i.v.	Intravenös
IA	Isohämolytische Anämie
ICR	Interkostalraum
IE	Internationale Einheit
Ig	Immunglobulin
IL	Interleukin
INH	Isoniazid
IQ	Intelligenzquotient
ISR	Intraspinale Raumforderung
ITP	Idiopathische thrombozytopenische Purpura
IU	International unit
J	Joule
J1–2	Vorsorgeuntersuchung bei Jugendlichen 1–2
JIA	Juvenile idiopathische Arthritis
JNLS	Jervell-Lange-Nielsen-Syndrom
kg	Kilogramm
KG	Körpergewicht
KOF	Körperoberfläche
l	Liter
LABA	Long acting beta agonist
LAP	Leuzin-Aminopeptidase
LCH	Langerhans-Zell-Histiozytosen
LCHAD	Long-chain-3-hydroxy-acyl-CoA-dehydrogenase
LDH	Laktatdehydrogenase
LDL	Low density Lipoproteins
LGA	Large for gestational age
LGMD	Gliedergürtelmuskeldystrophie
LGS	Lennox-Gastaut-Syndrom
LH	Luteinisierendes Hormon
LHRH	Luteinisierendes-Hormon-Releasing-Hormon
LKM-1	Antikörper gegen mikrosomales Antigen aus Leber/Niere
MCAD	Medium-chain-acyl-CoA-dehydrogenase

MCGN	Minimal-Change-Glomerulonephritis
MCHC	Mean corpuscular hemoglobin concentration
MCU	Miktionszystourethogramm/-grafie
MCV	Mittleres korpuskuläres Volumen
MEN	Multiple endokrine Neoplasie
mg	Milligramm
MH	Maligne Hyperthermie
MIBG	Meta-Jod-123-Benzylguanidin
min	Minute
mmHg	Millimeter-Quecksilbersäule
mmol	Millimol
MODY	Maturity onset diabetes in the young
mosmol	Milliosmol
MR	Magnetresonanz
MRCP	Magnetresonanz-Cholangiopankreatikografie
MRT	Magnetresonanztomografie
N.	Nervus
NEC	Nekrotisierende Enterokolitis
NF	Neurofibromatose
NHL	Non-Hodgkin-Lymphome
NNRTI	Nicht nukleosidische Reverse-Transkriptase-Inhibitoren
NRTI	Nukleosidische und nukleotidische Reverse-Transkriptase-Inhibitoren
NS	Nephrotisches Syndrom
NSAR	Nichtsteroidale Antirheumatika
OAE	Otoakustische Emissionen
OSA	Obstruktive Schlafapno
p.o.	Per os
PAH	Phenylalaninhydroxylase
PCP	Pneumocystis-carinii-Pneumonie
PCR	Polymerase chain reaction
PDA	Persistierender Ductus arteriosus
PEG	Perkutane endoskopische Gastrostomie
PET	Positronenemissionstomografie
PFC	Persistierende fetale Zirkulation
PI	Proteaseinhibitor
PKU	Phenylketonurie
PM	Polymyositis
PNET	Primitive neuroektodermale Tumoren
PPSB	Prothrombinkomplex
PTD	Primäre Torsionsdystonie
PTH	Parathormon
PTT	Partielle Tromboplastinzeit
PVL	Periventrikuläre Leukomalazie
PZA	Pyrazinamid
RAST	Radio-Allergen-Sorbent-Test
RB	Retinoblastom
RES	Retikulo-endotheliales System
Rh	Rhesusfaktor
RMP	Rifampicin
RNA	Ribonukleinsäure
ROP	Retinopathia praematurorum
RPGN	Rapid progressive glomerulonephritis
RR	Riva-Rocci
RS	Respiratory-syncytial
RTA	Renal-tubuläre Azidose
rtPA	Rekombinanter Gewebe-Plasminogenaktivator
RT-PCR	Reverse Transkiptase Polymerase Ketten-Reaktion
RWS	Romano-Ward-Syndrom
s	Sekunde
SABA	Short acting beta agonist
SCAD	Short-chain-acyl-CoA-dehydrogenase
SCID	Schwerer kombinierter Immundefekt
SD	Standardabweichung
SGA	Small for gestational age
SGLT	Sodium-glucose linked transporter
SHT	Schädel-Hirn-Trauma
SIDS	Sudden infant death syndrome
SIRS	Systemic inflammatory response syndrome
SLA	Antikörper gegen lösliches Leberantigen
SM	Streptomycin
SMA	Smooth-muscle-Antikörper/Spinale Muskelatrophie
SSSS	Staphylococcal scalded skin syndrome
SSW	Schwangerschaftswoche
STH	Somatotropes Hormon
STIKO	Ständige Impfkomission
TNF	Tumornekrosefaktor
TORCH	Toxoplasmose, Others, Rubella, Cytomegali, Herpes
TRAK	TSH-Rezeptor-Autoantikörper
TRH	Thyreotropin releasing hormone
TSH	Thyroidea stimulierendes Hormon
U1–11	Vorsorgeuntersuchungen des Kindes 1–11
UV	Ultraviolett
V.a.	Verdacht auf
VLBW	Very low birth weight infant
VLCAD	Very-long-chain-acyl-CoA-dehydrogenase
VSD	Ventrikelseptumdefekt
VUR	Vesikoureteraler Reflux

VWF Von-Willebrand-Faktor
WAGR Wilms-Tumor, Aniridie, urogenitale Fehlbildungen, geistige Retardierung
WPW Wolff-Parkinson-White
X-ALD X-chromosomal vererbte Adrenoleukodystrophie
ZNS Zentrales Nervensystem
ZP Zerebralparese
ZS Zerebrohepatorenales Syndrom

Inhaltsverzeichnis

1 Neonatologie

Lebendgeburt	Vorhandensein von mindestens einem der 4 Vitalzeichen: Herzschlag, Nabelschnurpulsation, Atmung, Willkürmotorik
Totgeburt	Keine Vitalzeichen, Geburtsgewicht > 500 g
Abort	Keine Vitalzeichen, Geburtsgewicht < 500 g
Gestationsalter	Schwangerschaftsdauer vom ersten Tag der letzten Regelblutung bis zur Geburt des Kindes, um 280 Tage
Perinatalperiode	29. SSW bis 7. Lebenstag
Neonatalperiode	1.–28. Lebenstag
Reifes Neugeborenes	Gestationsalter 260–293 Tage, vollendete 37. bis Ende 41. SSW
Frühgeborenes	Gestationsalter < 260 Tage, < 37. vollendete SSW
Übertragenes Neugeborenes	Gestationsalter > 293 Tage, > 42. vollendete SSW
Dystrophes Neugeborenes SGA: Small for gestational age	Geburtsgewicht < 10. Perzentile oder < 2.500 g
VLBW: Very low birth weight infant	Geburtsgewicht < 1.500 g
ELBW: Extremely low birth weight infant	Geburtsgewicht < 1.000 g
Eutrophes Neugeborenes	Geburtsgewicht 10.–90. Perzentile
Hypertrophes Neugeborenes LGA: Large for gestational age	Geburtsgewicht > 90. Perzentile oder > 4.000 g
Perinatale Mortalität	Sterblichkeit in den ersten 7 Lebenstagen einschließlich Totgeburten: 5:1.000 in der BRD
Neonatale Mortalität	Sterblichkeit in den ersten 4 Wochen: 7,9:1.000

SSW: Schwangerschaftswoche. BRD: Bundesrepublik Deutschland.

Postnatale Adaptation

Atmung

Nach Unterbrechung des plazentaren Gasaustauschs setzt die Atmung ein. **Surfactant** unterstützt die Lunge dabei, sich zu entfalten. Beim Neugeborenen ist die Asphyxietoleranz länger als beim Erwachsenen.

- Mittlere Atemfrequenz des schlafenden Neugeborenen: 40–60/min
- Nabelschnurarterien-pH-Wert: 7,25. Normalisiert sich nach ca. 10 h.

Kreislauf

Unterbrechung des Plazentakreislaufs → der Widerstand in der Aorta descendens steigt, der Zufluss in den rechten Vorhof nimmt ab, die Lungenstrombahn öffnet sich → Druck in der Pulmonalarterie fällt ab, Druck im linken Herzen steigt an → Verschluss des **Foramen ovale**.

Erhöhter Sauerstoffgehalt des Bluts → funktioneller Verschluss des **Ductus arteriosus Botalli** (→ Abb. 1.1).

- Initial Herzfrequenz 150–180/min, später 125/min
- Blutvolumen 80–100 ml/kg KG.

Gastrointestinaltrakt

- **Mekoniumabgang** innerhalb der ersten 12 h
- In den ersten Lebenstagen entwickelt sich die Darmflora
- Fehlen Darmbakterien, kann das zu Vitamin-K-Mangel führen.

Energie und Wasser

- Während der ersten 24 h wird Energie hauptsächlich aus Glykogenabbau gewonnen, dann zunehmend aus Fettabbau

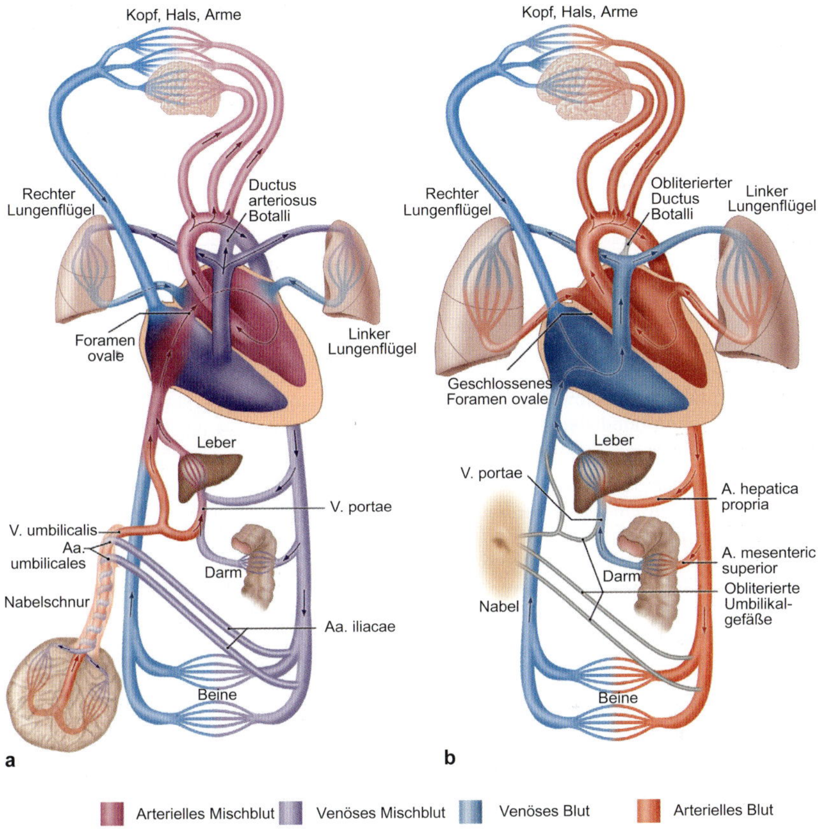

Abb. 1.1 Kreislaufverhältnisse
a) intrauterin
b) extrauterin

- Verbrauch der Glykogenreserven → **Hypoglykämietendenz**
- Erste Blasenentleerung bis 48 h nach der Geburt.

- Physiologischer Gewichtsverlust postnatal: 10–15 %
- Täglicher Wasserbedarf 50–100 ml/kg KG/Tag.

Wärmeregulation

Neugeborene unterkühlen oder überwärmen leicht.

- Schlechte Wärmeregulation → **Hypothermie** → Fettsäureoxidation in braunem Gewebe → Sauerstoffbedarf steigt an
- Geringe Überwärmung → **Hyperthermie**.

CHECK-UP

- ☐ Wie ist die Schwangerschaftsdauer eines reifen Neugeborenen definiert?
- ☐ Wann spricht man von einem Frühgeborenen?

- ☐ Wie hoch ist die Herzfrequenz des gesunden Neugeborenen?
- ☐ Wieviel Prozent des Körpergewichts darf ein Neugeborenes postnatal physiologischerweise verlieren?

Erstversorgung und Beurteilung von Vitalität und Reife

Erstversorgung des Neugeborenen

Absaugen

Bei einem vitalen Neugeborenen, das innerhalb der ersten 5–10 Sekunden zu schreien beginnt, ist es nicht erforderlich, abzusaugen. Da Absaugen zu Schleimhautläsionen, reflektorischen Bradykardien und Apnoen führen kann, ist es in diesem Fall sogar **kontraindiziert**.

Abnabeln

- Vaginal entbundenes reifes Neugeborenes: nach 1–1,5 Minuten abnabeln, ohne Nabelschnur auszustreichen
- Nach Sektio: nach Ausstreichen der Nabenschnur zum Kind hin und abnabeln
- Polyglobulie: auch nach Sektio rasch und ohne Ausstreichen abnabeln.

Abtrocknen und erste Lagerung

Das Neugeborene rasch abtrocknen und auf die Brust der Mutter legen.

APGAR-Score zur Beurteilung der Vitalität

Nach 1, 5 und 10 min das Neugeborene beurteilen. Der APGAR-Wert (→ Tab. 1.1) nach 1 min ist wichtig für die Entscheidung, ob Reanimationsmaßnahmen durchgeführt werden müssen. Prognostisch wichtig: 5-min- und 10-min-APGAR-Wert.

- APGAR-Wert > 8: Risiko gering
- APGAR-Wert 6–8: intensive pädiatrische Untersuchung erforderlich
- APGAR-Wert < 6: auf pädiatrische Intensivstation verlegen.

Tab. 1.1 Kriterien des AGPAR-Scores

Kriterien	0	1	2
A = Aussehen	Blass oder blau	Stamm rosig, Extremitäten blau	Rosig
P = Puls	0	< 100/min	> 100/min
G = Grimassieren bei Nasensondierung	Keines	Verziehen des Gesichts	Husten
A = Aktivität	Keine Bewegung	Geringe Beugung der Extremitäten	Aktive Bewegung
R = Respiration	Keine	Unregelmäßig, langsam	Kräftiges Schreien

Tab. 1.2 Kriterien zur Beurteilung der Reife eines Neugeborenen: Petrussa-Index

Kriterien	0	1	2
Haut	Durchsichtig	Dünn	Rosig, fest
Ohrform	Ungeformt	Weich	Fest
Mamillen	Kaum Drüsengewebe	Drüsengewebe tastbar, Mamillenhof erkennbar	Brustdrüsen über Hautniveau, Drüsenkörper und -hof tastbar
Hoden	Nicht tastbar	Hoch im Skrotum	Deszendiert
Labien	Labia majora < Labia minora	Labia majora = Labia minora	Labia majora > Labia minora
Fußsohlen	Keine Falten	Distal Falten	Überall Falten

Säure-Basen-Status

Nabelarterien- und Nabelvenenblut möglichst rasch und noch vor Lösung der Plazenta entnehmen.

Erstuntersuchung

10 min nach Geburt U1 durchführen.

Anlegen des Neugeborenen

- Im Alter von 20–30 min erstmals anlegen
- Mutter und Kind bis 2 h nach der Geburt im Kreißsaal lückenlos überwachen.

Petrussa-Index zur Beurteilung des Reifezustands

Neugeborenen-Reife beurteilen: Reifealter = 30 + Punktzahl aus Petrussa-Index (→ Tab. 1.2).

Reanimation des Neugeborenen

Epidemiologie

Von allen Neugeborenen, die bei Geburt schwerer sind als 2.500 g, wird 1 % reanimiert.
Eine Reanimation ist häufiger bei Risikokindern, z.B. Frühgeborenen, Geburt aus Beckenendlage oder Mehrlingen.

> Checkliste Reanimation:
> - Fehlende adäquate Spontanatmung oder Herzfrequenz < 100/min → Reanimation
> - Häufig reicht Beutel-Masken-Beatmung aus, bei 20 % Intubation erforderlich

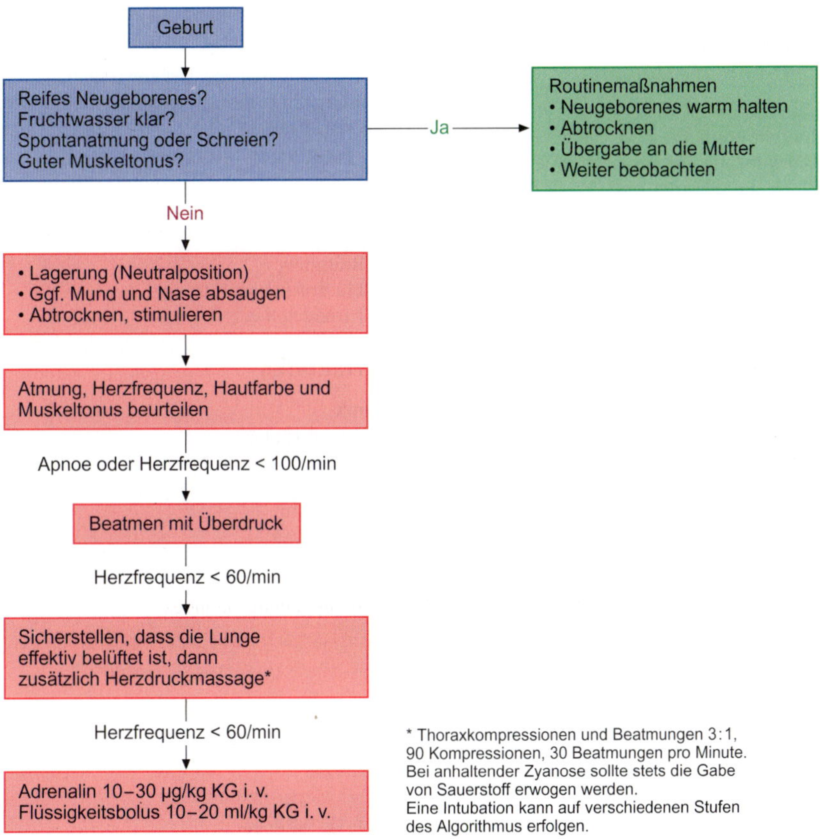

Abb. 1.2 Algorithmus der Neugeborenenreanimation, modifiziert nach Abschnitt 6 der Leitlinien zur Reanimation 2010 des European Resuscitation Counsil

- Wenn nach 10 min ununterbrochener und adäquater Reanimationsmaßnahmen keine Lebenszeichen auftreten, Reanimation beenden (→ Abb. 1.2).

CHECK-UP

- ☐ Wann ist es nicht erforderlich, ein Neugeborenes abzusaugen?
- ☐ Wie wird ein vaginal entbundenes, reifes Neugeborenes abgenabelt?
- ☐ Wie wird nach Sektio abgenabelt?
- ☐ Nennen Sie die Kriterien des APGAR-Scores.
- ☐ Bei welchem APGAR-Wert ist die Verlegung auf eine neonatologische Intensivstation indiziert?
- ☐ Nennen Sie die Kriterien, um den Reifezustand eines Neugeborenen zu beurteilen.

Perinatale Schäden

Perinatale Asphyxie

Definition

Schwerste postnatale Anpassungsstörung mit Sauerstoffmangel lebenswichtiger Organe, der oft intrauterin beginnt und sich als Bradykardie und Atemstörung manifestiert.

Epidemiologie

- Tritt auf bei 1 % aller Geburten
- Bei Neugeborenen, die nach der 36. Schwangerschaftswoche (SSW) auf die Welt kommen, sind 0,5 % betroffen
- Bei Frühgeborenen 9 %.

Ätiologie

- 90 % prä- oder perinatale Ursachen
- 10 % postnatale Ursachen.

Risiken

- Mütterliche Erkrankung
- Infektion
- EPH-Gestose (**E**dema, **P**roteinurie, **H**ypertension)
- Mehrlingsschwangerschaft
- Plazentainsuffizienz
- Lageanomalien
- Frühgeburtlichkeit
- Operative Geburt.

Klinik

- **Leitsymptome: Bradykardie** und **respiratorische Insuffizienz**, Apnoen, Asystolie
- **Blaue Asphyxie:** Zyanose
- **Weiße Asphyxie:** Blässe und Schock. Schlechtere Prognose
- Weitere Symptome: Hyperexzitabilität, muskuläre Hypertonie, Hyperventilation, epileptische Anfälle
- Typische Folge: Hirnödem.

Therapie

- Kardiopulmonale Reanimation
- O_2-Zufuhr
- Beatmung
- Blutdruckunterstützung
- Hirnödemtherapie.

Frakturen

Klinik

- Schonhaltung
- Pathologische Beweglichkeit
- Schwellung
- Hämatom
- Schmerzen.

Die Klavikulafraktur ist die häufigste, geburtstraumatisch bedingte Fraktur. Sie tritt hauptsächlich auf bei schwieriger Entbindung der Schulter oder bei Lageanomalien.

Nervenläsionen

Ätiologie

- Schwierige Entbindung
- Beckenendlage
- Schulterdystokie
- Makrosomie.

Klinik

Obere Plexuslähmung Erb-Duchenne (C5/6).
- Schlaffe Lähmung von Ober-, Unterarmmuskulatur
- Arm liegt bewegungslos gestreckt und innenrotiert
- Fingerbeweglichkeit erhalten.

Untere Plexuslähmung Klumpke (C8/TH1).
- Seltener
- Häufig in Kombination mit oberer Plexusparese
- Betrifft Arm und Finger
- Kein Greifreflex
- Beweglichkeit der Schulter erhalten
- Begleitend: ipsilaterale Zwerchfellparese, Horner-Syndrom.

Fazialisparese.
- Tritt auf nach Druckschädigung im Geburtskanal
- Heilt meist spontan.

Therapie

Physiotherapie, um die Beweglichkeit zu erhalten und Kontrakturen zu vermeiden.

CHECK-UP

- ☐ Nennen Sie wichtige Risikofaktoren für das Auftreten einer perinatalen Asphyxie.
- ☐ Mit welchen Leitsymptomen manifestiert sich eine perinatale Asphyxie?
- ☐ Nennen Sie die Symptome bei blauer und weißer Asphyxie.
- ☐ Welche Form der Asphyxie geht mit der schlechteren Prognose einher?

Das Frühgeborene

Definition

Die Geburt erfolgt vor der vollendeten 37. SSW. Bei sehr kleinen Frühgeborenen kann die Unreife von Organsystemen zu verschiedenen akuten und chronischen Erkrankungen führen (→ Tab. 1.3).

Epidemiologie

Tritt bei 5–6 % aller Geburten auf. Die Grenze der Überlebensfähigkeit liegt heute etwa bei der 24. SSW.

Atemnotsyndrom Respiratory distress syndrome

Synonym: Respiratory distress syndrome.

Definition

Atemnotsyndrom (ANS): Schwere, rasch progrediente Ateminsuffizienz durch Surfactantmangel. Tritt fast ausschließlich bei Frühgeborenen auf.

Epidemiologie

Häufigste Todesursache in der Neonatalperiode: 1 % aller Neugeborenen. Inzidenz steigt mit abnehmendem Gestationsalter.

Pathogenese

Unreife des Lungenparenchyms, Mangel an pulmonalem, oberflächenaktivem Surfactantsystem → erhöhte Oberflächenspannung der Alveolen →

Tab. 1.3 Übersicht der wichtigsten Komplikationen bei Frühgeborenen

Organsystem	Komplikationen
Atmung	• Apnoen • Atemnotsyndrom (ANS) • Bronchopulmonale Dysplasie (BPD)
Herz, Kreislauf	• Persistierende fetale Zirkulation (PFC) • Persistierender Ductus arteriosus (PDA)
Neurologie	• Hirnblutung • Periventrikuläre Leukomalazie (PVL)
Augen	Retinopathia praematurorum (ROP)
Gastrointestinaltrakt	Nekrotisierende Enterokolitis (NEC)
Infektion	• Bakterien • Viren • Pilze

ausbleibende Stabilisierung des Alveolarsystems → Alveolarkollaps in der Exspiration.

Klinik
In den ersten Lebensstunden:
- **Dyspnoe**
- **Tachypnoe** (> 60/min)
- **Nasenflügeln**
- Exspiratorisches Stöhnen
- Einziehungen
- Abgeschwächtes Atemgeräusch
- Blassgraues Hautkolorit
- Zyanose
- Temperaturinstabilität.

Diagnostik
- Blutgasanalyse: Hypoxämie, CO_2-Erhöhung
- Röntgen-Thorax: Einteilung in vier Stadien (→ Tab. 1.4).

Komplikationen
- Pulmonales interstitielles Emphysem
- Pneumothorax, -mediastinum, -peritoneum, -perikard
- Bronchopulmonale Dysplasie
- Nekrotisierende Enterokolitis
- Hirnblutungen.

Therapie
- Symptomatisch: Sauerstoffzufuhr, Beatmung, Infusionstherapie
- Kausal: Surfactantsubstitution reduziert die Sterblichkeitsrate
- **Lungenreifebehandlung:** Verabreichung von Betamethason 48 h vor der Geburt, um die Surfactantsynthese zu induzieren
- Geburt schonend einleiten.

Persistierender Ductus arteriosus

Definition
Persistierender Ductus arteriosus (PDA): Häufigstes kardiovaskuläres Problem bei Frühgeborenen, kann zu Links-rechts-Shunt und Lungenödem führen.

Tab. 1.4 Stadieneinteilung des Atemnotsyndroms

Stadium	Radiologische Zeichen
Stadium 1	Fein granuläre Zeichnung der gesamten Lunge
Stadium 2	Zusätzlich positives Luftbronchogramm jenseits des Herzschattens
Stadium 3	Zusätzlich Unschärfe des Herzschattens und der Zwerchfellkonturen
Stadium 4	Weiße Lunge

Epidemiologie
Inzidenz nimmt mit zunehmendem Geburtsgewicht ab:
- 42 % bei einem Geburtsgewicht kleiner als 1.000 g
- 7 % bei einem Geburtsgewicht zwischen 1.500 und 1.750 g.

Pathogenese
Die postnatal ansteigende Sauerstoffkonzentration führt normalerweise zu Kontraktion und Verschluss des Ductus arteriosus. Der Ductus arteriosus Frühgeborener reagiert aufgrund unreifer Muskulatur und hoher Prostaglandin-E2-Konzentration (Vasodilatation) schwächer auf die postnatalen Kontraktionsreize.
Bei Vorliegen eines Atemnotsyndroms und offenem Ductus arteriosus → Rechts-links-Shunt.
- Bei Rückbildung des Atemnotsyndroms sinkt der pulmonale Gefäßwiderstand → hämodynamisch signifikanter Links-rechts-Shunt mit akuter pulmonaler Überflutung, **hämorrhagischem Lungenödem** und **kardialer Insuffizienz.**

Klinik
Manifestation häufig am 3.–5. Lebenstag:
- **Systolisches Herzgeräusch**
- Evtl. Maschinengeräusch
- **Pulsus celer et altus**
- Tachykardie
- Blutdruckamplitude größer als 25 mmHg.

Diagnostik
- Röntgen-Thorax: Kardiomegalie, vermehrte Lungengefäßzeichnung, Lungenödem
- Echokardiografie: PDA darstellen, Shunt-Volumen abschätzen.

Therapie
Der PDA-Verschluss sollte in den ersten 7–10 Lebenstagen erfolgen, um chronische Schäden zu vermeiden.
- Medikamentös: Prostaglandin-Synthesehemmer
- Operativ: **Ligatur**, bei Kontraindikationen/Versagen der Prostaglandin-Synthesehemmer.

Bronchopulmonale Dysplasie

Definition
Schwere, chronische Lungenerkrankung kleiner Frühgeborener.

Epidemiologie

- 30–60 % der Frühgeborenen mit Geburtsgewicht unter 1.000 g
- 10 % der Frühgeborenen mit Geburtsgewicht unter 1.500 g.

Pathogenese

Lungenunreife, bronchoalveoläres Trauma bei maschineller Beatmung, Sauerstofftoxizität, Infektion → interstitielles Ödem → Atelektasen → obliterative Bronchitis.

Klinik

- Sauerstoffabhängigkeit
- Einschränkung der Lungenfunktion
- Pulmonale Hypertonie
- Rezidivierende Infektionen
- Dystrophie.

Diagnostik

Röntgen-Thorax: überblähte Areale neben atelektatischen Bezirken.

Therapie

- Adäquate Oxygenierung: Sauerstoffsättigung über 90 %
- Kalorienzufuhr
- Flüssigkeitsrestriktion
- Bronchodilatatoren
- Physiotherapie.

Prognose

Mortalität im 1. Lebensjahr: 25 %.
Langzeitfolgen:

- Hyperreagibles Bronchialsystem, Asthma bronchiale
- Eingeschränkte Lungenfunktion.

Retinopathia praematurorum

Definition

Bedrohliche Erkrankung des Auges, die nur bei Frühgeborenen vorkommt und zur Erblindung führen kann.

Epidemiologie

- 76 % der Frühgeborenen der 24.–25. SSW
- 54 % der Frühgeborenen der 26.–27. SSW.

Ätiologie

Akute und chronische Toxizität von Sauerstoff auf die sich entwickelnden retinalen Blutgefäße.
Weitere Faktoren:

- Hyperkapnie
- Blutaustauschtransfusionen
- Lichteinwirkung.

Therapie

Kryo- und Lasertherapie.

Prävention

Kontrollierte Sauerstofftherapie mit Meiden von Hyperoxämie bei Frühgeborenen vor der 32. SSW und regelmäßige augenärztliche Untersuchungen.

Prognose

Spätfolgen:

- Schielen
- Schwach- und Kurzsichtigkeit
- Netzhautablösung
- Selten Glaukom.

Hirnblutungen

Definition

Häufige Komplikation bei Frühgeborenen, die zu Hydrozephalus und neurologischen Langzeitschäden führen kann.

Epidemiologie

Häufigkeit nimmt ab mit zunehmendem Gestationsalter:

- 50 % der Frühgeborenen der 25. SSW
- 20 % der Frühgeborenen der 28. SSW.

Der Schweregrad korreliert mit der Unreife und dem Ausmaß der Asphyxie. 90 % treten innerhalb der ersten 3 Lebenstage auf.

Klassifikation

Klassifikation der Hirnblutungen nach sonografischen Kriterien:

- Grad I: subependymale Blutung
- Grad II: Ventrikelblutung, < 50 % des Lumens
- Grad III: Ventrikelblutung, > 50 % des Lumens.

Pathogenese

Geht aus von der germinalen Matrix, die zwischen der 22. und der 34. Gestationswoche besteht und sich dann zurückbildet.
Blutung → Liquorzirkulationsstörungen → posthämorrhagischer Hydrozephalus.

Risikofaktoren

- Unreife
- Asphyxie
- Hypoxie
- Traumatische Geburt
- Reanimation
- Hypothermie

- Pneumothorax
- Gerinnungsstörungen.

Klinik

- Vorgewölbte Fontanelle
- Temperaturinstabilitäten
- Metabolische Azidose
- Muskuläre Hypotonie
- Epileptische Anfälle
- Blutdruckabfälle
- Apnoen.

Folgen.

- Ventrikelerweiterung
- Hämorrhagische Infarzierung des Hirnparenchyms
- Porenzephale Zyste.

Prävention

Optimierte supportive Therapie und Reduktion von Risikofaktoren.

Periventrikuläre Leukomalazie

Definition

Erkrankung bei Frühgeborenen durch zerebrale Minderperfusion, Nekrosenbildung und Defektbildung. Kann zu infantiler Zerebralparese führen.

Epidemiologie

40–50 % aller Frühgeborenen mit Geburtsgewicht unter 1.500 g.

Pathogenese

Hypoxämie und Ischämie → Schädigung der periventrikulären weißen Hirnsubstanz → Nekrosen.

Klinik

- Im akuten Stadium oft symptomarm
- Später spastische Diplegie oder infantile Zerebralparese.

Apnoen

Definition

Atempausen über 20 s, Sauerstoffsättigungsabfall und/oder Bradykardie.
Einteilung in zentrale, obstruktive und gemischte Apnoen.

Epidemiologie

Bei 30 % aller Frühgeborenen, rezidivierend.

Ätiologie

- Idiopathisch: unreifes Atemzentrum; Frühgeborene reagieren auf Hypoxie mit Apnoe
- Symptomatisch: Hirnblutung, Sepsis, mütterlicher Drogenabusus, Atemwegsobstruktion.

Klinik

Atempause über 20 s mit oder ohne Sauerstoffsättigungsabfall (Zyanose) und/oder **Bradykardie** mit Herzfrequenz unter 100/min.

Therapie

- Stimulation
- Maskenbeatmung, ohne bestehende Sauerstoffzufuhr zu erhöhen
- Medikamentös: z.B. Koffein, Theophyllin
- Beatmung.

Plötzlich gehäuft auftretende Apnoen und Bradykardien sind klinische Hinweise auf eine Sepsis!

CHECK-UP

- ☐ Was verstehen Sie unter einem persistierenden Ductus arteriosus Botalli?
- ☐ Was sind die klinischen Symptome des PDA?
- ☐ Welche Therapiemaßnahmen stehen bei einem PDA zur Verfügung?
- ☐ Was ist die häufigste Todesursache in der Neonatalperiode?
- ☐ Nennen Sie die Ursachen des Atemnotsyndroms.
- ☐ Wie manifestiert sich das Atemnotsyndrom klinisch?
- ☐ Welche Laborparameter sind beim Atemnotsyndrom verändert?
- ☐ Wie behandeln Sie ein Atemnotsyndrom?

Lungenerkrankungen des Neugeborenen

Mekoniumaspirationssyndrom

Definition
Komplikation einer intrauterinen Asphyxie mit schwerem Atemnotsyndrom.

Pathogenese
Intrauterine Hypoxie → Vasokonstriktion mesenterialer Gefäße, Darmischämie und Hyperperistaltik mit vorzeitigem Mekoniumabgang. Aspiration von Mekoniumpartikeln → partielle Bronchusobstruktion → chemische Pneumonie.

Klinik
- Tachypnoe
- Dyspnoe
- Zyanose
- Schnappatmung
- Sekundär Bradykardien und Schock.

Diagnostik
Röntgen-Thorax: dichte fleckige Infiltrate neben überblähten Arealen, abgeflachte Zwerchfelle, extraalveoläre Luft.

Therapie
- Präventiv sorgfältiges, fetales Monitoring
- Intubation
- Tracheobronchiale Lavage mit NaCl und Surfactant
- Maschinelle Beatmung
- Frühzeitig antibiotische Therapie.

> Eine primäre Maskenbeatmung ist bei Verdacht auf Mekoniumaspiration kontraindiziert.

Pneumothorax

Definition
Komplikation einer Vielzahl pulmonaler Erkrankungen oder therapeutischer Maßnahmen im Neugeborenenalter, die zu Spannungspneumothorax oder Pneumoperikard führen kann.

Pathogenese
Hoher intraalveolärer Druck → Überblähung der Alveolen → Ruptur der Alveolarwand → interstitielles Emphysem, Pneumomediastinum, Pneumothorax, Pneumoperikard.

Klinik
Leitsymptome:
- Plötzlich einsetzende Atemnot
- Zyanose
- Thoraxasymmetrie
- Seitendifferentes Atemgeräusch
- Asystolie.

Diagnostik
Röntgen-Thorax: Ansammlung freier Luft, Verlagerung der Lunge, Verdrängung des Herzens.

> In lebensbedrohlichen Situationen keine Zeit mit diagnostischen Maßnahmen vergeuden!

Therapie
Pleurapunktion und Pleuradrainage bei Spannungspneumothorax.

Zwerchfellhernie

Definition
Dringlichster Notfall in der Neugeborenenchirurgie durch Zwerchfelldefekt mit Verlagerung von Bauchorganen in die Thoraxhöhle.

Epidemiologie
1:10.000.

Einteilung
- **Bochdalek-Hernie:** lumbokostal links, > 95 % der Fälle
- **Morgagni-Hernie:** sternokostal rechts, < 5 % der Fälle.

Pathogenese
Überwiegend links auftretender Defekt im Zwerchfell → Bauchorgane verlagern sich in den Thoraxraum → intrauterine Lungenkompression und Herzverlagerung.

Klinik
- **Schweres Atemnotsyndrom:**
  - Dyspnoe
  - Tachypnoe
  - Zyanose
- Asymmetrisch vorgewölbter Thorax ohne Atemexkursionen
- Fehlendes Atemgeräusch
- Evtl. Darmgeräusche im Thorax bei eingesunkenem Abdomen.

Diagnostik
- **Pränatal Sonografie**
- **Postnatal Röntgen-Thorax:** Unterbrechung der Zwerchfellkontur, intrathorakale Lage abdomineller Organe, Mediastinalverlagerung.

Therapie

- Keine primäre Maskenbeatmung, da Spannungssymptomatik
- Sofortige **Intubation**
- Offene Magensonde
- Lagerung auf die betroffene Seite.

> Keine Maskenbeatmung bei Verdacht auf Atemnotsyndrom durch Zwerchfellhernie.

Persistierende fetale Zirkulation

Definition

Persistenz fetaler Kreislaufverhältnisse mit Rechts-links-Shunt durch postnatal auftretende Hypoxie und Azidose.

Pathogenese

- Hypoxie und Azidose → pulmonale Hypertonie
- Offener Ductus arteriosus und offenes Foramen ovale → Rechts-links-Shunt
- Häufig assoziiert mit fetaler Asphyxie, Mekoniumaspirationssyndrom, Pneumonie, Zwerchfellhernie, Lungenhypoplasie, Hypothermie.

Klinik

Respiratorische Insuffizienz:

- Zyanose
- Tachypnoe
- Einziehungen
- Exspiratorisches Stöhnen.

Diagnostik

- **Röntgen-Thorax:** verminderte Lungenperfusion
- Echokardiografie.

Therapie

- Maschinelle Beatmung mit suffizienter Oxygenierung
- Supportivtherapie
- NO-Inhalation.

CHECK-UP

- ☐ Welche Formen der Zwerchfelhernie kennen Sie?
- ☐ Nennen Sie die klinischen Symptome einer Zwerchfellhernie.
- ☐ Was sollten Sie bei V.a. Zwerchfellhernie unbedingt vermeiden?
- ☐ Welche sind die therapeutischen Schritte bei einer Zwerchfellhernie?

Hämatologische Erkrankungen des Neugeborenen

Hyperbilirubinämie des Neugeborenen

Definition

Anstieg der Bilirubinkonzentration im Serum über altersspezifische Grenzwerte (→ Tab. 1.5). Physiologischer Ikterus: Serumbilirubinkonzentration bis 15 mg/dl nach der 24. Lebensstunde.

Epidemiologie

60 % aller Neugeborenen. Inzidenz der schweren Hyperbilirubinämie > 25 mg/dl: 25:100.000.

Pathogenese

Albumingebundener Transport von Bilirubin (Abbauprodukt von Hämoglobin) zur Leber → Konjugation zu direktem Bilirubin → Ausscheidung über die Galle.

Tab. 1.5 Definition pathologischer Hyperbilirubinämien

Bezeichnung	Kriterium
Icterus praecox	Gesamtserumbilirubin > 12 mg/dl (208 µmol/l) in den ersten 36 Lebensstunden
Icterus gravis	Gesamtserumbilirubin > 20 mg/dl (340 µmol/l)
Icterus prolongatus	Hyperbilirubinämie > 14 Tage
Direkte Hyperbilirubinämie	Konjugiertes Bilirubin > 2 mg/dl (34 µmol/l) in den ersten 2 Lebenswochen, später > 0,5 mg/dl (8 µmol/l)

Gestörte Glucuronidierung, vermehrter Erythrozytenabbau oder vermehrte enterale Bilirubinresorption → pathologische Hyperbilirubinämie.

Risikofaktoren

- Blutgruppeninkompatibilität
- Hämolytische Erkrankung
- Ausgedehnte Hämatome
- Gestationsalter 35+0 bis 36+6 SSW.
- Sepsis.

Klinik

- **Hyperbilirubinämie:** Haut- und Sklerenikterus
- **Akute Bilirubinenzephalopathie:** Lethargie, Somnolenz, muskuläre Hypotonie, Trinkschwäche
- **Chronische Bilirubinenzephalopathie, Kernikterus:** extrapyramidale Bewegungsstörung mit Choreoathetose, Blickwendung nach oben, Hörverlust, Intelligenzminderung, verzögerte psychomotorische Entwicklung.

Diagnostik

- Ikterus < 24 Lebensstunden: erweiterte pädiatrische Diagnostik
- Bei Entlassung < 48 Lebensstunden und Ikterus: Gesamtbilirubin (GSB) i.S. bestimmen
- GSB > 75. Perzentile: Kontrolle nach 48 h
- GSB > 95. Perzentile: Kontrolle nach 24 h
- GSB > Fototherapiegrenze: Blutbild, Retikulozyten, Blutgruppe mit Rhesusfaktor, Coombs-Test, Bilirubin, Gesamteiweiß, CRP, Schilddrüsenparameter
- GSB > Blutaustauschtransfusions-(BAT-)Grenze: zusätzlich Blutausstrich, Albumin, G6PDH-Aktivität.

Therapie

- Fototherapie
- Blutaustauschtransfusion.

Rhesus-Inkompatibilität

Schwer verlaufende Blutgruppeninkompatibilität zwischen Mutter und Kind in Bezug auf den Rhesusfaktor (Rh), die zur Hämolyse kindlicher Erythrozyten führt.

Epidemiologie

0,07 % aller Geburten. Häufigkeitsreduktion durch Anti-D-Prophylaxe.

Pathogenese

- Konstellation: Mutter Rh-negativ, Vater Rh-positiv, Kind Rh-positiv
- Sensibilisierung der Rh-negativen Mutter durch das D-Antigen des Fetus, während der Geburt Übertritt fetaler Erythrozyten in den mütterliche Kreislauf → Bildung von Anti-D-Antikörpern
- Nächste Schwangerschaft: Manifestation der Rh-Erythroblastose bis hin zum Hydrops fetalis.

Klinik

Leitsymptome:

- Anämie
- Hepatosplenomegalie
- Icterus gravis et praecox
- Ödeme
- Pleuraergüsse
- Gefahr eines Kernikterus
- **Hydrops fetalis.**

Diagnostik

- Blutgruppenbestimmung bei Mutter und Kind
- Anämie
- Retikulozyten erhöht
- Indirektes Bilirubin erhöht
- Coombs-Test.

Therapie

- Fototherapie und Blutaustauschtransfusion
- Bei **Hydrops fetalis**: Aderlass, Aszitespunktion, Transfusion 0-Rh-negativer Erythrozyten und Austauschtransfusion.

Prävention

- Anti-D-Prophylaxe bei der Mutter
- Fetale Transfusion.

AB0-Inkompatibilität

Weniger schwer verlaufende Blutgruppeninkompatibilität zwischen Mutter und Kind in Bezug auf die AB0-Blutgruppeneigenschaft, die zur Hämolyse kindlicher Erythrozyten führen kann.

Epidemiologie

20–25 % der Schwangerschaften, 10 % symptomatisch.

Pathogenese

- Konstellation: Mutter 0, Kind A oder B
- Manifestation häufig bereits in der ersten Schwangerschaft, wenn die Schwangere plazentagängige IgG-Antikörper gegen kindliche Blutgruppen-Antigene bildet
- Milder Verlauf, da die Antigenität der kindlichen Blutgruppeneigenschaften noch nicht

voll ausgebildet ist und noch nicht alle Neugeborenenerythrozyten A- bzw. B-Antigene besitzen.

Klinik

- Geringgradige Anämie
- Selten Hepatosplenomegalie
- Gefährdung durch Hyperbilirubinämie.

> Ein Hydrops fetalis kommt bei AB0-Inkompatibilität nicht vor.

Therapie

Rechtzeitige und konsequente Fototherapie ist in den meisten Fällen ausreichend.

Polyglobulie – Hyperviskositätssyndrom

Definition

Erhöhung der Blutviskosität und Stase mit Mikrothrombosierung, Hypoperfusion und Ischämie bei einem Hämatokritwert über 65 %.

Epidemiologie

5 % aller Neugeborenen.

Risikofaktoren

- SGA
- Fetofetale oder maternofetale Transfusion
- Diabetische Fetopathie
- Späte Abnabelung.

Klinik

- Plethora
- Belastungszyanose
- Lethargie
- Hyperexzitabilität
- Myoklonien
- Epileptische Anfälle.

Komplikationen.

- Herzinsuffizienz
- Syndrom der persistierenden fetalen Zirkulation
- Nierenversagen
- Ileus
- Nekrotisierende Enterokolitis.

Diagnostik

- Blutbild: Hk > 65 %, Hb > 22 g/dl, Thrombozytopenie
- Serum: Hypokalzämie, Hyperbilirubinämie.

Therapie

Reichliche Flüssigkeitsgabe: 5 ml/kg KG/h.

Morbus haemorrhagicus neonatorum

Definition

Spontanblutungen bei sonst gesunden und reifen Neugeborenen durch Vitamin-K-Mangel.

Ätiologie

- Mangelernährung
- Mütterliche Medikamenteneinnahme, v.a. Antikonvulsiva
- Antibiotikatherapie beim gesunden Neugeborenen.

> Muttermilch enthält wesentlich weniger Vitamin K als Kuhmilch, sodass gestillte Kinder bezüglich der Vitamin-K-Mangelblutungen stärker gefährdet sind.

Pathogenese

Verminderte Aktivität Vitamin-K-abhängiger Gerinnungsfaktoren → Spontanblutungen.

Klinik

- Perinatale Form (1. Lebenstag): blutender Nabel, Hautblutungen
- Frühform (2.–5. Lebenstag): Hämatemesis und schwarze Stühle, Nasenbluten, blutender Nabel
- Spätform (3.–7. Lebenswoche): Blutungen wie oben und bei 50 % ZNS-Blutungen. Vorwiegend bei voll gestillten Säuglingen.

Diagnostik

- Quick-Wert erniedrigt
- PTT verlängert
- Aktivität von Faktor II, VII, IX und X erniedrigt
- Fibrinogen und Thrombozyten normal.

Therapie

- Bei lebensbedrohlicher Blutung Vitamin K 1 mg/kg KG i.v. nach strenger Indikationsstellung
- Frischplasma.

> Eine i.v. Gabe von Vitamin K sollte wegen der Gefahr eines Kernikterus streng gestellt werden.

Prävention

- Alle gesunden Neugeborenen erhalten 2 mg Vitamin K p.o. bei der U1, U2 und U3

- Frühgeborene und manche kranke Neugeborene: parenterale Verabreichung von 100–200 µg Vitamin K postnatal, danach 1 mg Vitamin K p.o. pro Woche bis zum errechneten Geburtstermin.

In den letzten Jahren wird ein Vitamin-K-Mangel vermehrt an deutschen Kinderkliniken registriert. Häufig ist dieser auf alternative Ernährungsformen bei Familien mit hohem Bildungsniveau zurückzuführen.

CHECK-UP

- ☐ Wie ist der Icterus gravis definiert?
- ☐ Nennen Sie wichtige Risikofaktoren für die Entstehung eines Icterus neonatorum.
- ☐ Nennen Sie die Symptome der akuten Bilirubinenzephalopathie.
- ☐ Welche Therapiemaßnahmen kommen bei pathologischer Hyperbilirubinämie zum Einsatz?
- ☐ Welche Blutgruppenkonstellation liegt bei Rh-Unverträglichkeit vor?
- ☐ Nennen Sie die klinischen Leitsymptome einer Rh-Unverträglichkeit.
- ☐ Wie wird die Rh-Inkompatibilität behandelt?
- ☐ Welche Blutgruppenkonstellation liegt bei AB0-Unverträglichkeit zumeist vor?
- ☐ Wie unterscheidet sich die klinische Symptomatik von der bei Rh-Inkompatibilität?
- ☐ Wie wird die AB0-Inkompatibilität behandelt?
- ☐ Welche Faktoren begünstigen einen Vitamin-K-Mangel bei sonst gesunden und reifen Neugeborenen?
- ☐ Welche drei Manifestationsformen des Vitamin-K-Mangels kennen Sie?
- ☐ Welche Maßnahmen erfolgen zur Prävention des Vitamin-K-Mangels?

Erkrankungen des Gastrointestinaltrakts beim Neugeborenen

Omphalozele und Laparoschisis

Definitionen

Bauchwanddefekte durch Hemmungsfehlbildung der Bauchdecke.

- **Omphalozele:** Nabelschnurhernie, Darmteile und Leber im Bruchsack
- **Laparoschisis:** Bauchwanddefekt rechts lateral der Nabelschnur.

Diagnostik

Pränatale Sonografie.

Therapie

Unmittelbar nach der Geburt operativ.

Nekrotisierende Enterokolitis

Definition

Nekrotisierende Enterokolitis (NEC): hämorrhagisch-nekrotisierende entzündliche Darmerkrankung des Dünn- und Dickdarms, die überwiegend Frühgeborene betrifft.

Epidemiologie

Häufigste Ursache eines akuten Abdomens beim Neugeborenen mit einer Mortalität von 20–40 %.

Risikofaktoren

- Asphyxie
- Nabelgefäßkatheter
- PDA
- Polyglobulie
- Schock.

Pathogenese

Lokale Ischämie → Schädigung der Darmmukosa → Invasion von Bakterien → Mikrozirkulationsstörung → Darmwandnekrose, Perforation, Peritonitis.

Klinik

Allgemeinsymptome.

- Temperaturlabilität
- Apnoe
- Bradykardie
- Trinkschwäche.

Lokalsymptome.
- Prall und schmerzhaft gespanntes Abdomen mit fehlender Peristaltik
- Sichtbare Darmschlingen
- Galliges Erbrechen
- Schleimig-blutige Stühle.

Diagnostik
Röntgen-Abdomen:
- Verdickte Darmwände
- **Pneumatosis intestinalis:** bläschenförmige intramurale Luft
- Distension des Darms.

Therapie
- Magenablaufsonde
- Nahrungskarenz
- Parenterale Ernährung
- I.v. Volumen- und Antibiotikatherapie.

Bei Perforation.
- Laparotomie
- Resektion nekrotischer Darmanteile
- Anus praeter anlegen.

Die antibiotische Therapie der NEC sollte gegen Anaerobier wirksam sein, z.B. Metronidazol.

Mekoniumileus

Definition
Darmverschluss durch Mekonium.

Epidemiologie
5–10 % der Neugeborenen mit zystischer Fibrose.

Klinik
- Aufgetriebenes Abdomen
- Fehlender Mekoniumabgang
- Galliges Erbrechen.

Komplikation: Mekoniumperitonitis.

Diagnostik
Röntgen-Abdomen:
- Feine Gasbläschen überwiegend im Bereich der mit Mekonium gefüllten unteren Ileumschlingen
- Typischerweise keine Spiegelbildungen
- Bei Perforation: freie Luft (Football sign)
- Kontrastmittelgabe, um Mikrokolon darzustellen.

Therapie
- Darmspülungen und Einläufe
- Bei Misserfolg oder Perforation chirurgische Therapie.

CHECK-UP

- ☐ Erklären Sie die Pathogenese der NEC.
- ☐ Nennen Sie wichtige Risikofaktoren für die Entstehung einer NEC.
- ☐ Welche klinischen Symptome weisen auf die Diagnose einer NEC hin?
- ☐ Wie behandeln Sie eine NEC?

Metabolische Störungen im Neugeborenenalter

Transitorische Hypoglykämie des Neugeborenen

Definition
Plasmaglukosekonzentration unter 50 mg/dl in den ersten 24 Lebensstunden.

Epidemiologie
Häufigste postnatale Stoffwechselstörung. 2:1.000 Lebendgeburten.

Ätiologie
- Plazentainsuffizienz: geringe Substratbereitstellung, geringe Leberglykogenspeicherung, geringe Muskelproteinmasse und Körperfett
- Verzögerte Ausreifung der Glukoneogeneseenzyme
- Hypopituitarismus
- Angeborene Stoffwechselstörungen.

Klinik
Symptome können auch bei schwerer Hypoglykämie fehlen!
- Apnoe
- Hypotonie
- Apathie

- Trinkschwäche
- Blässe
- Hypothermie
- Hyperexzitabilität
- Epileptische Anfälle.

Diagnostik
Engmaschige Kontrolle des Blutzuckers.

Therapie
Orale Maltodextringabe oder Glukosezufuhr i.v.

Hypoglykämie bei Neugeborenen diabetischer Mütter

Synonym: Diabetische Fetopathie.

Definition
Reaktive Hypoglykämie des Neugeborenen durch Hyperinsulinismus bei Anpassung an hohe intrauterine Glukosekonzentration bei Diabetes mellitus der Mutter.

Epidemiologie
- Bei 75 % der Kinder diabetischer Mütter
- Bei 25 % der Kinder von Müttern mit maternalem Gestationsdiabetes.

Pathogenese
- Fetale Hyperglykämie und Hyperinsulinämie → vermehrte Glukoseaufnahme in die Leber → vermehrte Glykogensynthese, Lipogenese, Proteinsynthese → erhöhtes Gewicht fetaler Organe mit Ausnahme des Gehirns → Hypertrophie und Hyperplasie der Pankreasinselzellen
- Nabelschnurdurchtrennung → Unterbrechung der Glukosezufuhr über die Plazenta bei weiter bestehendem Hyperinsulinismus → **Hypoglykämie.**

Klinik
- **Makrosomie:** Geburtsgewicht über 4.000 g, Organomegalie
- Hyperexzitabilität
- Tachypnoe
- Atemnotsyndrom
- Kardiomegalie
- Septumhypertrophie
- **Fehlbildungen:** kaudales Regressionssyndrom, Neuralrohrdefekte, Darmatresien, Gallangangsatresie, Polyspleniesyndrom, Nierenagenesie.

Diagnostik
- Glukosebestimmung nach 1, 3, 6 und 12 Lebensstunden präprandial aus Kapillarblut
- Blutbild, Kalzium und Bilirubin i.S.
- Echokardiografie
- Entwicklungsneurologische Untersuchungen im Verlauf.

Therapie
- Ab der 3. Lebensstunde zusätzlich zur Muttermilch Fütterung mit **Maltodextrin** 15 %
- Bei schlechter Verträglichkeit **Glukoseinfusion** 6–8 mg/kg KG/min.

Hypokalzämie des Neugeborenen

Definition
Kalzium i.S. unter 1,8 mmol/l.

Epidemiologie
5–10 % aller reifen Neugeborenen. Inzidenz mit Unreife steigend.

Ätiologie
Frühe Form.
- 1.–3. Lebenstag, häufiger
- Transitorischer Hypoparathyreoidismus und vermindertes Ansprechen der Parathyreoidea auf den postnatalen Abfall der Kalziumkonzentration, meist asymptomatisch.

Späte Form.
- 1.–3. Lebenswoche, seltener
- Hypoparathyreoidismus, Vitamin-D-Mangel, antikonvulsive Therapie der Mutter, hoher Phosphatgehalt von Säuglingsnahrung, meist symptomatisch.

Klinik
- Hyperexzitabilität
- Tremor
- Myoklonien
- Zerebrale Krampfanfälle
- Apnoe
- Laryngospasmen
- Rezidivierendes Erbrechen.

Therapie
Kalziumglukonat 10 % 2 ml/kg KG p.o.
In schweren Fällen langsam i.v. unter EKG-Kontrolle!

CHECK-UP

- ☐ Erklären Sie die Pathogenese der Hypoglykämie bei Neugeborenen diabetischer Mütter.
- ☐ Nennen Sie die klinischen Leitsymptome eines Kindes mit diabetischer Fetopathie.
- ☐ Welche Untersuchungen führen Sie bei einem Neugeborenen mit diabetischer Fetopathie durch?
- ☐ Wie behandeln Sie die Hypoglykämien bei einem Kind mit diabetischer Fetopathie?

Neonatale epileptische Anfälle

Definition

Epileptische Anfälle Neugeborener, die häufig im Verlauf einer Grunderkrankung auftreten.

Epidemiologie

Abhängigkeit vom Gestationsalter:

- 20 % aller Frühgeborenen
- 0,5 % der Reifgeborenen

90 % treten innerhalb der ersten 2 Tage auf.

Klinik

Generalisierte Anfälle sind eher selten, oft diskrete **Myoklonien:**

- Apnoen
- Nystagmus
- Hypersalivation.

Die Abgrenzung zu harmlosen Myoklonien ist häufig schwierig.
Sonderform: Vitamin-B_6-abhängige Anfälle mit promptem Sistieren auf Gabe hoher Dosen Vitamin B_6.

Diagnostik

- Mütterliche Anamnese: Drogen, Ernährung
- Geburtsanamnese: Asphyxie, Trauma
- Ausschluss Hypoglykämie, Hyperammonämie, Hypokalzämie, Sepsis, Meningitis
- EKG, EEG
- Sonografie des Schädels
- Augenärztliche Untersuchung
- Therapieversuch mit Vitamin B_6.

Therapie

- Behandlung der Primärerkrankung
- Medikamentöse Therapie: Phenobarbital, Phenytoin.

> Bei neonatalen epileptischen Anfällen sollte stets ein Ansprechen auf Vitamin B_6 ausgetestet werden.

Infektionskrankheiten des Neugeborenen

Neonatale Sepsis und Meningitis

Definitionen

- Neugeborenensepsis: systemische Infektion und Bakteriämie
- Meningitis: Infektion der Hirnhäute und des Gehirns.

> Die Neugeborenensepsis ist durch die klinischen Symptome einer systemischen Infektion und durch eine Bakteriämie gekennzeichnet.
> Sie trägt in hohem Maße zur Mortalität und Morbidität von Neu- und Frühgeborenen bei.

Epidemiologie

2 % der Lebendgeborenen. 25 % der Sepsispatienten entwickeln eine Meningitis.

Risikofaktoren

- Vorzeitiger Blasensprung
- Amnioninfektionssyndrom
- Fieber oder Bakteriämie der Mutter
- Frühgeburtlichkeit
- Zentrale Venenkatheter.

Klassifikation und Erreger

- **Early-Onset-Sepsis** (1.–3. Lebenstag): β-hämolysierende Streptokokken der Gruppe B, Escherichia coli
- **Late-Onset-Sepsis** (nach 1. Lebenswoche): β-hämolysierende B-Streptokokken, Escheri-

chia coli, Staphylococcus aureus, Listerien, Haemophilus influenzae
- **Nosokomiale Sepsis:** Staphylococcus epidermidis, Klebsiellen, Pseudomonas, Serratia, Candida albicans.

Klinik

Neonatale Sepsis. Unspezifische und variable Symptomatik.
- Schlechtes Aussehen
- Temperaturregulationsstörungen
- Tachypnoe
- Trinkschwäche und Erbrechen
- Blassgraues Hautkolorit
- Hyperexzitabilität.

Neonatale Meningitis. Zusätzliche Symptome:
- Schrilles Schreien
- Gespannte Fontanelle
- Nackensteifigkeit fehlt in diesem Alter.

Diagnostik

- Blutbild: Leukozytose, -penie
- CRP, IL6, IL8, Prokalzitonin erhöht
- Gerinnungsstörung
- Bakteriologische Kulturen
- **Liquorpunktion:** Pleozytose, Glukoseerniedrigung, Eiweißerhöhung, Kultur, Antigennachweis.

Therapie

Antibiotische Therapie i.v., zunächst z.B. Cephalosporin, Ampicillin und Aminoglykosid. Dann nach Erregerspektrum angepasst über 10 Tage.

> Eine rasche Progredienz der Neugeborenensepsis zum septischen Schock innerhalb von wenigen Stunden ist möglich und bei nicht adäquater Therapie häufig.

Konjunktivitis des Neugeborenen

Definition

Infektiös bedingte Bindehautentzündung.

Erreger

- Chlamydien
- Staphylokokken
- Streptokokken
- Haemophilus influenzae
- Escherichia coli.

Klinik

Rötung und eitrige Sekretion der Konjunktiva. Kann auf die Kornea übergreifen.

Therapie

Erythromycin-Augensalbe. Auch als Prophylaxe im Kreißsaal.

CHECK-UP

- ☐ Welche Manifestationsformen der Neugeborenensepsis kennen Sie und durch welche Erreger sind diese jeweils gekennzeichnet?
- ☐ Beschreiben Sie die Symptomatik der Neugeborenensepsis.
- ☐ Nennen Sie wegweisende laborchemische Befunde der Neugeborenensepsis.
- ☐ Beschreiben Sie den klassischen Liquorbefund bei neonataler Meningitis.
- ☐ Welche Therapie leiten Sie bei Verdacht auf eine Neugeborenensepsis ein?

Sudden infant death syndrome

Definitionen

- **Sudden infant death syndrome (SIDS):** plötzlicher, unvorhersehbarer und unerklärbarer Tod im 1. Lebensjahr
- **Apparent life threatening episode (ALTE):** Episode mit Apnoe, Zyanose und Erstickungsanfällen („Beinahe-SIDS", Kind wird durch sofortiges Eingreifen gerettet).

Epidemiologie

2:1.000, ♀ < ♂.

Ätiologie

Ursachen weiterhin ungeklärt, vermutlich multifaktorielle Genese.

Risikofaktoren

- Männliches Geschlecht
- Niedriges Geburtsgewicht

- Frühgeborene
- Bronchopulmonale Dysplasie
- Perinatale Asphyxie
- Vorausgegangene ALTE
- Geschwisterkinder mit SIDS
- Bauchlage
- Überwärmung
- Niedriges Alter der Mutter
- Nikotin- und Drogenabusus der Mutter
- Häufige Schwangerschaften der Mutter.

Klinik

SIDS. Bei knapp der Hälfte der Kinder anamnestisch oder klinisch Zeichen einer milden Infektion der oberen Atemwege; Nachweis sicherer Todeszeichen.

ALTE. Blässe, Zyanose, fehlende Reaktion, flache Atmung, muskuläre Hypotonie.

Diagnostik

Kinder mit ALTE müssen umgehend in eine Kinderklinik eingewiesen werden, um Erkrankungen verschiedener Organsysteme auszuschließen:

- Atemwege
- Herz-Kreislauf-System
- ZNS
- Gastrointestinaltrakt
- Stoffwechselstörungen.

Bei SIDS muss stets eine Obduktion erfolgen, da „ungeklärte Todesursache“.

Therapie

- Bei ALTE ist sofortiges Eingreifen durch taktile Stimulation erfolgversprechend
- Bei V.a. SIDS und fehlenden sicheren Todeszeichen: kardiopulmonale Reanimation.

Prävention

- Rückenlage
- Schlafsack
- Im 1. Lebensjahr eigenes Bett im elterlichen Schlafzimmer
- Schutz vor Überwärmung: Schlafzimmertemperatur nicht über 18 °C
- Rauchfreie Umgebung
- Stillen
- Schnuller verwenden
- Nach ALTE: Heimmonitor verordnen und Eltern in Bezug auf einfache Reanimationsmaßnahmen schulen.

CHECK-UP

- ☐ Definieren Sie die Begriffe SIDS und ALTE.
- ☐ Nennen Sie wichtige Risikofaktoren für SIDS.
- ☐ Welche Maßnahmen senken das SIDS-Risiko?

2 Genetik

Autosomale, numerische Chromosomenaberrationen

Definition

Numerische Chromosomenaberrationen: Veränderung der Zahl einzelner Chromosomen.

Indikationen zur Durchführung einer Chromosomenanalyse:
- Multiple Fehlbildungen
- Geistige Retardierung unklarer Ursache
- Intersexuelles Genitale oder abnorme Sexualentwicklung
- Sterilität
- Gehäufte Fehlgeburten
- Totgeburt ungeklärt
- Positive Familienanamnese für Chromosomenbruchsyndrome
- Positive Familienanamnese für monogene Erkrankung.

Trisomie 21

Synonym: Down-Syndrom.

Definition

Häufigstes chromosomales Syndrom. Karyogramm: 47, XY, +21.

Epidemiologie

1:700 Lebendgeborene. Häufigkeit nimmt zu mit zunehmendem Alter der Mutter **und** des Vaters. Über 50 % der Fälle fetaler Trisomie enden als Spontanabort.

Ätiologie

- 95 % freie Trisomie 21
- 5 % Translokation.
- Kein phänotypischer Unterschied.

Klinik

Kraniofaziale Dysmorphie.
- Kleiner, runder Schädel mit flachem Okziput, flachem Profil und vorgewölbter Stirn
- Kurzer, breiter Hals
- Flache Nasenwurzel, kurze Nase
- Makroglossie
- Mongoloide Lidachsenstellung
- Hypertelorismus
- Epikanthus
- Spärliche kurze Augenwimpern
- Brushfield-Spots auf der Iris
- Kleine, runde Ohren.

Hand- und Fußdeformitäten.
- Kurze, breite Hände und Füße
- Vierfingerfurche
- Sandalenlücke.

Skelettveränderungen.
- Überstreckbarkeit der Gelenke
- Kleinwuchs.

Begleitende Organfehlbildungen.
- Herzfehler bei 40 %: Atriumseptumdefekt (ASD), Ventrikelseptumdefekt (VSD), Fallot-Tetralogie
- Gastrointestinale und urogenitale Fehlbildungen, bei allen Jungen Hypogonadismus
- ZNS: ausgeprägte muskuläre Hypotonie, variabel ausgeprägte mentale Retardierung.

Komplikationen.
- Hypothyreose durch lymphozytäre Thyreoiditis
- Hohe Infektanfälligkeit
- Leukämierisiko 10- bis 30fach erhöht.

Die erniedrigte Lebenserwartung bei Trisomie 21 ist häufig durch die erhöhte Leukämieinzidenz bedingt.

Diagnostik

Pränatal. Sonografie zeigt breites dorsonuchales Ödem am Ende des ersten Schwangerschaft-Trimenons, Amniozentese, Chorionzottenbiopsie: Karyotypisierung aus kindlichen Zellen.

Postnatal Karyotypisierung, EKG, Echokardiografie, entwicklungsneurologische Untersuchung.

Prognose

- Der IQ beträgt im Alter von 5 Jahren durchschnittlich 50, die interindividuelle Variabilität ist hoch
- Gefühlsleben und Sozialverhalten sind meist ausgeprägt und förderbar
- Normaler Pubertätseintritt, fertile Mädchen, infertile Jungen
- Häufigste Todesursachen sind Herzfehler, Infektionen, Leukämie.

Therapie

In Abhängigkeit begleitender Fehlbildungen und Komplikationen. Frühfördermaßnahmen und

Physiotherapie sind für die körperliche und geistige Entwicklung von besonderer Bedeutung.

Trisomie 18

Synonym
Edwards-Syndrom.

Definition
Karyogramm 47, XY, +18.

Epidemiologie
1:8.000, ♂:♀ = 4:1, Häufigkeit nimmt zu mit steigendem Alter der Mutter.

Ätiologie
- 80 % der Fälle freier Trisomie 18: meiotische Non-Disjunction
- 20 % Mosaik.

Klinik
Leitsymptom. Charakteristische Handstellung: Beugung von Zeigefinger und kleinem Finger über Mittel- und Ringfinger.

Kraniofaziale Dysmorphie.
- „Faunenohren"
- Mikrognathie
- Breite Nasenwurzel
- Lippen-Kiefer-Gaumenspalte
- Langer schmaler Schädel mit prominentem Okziput.

Begleitende Fehlbildungen.
- Herzvitien bei über 95 % der Fälle
- Zwerchfellhernien
- Kurzes Sternum
- Kleine Mamillen mit weitem Abstand
- Inguinal- oder Umbilikalhernien
- Rektusdiastase
- Enges Becken
- Wiegenkufenfüße
- Kryptorchismus.

Weitere Symptome.
- Niedriges Geburtsgewicht
- Ateminsuffizienz
- Krampfanfälle
- Schwere psychomotorische Entwicklungsverzögerung.
- Lebenserwartung 2–10 Monate.

Mit hoher Wahrscheinlichkeit tritt bei der Trisomie 18 eine schwere Enzephalopathie auf.

CHECK-UP

- ☐ Nennen Sie einen Risikofaktor für die Entstehung einer Trisomie 21.
- ☐ Nennen Sie vier klinische Auffälligkeiten bei Trisomie 21.
- ☐ Welche ist die häufigste Todesursache bei Trisomie 21?
- ☐ Nennen Sie das Leitsymptom der Trisomie 18.
- ☐ Nennen Sie typische kraniofaziale Dysmorphiezeichen der Trisomie 18.
- ☐ Wie ist die Lebenserwartung bei Trisomie 18?

Autosomale, strukturelle Chromosomenaberrationen

Definition
Strukturelle Chromosomenaberrationen: strukturelle Umbauten innerhalb eines Chromosoms oder zwischen verschiedenen Chromosomen, die zu verändertem Chromosomenmaterial – Verlust oder Zugewinn – des Karyotyps führen. Mechanismen:
- Deletion
- Ringbildung
- Fehlteilung
- Duplikation
- Inversion
- Translokation.

Unbalancierte Translokationen

Monosomien und Trisomien kleinerer Chromosomensegmente. Monosomien führen zu schwerwiegenderen Krankheitsbildern als Trisomien des gleichen Segments.

Balancierte Translokationen

Phänotypisch unauffällige Veränderungen, die über mehrere Generationen vererbt werden können.

Robertson-Translokation

Die langen Arme von zwei akrozentrischen Chromosomen verschmelzen im Zentromerbereich → balancierter Karyotyp mit 45 Chromosomen, in der Regel ohne pathologische Bedeutung.
Bei den Nachkommen besteht ein hohes Risiko einer unbalancierten Chromosomenstörung, z.B. einer Robertson-Trisomie, da entweder das verschmolzene Chromosom oder kein Chromosom weitergegeben wird.

CHECK-UP

- ☐ Welche Umbauten des Chromosomenmaterials verändern den Karyotyp?
- ☐ Was kennzeichnet unbalancierte im Gegensatz zu balancierten Translokationen?
- ☐ Welches Risiko besteht bei der Robertson-Translokation?

Gonosomale Aberrationen

Definition
Gonosomale Aberrationen: Chromosomenaberrationen mit Beteiligung der Geschlechtschromosomen, die zu einer gestörten Gonadendifferenzierung führen.

Ullrich-Turner-Syndrom

Definition
Karyogramm 45, X0.

Epidemiologie
1:2.500. Tritt unabhängig vom Alter der Mutter auf.

Ätiologie
50 % als Folge von Non-Disjunction.

Klinik
- **Wachstumsretardierung** und **Lymphödeme** an Hand- und Fußrücken bei Geburt
- Pterygium colli
- Schildthorax
- Tiefer Haaransatz im Nacken
- Minderwuchs
- **Äußeres Genitale weiblich**
- Stranggonaden ohne differenziertes Ovarialgewebe: primäre Amenorrhö
- **Begleitende Fehlbildungen:** Herzfehler, Hufeisennieren.

Therapie
Wachstumshormon- und Östrogensubstitutionstherapie.

Klinefelter-Syndrom

Definition
Karyogramm 47, XXY.

Epidemiologie
1:1.000 männlicher Lebendgeborener.

Ätiologie
Non-Disjunction während der Meiose.

Klinik
- Keine kraniofaziale Dysmorphie
- Normale Geburtsmaße, häufig erst im Pubertätsalter erfasst
- Geschlecht entwickelt sich verzögert oder bleibt aus
- Geringes Hodenvolumen
- Kleiner Penis
- Gynäkomastie
- Geringer Bartwuchs
- Meist Azoospermie und Infertilität
- **Mentale Retardierung**
- Psychische Auffälligkeiten: ängstlich, schüchtern, unreif, aggressiv
- Eunuchoider **Hochwuchs**.

Diagnostik
- Chromosomenanalyse
- Vor dem 10. Lebensjahr normale Plasmagonadotropine
- In der Pubertät Zeichen des hypergonadotropen Hypogonadismus: FSH, LH erhöht, Testosteron niedrig

- Hodenbiopsie in Pubertät: sklerosierende Tubulusdegeneration und Leydig-Zell-Hyperplasie.

Therapie

Substitution von Testosteron etwa ab dem 12. Lebensjahr.

Syndrom des fragilen X-Chromosoms

Definition

Häufigste genetisch bedingte Form der unspezifischen geistigen Behinderung durch vermehrte Fragilität des X-Chromosoms.

Epidemiologie

♂ 1:1.250, ♀ 1:5.000. In 7 % der Fälle Ursache eines schweren, in 4 % Ursache eines leichten Intelligenzdefekts.

Ätiologie

Chromosomenbrüchigkeit am X-Chromosom im FMR_1-Gen durch instabile Trinukleotidsequenz CCG.

Dynamische Mutation → Trinukleotidsequenz verlängert sich in der Generationsfolge mit **Antizipationseffekt**.

Klinik

- Mittlere bis schwere **geistige Retardierung** bei einem durchschnittlichen IQ von 50
- Hyperaktivität
- Große Ohren
- Langes Kinn
- Hochwuchs
- Postpubertär große Hodenvolumina
- Verhaltensauffälligkeiten mit autistischen Zügen.

Wegen der hohen Genhäufigkeit sollte bei jeder unklaren Form der geistigen Behinderung das Syndrom des fragilen X-Chromosoms ausgeschlossen werden.

Diagnostik

DNA-Analyse: direkter Nachweis der CCG-Amplifikation im FMR_1-Gen.

CHECK-UP

- ☐ Nennen Sie die typischen klinischen Symptome des Klinefelter-Syndroms.
- ☐ Welche laborchemische Veränderung erwarten Sie bei einem Patienten mit Klinefelter-Syndrom in der Pubertät?
- ☐ Wie wird das Klinefelter-Syndrom behandelt?
- ☐ Nennen Sie das Leitsymptom des fragilen X-Syndroms.
- ☐ Welche weiteren Symptome treten auf?
- ☐ Wie sichern Sie die Diagnose eines fragilen X-Syndroms?

Chromosomale Mikrodeletionssyndrome

Definition

Erkrankungen, die durch den Verlust sehr kleiner Chromosomenbruchstücke verursacht werden. Ein **Contiguous gene syndrome** liegt vor, wenn mehrere benachbarte Gene von der Deletion betroffen sind.

Epidemiologie

1:10.000–1:50.000.

Pathogenese

- Meiotische, nichthomologe Rekombination repetitiver Sequenzen eines oder mehrerer dosissensitiver Gene im Deletionsbereich (Haploinsuffizienz)
- Genomic imprinting: von der Keimbahnpassage abhängige Inaktivierung von Genen, d.h. Expression nur des mütterlichen oder nur des väterlichen Allels.

Das Prader-Willy-Syndrom entsteht durch das Fehlen paternaler, das Angelman-Syndrom durch das Fehlen maternaler genetischer Information der Region 11–13.

Klinik

Syndrom	Klinische Symptomatik
Williams-Beuren-Syndrom	• Supravalvuläre Aortenstenose • Hyperkalzämie • Dysmorphie • Verhaltensauffälligkeiten
Prader-Willi-Syndrom	• Muskuläre Hypotonie • Anfangs Gedeihstörung, später Adipositas • Entwicklungsverzögerung, Minderwuchs
Angelman-Syndrom	• Schwere Entwicklungsverzögerung • Sprachentwicklungsverzögerung • Lachepisoden • Epileptische Anfälle, Ataxie
Smith-Magenis-Syndrom	• Entwicklungsverzögerung • Sprachentwicklungsverzögerung • Periphere Neuropathie • Verhaltensauffälligkeiten • Diskrete Dysmorphie
Mikrodeletion 22q (CATCH-22)	• **C**ardial • **A**bnormal face • **T**hymic hypoplasia • **C**left palate • **H**ypocalcemia
DiGeorge-Syndrom	• Herzfehler • Thymushypoplasie • Hypokalzämie • Entwicklungsverzögerung • Dysmorphie

Diagnostik

Nachweis der Mikrodeletion mittels Fluoreszenz-in-situ-Hybridisierung (FISH-Analyse).

> Ohne klinische Verdachtsdiagnose mit der Indikation zur FISH-Analyse können die Mikrodeletionssyndrome in der Regel nicht diagnostiziert werden, da die Mikrodeletion unterhalb der Auflösungsgrenze der normalen Chromosomenanalyse liegt.

Embryofetopathien durch exogene Noxen

Definitionen

- Gametopathie: präkonzeptionelle Schädigung der elterlichen Keimzellen
- Blastopathie: Schädigung während des 1.–18. Entwicklungstags in der Blastogenese
- Embryopathie: Schädigung während der Embryo- und Organogenese (18. Tag bis Ende der 8. Entwicklungswoche)
- Fetopathie: Schädigung während der Fetalperiode bis zur Geburt.

Alkoholembryopathie

Definition

Kombination multipler Anomalien von Kindern alkoholsüchtiger Mütter.

Epidemiologie

Unter allen bekannten Embryopathien ist die Alkoholembryopathie mit Abstand die häufigste:

- Leichte Form: 1:250
- Schwere Form: 1:1.000.

> Etwa 30 % der Kinder alkoholkranker Frauen haben eine Alkoholembryopathie.
> Es besteht keine direkte Dosis-Wirkungs-Beziehung.

Ätiologie

Die Schwangere konsumiert täglich mehr als 50 g reinen Alkohol.

Pathogenese

Ethanol wirkt zytotoxisch und mitosehemmend. Es ist unklar, ob Ethanol oder seine Metaboliten die Schädigung bedingen. Chronische Unterernährung und Mangelerscheinungen der Mutter tragen zum kindlichen Phänotyp bei.

Klinik

Leitsymptome.

- Intrauteriner und postnataler Minderwuchs
- Mikrozephalie
- Psychomotorische Retardierung

- Hyperaktivität
- Muskuläre Hypotonie.

Kraniofaziale Dysmorphiezeichen.
- Blepharophimose
- Epikanthus
- Niedrige Stirn
- Kurze Lidspalten
- Eingesunkene Nasenwurzel
- Schmales Lippenrot
- Verstrichenes Philtrum
- Hoher Gaumen oder Gaumenspalte
- Mandibulahypoplasie
- Tief sitzende Ohren.

Skelettanomalien und Organfehlbildungen.
- Handfurchenanomalien
- Klinodaktylie V
- Hüftluxation
- Herzfehler
- Urogenitale Fehlbildungen.

Therapie
- Operative Korrektur von Gaumenspalten und Herzvitien
- Frühfördermaßnahmen.

Prognose
Bei Entwöhnung vor Ende des ersten Trimenons ist eine normale geistige Entwicklung möglich.

CHECK-UP
- ☐ Was verstehen Sie unter einer Alkoholembryopathie?
- ☐ Nennen Sie die Leitsymptome der Alkoholembryopathie.
- ☐ Welche Empfehlungen gelten für werdende Mütter?

3 Säuglingsernährung

Physiologie

Täglicher Wasserbedarf im 1. Lebensjahr:
- 1. Trimenon: 1/6 des Körpergewichts
- 2. Trimenon: 1/7 des Körpergewichts
- 3. Trimenon: 1/8 des Körpergewichts
- 4. Trimenon: 1/9 des Körpergewichts.

Wöchentliche Gewichtzunahme des gesunden Säuglings:
- 1. Trimenon: 200 g
- 2. Trimenon: 150 g
- 3. Trimenon: 100 g
- 4. Trimenon: 75 g.

> Postnatal ist ein Gewichtsverlust von 10–15 % bei sonst gutem Allgemeinzustand des Kindes physiologisch. Im Alter von 10 Tagen sollte das Geburtsgewicht wieder erreicht sein.

Muttermilchernährung

Ideale, an die Bedürfnisse des Neugeborenen angepasste Ernährungsform in den ersten Lebensmonaten.

Stillen reduziert beim Kind das Risiko für:
- Atopische Erkrankungen
- Adipositas
- Otitis media
- Infektiöse Durchfallerkrankungen.

Stillen reduziert außerdem das Risiko eines Ovarial- und Mammakarzinoms bei der Mutter.

Formen der Frauenmilch

Kolostrum
- Bis zum 4. Lebenstag
- Niedriger Fett-, Energie- und Kohlenhydratgehalt
- Hoher Proteingehalt
- Hochwertig bezüglich immunologischer Funktionen.

Transitorische Milch
- 5.–10. Lebenstag
- Höherer Fett-, Energie- und Kohlenhydratgehalt
- Niedrigerer Proteingehalt.

Reife Frauenmilch
- Ab 11. Lebenstag
- Höherer Energie- und Fettgehalt
- Niedrigerer Proteingehalt.

Biologische Vorteile der Muttermilchernährung

- Eiweiß: niedriger Gehalt, geringer Kaseinanteil
- Kohlenhydrate: hoher Gehalt, v.a. als Laktose → fördert Wachstum von Lactobacillus bifidus, hemmt Wachstum von Escherichia coli
- Fett: hoher Anteil essenzieller Fettsäuren, bessere Resorption der Fette durch Lipase
- Mineralien: niedriger Gehalt → geringere Osmolarität → geringere Gefahr der Dehydratation
- Immunologie: hoher Gehalt an sekretorischem IgA, IgM, IgG, Lysozym und Laktoferrin → Infektionsschutz.

> Die beste Form der Ernährung für gesunde Säuglinge in den ersten Lebensmonaten ist das ausschließliche Stillen. Auch Teilstillen ist wertvoll.

Potenzielle Nachteile des Stillens

- **Vitamine:** Vitamin-D- und Vitamin-K-Gehalt zu niedrig → Substitution erforderlich
- Infektionsübertragung bei mütterlicher Infektion
- Schadstoffe: mütterlicher Alkohol-, Nikotin- und Drogenabusus belasten das Kind; Pestizide und Industrieschadstoffe reichern sich in der Muttermilch an
- Mütterliche vegane Ernährung: Gefahr des Vitamin-B_{12}-Mangels, konsekutiv häufig irreversible Hirnschädigung.

Stillphysiologie und praktische Aspekte des Stillens

Hormone
- **Prolaktin** aus Hypophysenvorderlappen: regt die Milchproduktion an
- **Oxytocin** aus Hypophysenhinterlappen: bewirkt „Auspressen" der Milch in die Milchgänge.

Stilltechnik

- Frühes, anfangs kurzes Anlegen: wenn möglich, innerhalb der ersten 2 Lebensstunden
- Kind nicht länger als 20 Minuten an der Brust lassen, da es sonst häufiger zu Rhagaden an der Brustwarze kommt
- Nach Bedarf füttern: 6–10 Mahlzeiten, Menge ad libitum
- Brust reinigen.

Stillen und mütterliche Medikamenteneinnahme

Medikamente können in die Milch übergehen und das Kind belasten. Für fast jede Behandlungsindikation lässt sich eine Therapie finden, die das Weiterstillen erlaubt.

Kontraindizierte Medikamente.

- Zytostatika
- Radionukleotide
- Antiepileptika
- Kombinationstherapien mehrerer Psychopharmaka
- Jodhaltige Kontrast- und Desinfektionsmittel.

Stilldauer

Es sollte 4–6 Monate ausschließlich gestillt werden. Die schrittweise Einführung von Gluten zwischen dem 4. und 6. Lebensmonat beim noch gestillten Kind reduziert das Zöliakierisiko.

CHECK-UP

- ☐ Welche sind die Vorteile der Muttermilchernährung?
- ☐ Welche Formen der Muttermilch kennen Sie?
- ☐ Nennen Sie potenzielle Nachteile der reinen Muttermilchernährung.
- ☐ Welche Empfehlungen geben Sie der stillenden Mutter in Bezug auf die Stilldauer?

Säuglingsmilchnahrung, Beikost und Vitaminsubstitution

Industriell hergestellte Säuglingsmilchnahrung

Mit den heute handelsüblichen, qualitativ hochwertigen Säuglingsmilchnahrungen können nicht gestillte Säuglinge ohne Risiko ernährt werden. Die Säuglingsmilchnahrung sollte nicht selbst hergestellt werden.

- Pre-Nahrungen: ab dem 1. Lebenstag, können wie Muttermilch ad libitum gefüttert werden, enthalten Laktose als einziges Kohlenhydrat
- „1“-Nahrungen: ab der 6. Lebenswoche, enthalten zusätzlich verschiedene Polysaccharide
- Folgenahrungen („2“-, „3“-Nahrungen): frühestens mit Beginn der Beikost einführen, z.T. aus Kuhmilch oder Sojaeiweiß
- Säuglingsnahrung auf Sojabasis: nicht indiziert bei gesunden Kindern oder Säuglingen vor dem 6. Monat
- Hypoallergene Nahrungen: allergenreduzierte Säuglingsnahrungen auf Eiweißhydrolysatbasis; bei Kindern mit familiärer Allergenbelastung, die aufgrund unüberwindbarer Stillhindernisse nicht gestillt werden können
- Hochgradige Eiweißhydrolysatnahrungen: Diätprodukte mit hochgradig hydrolysiertem Protein oder Aminosäuremischungen. Nicht zur Allergieprävention gesunder Säuglinge geeignet.

Beikost

Säuglingsnahrung, die weder Muttermilch noch ein Muttermilch-Ersatzprodukt ist.
Beikost sollte frühestens mit Beginn des 5., spätestens mit Beginn des 7. Monats unter Beibehaltung des Stillens eingeführt werden. Im 5. Lebensmonat schrittweise eine Milchmahlzeit durch Gemüse-Fleisch-Brei substituieren. Ab dem 6. Lebensmonat eine weitere Milchmahlzeit durch Milch-Getreide-Obst-Brei ersetzen (→ Abb. 3.1).

Vitamin-D-, -K- und Fluorsubstitution im 1. Lebensjahr

Vitamin D

Täglicher Bedarf: 800–1.000 IE/Tag. Bei jeder Form der Säuglingsernährung ist im 1. Lebens-

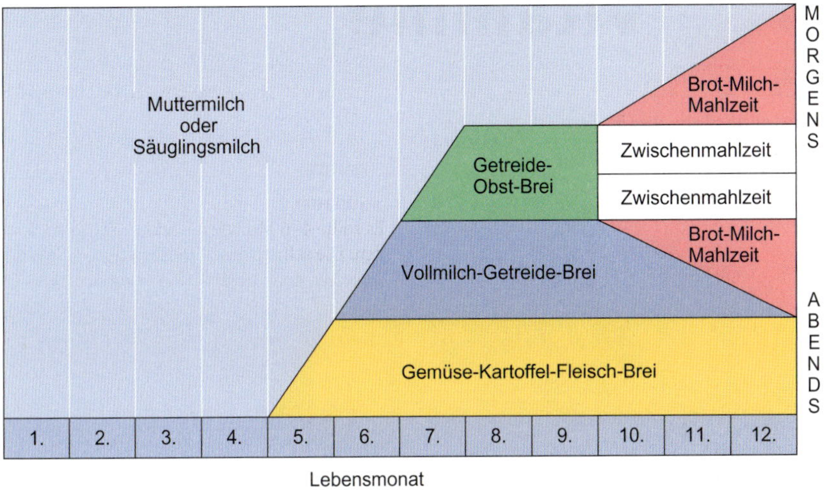

Abb. 3.1 Ernährungsplan im 1. Lebensjahr (Forschungsinstitut für Kinderernährung Dortmund)

jahr eine zusätzliche Gabe von 500 IE Vitamin D täglich nötig.

Vitamin K

Alle gesunden Säuglinge erhalten zur Prävention von Vitamin-K-Mangelblutungen insgesamt dreimal (U1, U2, U3) jeweils 2 mg Vitamin K als Tropfen.

Fluorid

Erhöht in angemessener Zufuhr sowohl vor als auch nach dem Zahndurchbruch die Widerstandsfähigkeit der Zähne gegen Karies.

Prophylaxe: 0,25 mg Fluorid/Tag ab der Neugeborenenzeit z.B. in Kombination mit Vitamin D, Dosis im Kindes- und Jugendalter steigern.
Die Verwendung von fluoridhaltiger Zahnpasta in den ersten Lebensjahren wird wegen der Gefahr der akuten oder chronischen Toxizität durch Verschlucken nicht empfohlen.

CHECK-UP

- ☐ Welche Säuglingsnahrung empfehlen Sie für Kinder mit familiärem Allergierisiko?
- ☐ Was verstehen Sie unter Beikost?
- ☐ Welche Vitamine werden im 1. Lebensjahr bei allen gesunden Säuglingen substituiert?
- ☐ Beschreiben Sie die Durchführung der Fluoridprophylaxe.

4 Vitamine

Vitamine: für Wachstum und Funktionserhalt des Organismus essenzielle Nahrungsbestandteile, die regelmäßig in kleinen Mengen aufgenommen werden müssen.

Wasserlösliche Vitamine

Vitamin-B_6-Mangel

Definition

Vitamin B_6 (Pyridoxin) ist in Karotten, Leber, Muskelfleisch, Eier, Fisch, Hefe und Getreide enthalten. Es ist
- Koenzym im Aminosäurestoffwechsel
- Für die ZNS-Funktion essenziell.

Epidemiologie

Vitamin-B_6-Mangel: selten.
Tritt bei Einnahme antagonisierender Medikamente auf, z.B. Isoniazid bei Tuberkulose-Therapie.

Klinik

Epileptische Anfälle und Polyneuropathie.

Diagnostik

Pyridoxal-5-Phosphat, GABA und Glutamat i.S. und Liquor.

> Bei neonatalen epileptischen Anfällen sollte grundsätzlich ein Therapieversuch mit Vitamin B_6 (100 mg Pyridoxin i.v.) unternommen werden. Bei Ansprechen sind weitere Antikonvulsiva nicht erforderlich.

Vitamin-B_{12}- und Folsäure-Mangel

→ Kap. Hämatologie.

Vitamin-H-Mangel

Vitamin H (Biotin) ist in Hefe, Leber, Sojamehl, Reiskleie, Hafer und Eigelb enthalten.

Klinik

Vitamin-H-Mangel durch **Biotinidase-Mangel:**
- Late onset, Manifestationsalter Monate bis Jahre
- Autosomal-rezessiv
- **Neurologische Symptome:** muskuläre Hypotonie, epileptische Anfälle, mentale Retardierung
- Hörstörung
- **Hautekzeme**
- **Alopezie**.

Vitamin-H-Mangel durch **Holocarboxylase-Synthetase-Mangel:**
- Early onset, Manifestationsalter Tage bis Wochen
- Autosomal-rezessiv
- Manifestation der o.g. Symptome im frühen Säuglingsalter.

Therapie

Biotinidase-Mangel: Biotin 10 mg/d p.o.
Holocarboxylase-Synthetase-Mangel: Komplexe Therapie.

Prävention

Neugeborenenscreening.

Fettlösliche Vitamine

Vitamin-D-Mangel

Definitionen

Vitamin D ist in Hühnerei, Fisch und Milch enthalten. Es:
- Erhöht die Plasmakalziumkonzentration und die Kalzium- und Phosphatresorption in der Niere
- Fördert die Osteoidmineralisation
- Hemmt die Freisetzung von Parathormon.

Vitamin-D-Mangel-Rachitis: gestörte Mineralisation des wachsenden Knochens mit ungenügender Kalziumphosphateinlagerung.

Ätiologie

- Verminderte Sonnenbestrahlung
- Alimentär
- Malabsorptionssyndrome
- Extrahepatische Gallengangsatresie
- Antikonvulsive Therapie: Phenytoin, Phenobarbital.

Pathogenese

Verminderte Bildung von 1,25-(OH)2-Vitamin D_3 in der Niere → verminderte Kalziumresorption → enchondrale und periostale Ossifikationsstörung mit Ausbleiben der Wachstumsfugenverkalkung.
Bei Fortbestehen: Sistieren der enteralen Kalziumresorption → **sekundärer Hyperparathyreoidismus**.

Klinik

- Unruhe
- Schreckhaftigkeit
- Missstimmung
- Schwitzen am Hinterkopf
- **Charakteristische Befunde am Skelett:** Craniotabes, Caput quadratum, rachitischer Rosenkranz, Harrison-Furche, Pectus carinatum, Genus valga/vara, **Marfan-Zeichen:** Auftreibung an den Knochenenden mit Doppelhöckerbildung
- Froschbauch
- Obstipation.

Diagnostik

Röntgen.

- Auftreibung und becherförmige Deformierung der Metaphysen
- Epiphysenverbreiterung (Looser-Umbauzonen)
- Osteoporose
- Pathologische Frakturen
- Zeichen des sekundären Hyperparathyreoidismus (Knochendeformierungen, pathologische Frakturen).

Labor.

- Vitamin D erniedrigt
- Alkalische Phosphatase i.S. erhöht
- Kalzium initial niedrig, dann (sub-)normal; Phosphat i.S. initial hoch, dann normal; beide später niedrig
- Hyperaminoazidurie
- Intaktes Parathormon i.S. erhöht.

Therapie

- Vitamin D_3 5.000 IE/d über 3 Wochen, bei Tetanie 10.000 IE/d
- Begleitend Kalziumglukonat 5–10 g/d, bei Tetanie Kalzium 10 % i.v.

Prävention

Vitamin-D-Prophylaxe bei Säuglingen im 1. Lebensjahr.

Vitamin-K-Mangel

→ Kap. Neonatologie.

CHECK-UP

- ☐ Beschreiben Sie die Pathogenese der Vitamin-D-Mangel-Rachitis.
- ☐ Nennen Sie die klinischen Zeichen einer Vitamin-D-Mangel-Rachitis.
- ☐ Welche Röntgenbefunde erwarten Sie bei Vitamin-D-Mangel-Rachitis?
- ☐ Welche Laborbefunde erwarten Sie bei Vitamin-D-Mangel-Rachitis?
- ☐ Wie wird die Vitamin-D-Mangel-Rachitis therapiert?

5 Endokrinologie

Störungen des Wachstums

Kleinwuchs

Definition

Körpergröße < 3. Perzentile oder Mittelwert −2 SD.

Diagnostik

- Eigenanamnese, Familienanamnese
- Auxiologie: Gewicht, Länge, Sitzhöhe, Armspannweite, Kopfumfang, Wachstumskurve, Wachstumsgeschwindigkeitsbestimmung
- Körperliche Untersuchung
- Skelettalterbestimmung
- Endgrößenvoraussage
- Labor:
  - Blutbild
  - GOT, GPT
  - Harnstoff, Kreatinin
  - Kalzium, Phosphatat, alkalische Phosphatase
  - TSH und fT_4
  - Transglutaminase-Antikörper
  - 17-OH-Progesteron, Kortisol im Urin, Wachstumshormon-Nachtprofil, Wachstumshormon-Stimulationstests, LHRH-Test
  - Chromosomenanalyse bei jedem kleinwüchsigen Mädchen unklarer Genese
- Verlauf beobachten.

Isolierter Wachstumshormonmangel

Epidemiologie

1:4.000–1:20.000.

Ätiologie

- Meist **idiopathisch-isoliert**
- **Seltener autosomal-rezessiv (**Typ IA, IB), autosomal-dominat (Typ II) oder X-chromosomal-dominant (Typ III).

Sekundäre Formen.

- Tumor des Hypothalamus oder des Hypophysenvorderlappens
- Perinatales Trauma
- Nach Schädel-Bestrahlung oder Schädel-Hirn-Trauma
- Endorganresistenz.

Klinik

- Größe bei Geburt häufig normal. Auffällig ab dem 2.–3. Lebensjahr.
- **Leitsymptom: verminderte Wachstumsgeschwindigkeit**
- Proportionierter hypophysärer Kleinwuchs mit puppenhaftem Aussehen
- Retardiertes Knochenalter
- Verspäteter Zahnwechsel
- Mikropenis.

Diagnostik

- Perzentilenkurve: verminderte Wachstumsgeschwindigkeit
- Röntgen-linke-Hand: Knochenalterbestimmung
- Wachstumshormon-Nachtprofil
- IGF-Suchtest
- Zwei der folgenden Stimulationsteste: Arginin-, Clonidin-, Gonadotropin-releasing-hormone-(GRH-) oder Insulinhypoglykämie-Test.

Therapie

Biosynthetisches Wachstumshormon 25–30 µg/kg KG/d s.c. bis Erreichen der Endgröße.

Großwuchs

Definition

Körpergröße > 97. Perzentile oder Mittelwert +2 SD.

Diagnostik

- Familienanamnese
- Labor i.d.R. nicht erforderlich.

Differenzialdiagnose

- Normvarianten
- Endokrine Störungen: Adrenogenitales Syndrom, Hyperthyreose, hypophysärer Großwuchs
- Chromosomale Aberrationen: Klinefelter Syndrom, XYY-Karyotyp
- Alimentär
- Genetische Störungen: Marfan-Syndrom, Homozystinurie
- Neurologische Störungen.

Therapie

Die Indikation sollte wegen potenzieller Nebenwirkungen streng gestellt werden!

Jungen.

- Testosteron als Depotpräparat i.m.
- Beginn bei einem Knochenalter von 12–13 Jahren, über 1–1½ Jahre
- Längeneinsparung maximal 8 cm.

Mädchen.
- Östrogene hoch dosiert p.o.
- Alle 4 Wochen Gestagene zur Erzielung einer Abbruchblutung
- Beginn bei einem Knochenalter von 11 Jahren, nach Eintritt der Menarche nicht mehr sinnvoll
- Längeneinsparung maximal 6–8 cm.

Störungen der ADH-Sekretion

Diabetes insipidus neurohormonalis

Definition
Polydipsie und Polyurie durch ADH-Mangel.

Ätiologie
- **Primärer Diabetes insipidus neurohormonalis**: idiopathisch in 30 % der Fälle, sonst familiär
- **Sekundärer Diabetes insipidus neurohormonalis**: Hypothalamustumoren in 50 % der Fälle, Entzündungen, Trauma, Operationen, vaskuläre Veränderungen.

Klinik
- Leitsymptome: **Polyurie** und **Polydipsie**
- Durst
- Hypovolämie.

> Säuglinge mit Diabetes insipidus sind gefährdet durch:
> - Dehydratation
> - Gedeihstörung
> - Hyperosmolarität
> - Fieber
> - Schock.

Diagnostik
- Hypernatriämie
- Serumosmolarität erhöht
- Urinosmolarität erniedrigt
- Spezifisches Uringewicht erniedrigt
- Durstversuch
- ADH-Test.

Differenzialdiagnose
- Diabetes mellitus, Diabetes insipidus renalis
- Psychogene Polydipsie
- Hyperkalzämie
- Chronische Niereninsuffizienz.

Therapie
Therapie der Grunderkrankung. Bei idiopathischen Formen: 1-Desamino-8-D-Arginin-Vasopressin intranasal oder p.o.

Syndrom der inadäquaten ADH-Sekretion

Synonym: Schwartz-Bartter-Syndrom.

Definition
Überschießende ADH-Sekretion trotz niedriger Serumosmolarität → Wasserintoxikation.

Ätiologie
- Begleitend bei Pneumonien
- Bei schweren entzündlichen Hirnerkrankungen: Meningitis, Enzephalitis, Hirntrauma
- Medikamentös
- Bei Hypophyseninsuffizienz und beatmeten Neugeborenen.

Klinik
- **Leitsymptome: geringe Urinausscheidung** und **Gewichtszunahme**
- Schwindel
- Bewusstseinsstörungen
- Epileptische Anfälle.

Diagnostik
- Serumnatrium, Serumosmolarität und Plasmareninaktivität erniedrigt
- Hohe Natriumausscheidung im Urin trotz Hyponatriämie.

Therapie
- Therapie der Grunderkrankung
- Flüssigkeitsrestriktion
- Natriumverlust vorsichtig ausgleichen.

Erkrankungen der Schilddrüse

Hypothyreose

Definition

Anatomisch oder funktionell bedingte Störung der Schilddrüsenfunktion.

Epidemiologie

Häufigste angeborene Endokrinopathie: 1:3.000.

Ätiologie

→ Tab. 5.1.

Tab. 5.1 Ätiologie der angeborenen Hypothyreose

Erkrankung	Ätiologie
Primäre Hypothyreose **Mangel peripherer Schilddrüsenhormone**	• Schilddrüsendysgenesien (80–90 %): – Athyreose – Ektopie – Hypoplasie • Störungen der Hormonsynthese, meist autosomal-rezessiv (10–20 %) • Schilddrüsenhormonresistenz
Sekundäre Hypothyreose **TSH-Mangel**	• Genetische Störungen der TSH-Synthese • Tumor • Trauma • Entzündung
Tertiäre Hypothyreose **TRH-Mangel**	• Tumor • Trauma • Entzündung
Transiente Hypothyreose **Transienter Mangel peripherer Schilddrüsenhormone**	• Jodmangel • Jodkontamination • Mütterliche Immunglobuline

> In 80–90 % der Fälle ist die Ursache der angeborenen Hypothyreose eine Entwicklungsstörung des Organs.

Klinik

In den ersten Lebenswochen.

- **Icterus prolongatus**, **Trinkschwäche**
- Bewegungsarmut
- Obstipation
- **Makroglossie**
- Offene kleine Fontanelle
- Retardiertes Knochenalter
- Grobe Fazies: krause Stirn, Myxödem.

Säuglinge.

- Schläfrig
- Heiseres Schreien
- **Hypotonie**
- Häufig **Bradykardie**
- Ausladendes Abdomen
- Nabelhernie.

Im Verlauf.

- Geistige und **statomotorische Retardierung**
- **Kleinwuchs**.

Bei ausbleibender Therapie.

- Kretinismus
- Debilität
- Schwerhörigkeit.

Diagnostik

- Neugeborenenscreening: erhöhtes TSH am 3. Lebenstag
- fT_3 und fT_4 erniedrigt
- Thyreoglobulin i.S., Schilddrüsenantikörper
- Sonografie der Schlddrüse: Anlagestörung?
- Knochenalterbestimmung
- Bei V.a. Ektopie: ^{123}I-Szintigrafie.

Therapie

L-Thyroxin 10–15 µg/kg KG/d p.o. Therapie überwachen: TSH und fT_4.

> Bei Verdacht auf Hypothyreose sollte der Therapiebeginn so früh wie möglich erfolgen, d.h. bereits vor der endgültigen Diagnosebestätigung.

Screening

TSH-Bestimmung im Neugeborenenscreening am 3. Lebenstag:

- Werte > 20 µE/ml sind verdächtig
- Werte > 100 µE/ml sind beweisend für die kongenitale Hypothyreose.

Erniedrigte TSH-Werte werden nicht erfasst.

> Sekundäre und tertiäre Hypothyreosen werden im Neugeborenenscreening nicht erfasst.

Hyperthyreose

Definition

Überschießende, von der hypophysären Steuerung unabhängige Produktion von Schilddrüsenhormonen und ihre Wirkung auf den Organismus.

Epidemiologie

1:50.000–1:100.000, ♀:♂ = 5:1, selten vor dem 10. Lebensjahr.

Ätiologie

Fast immer **Morbus Basedow**: TSH-Rezeptor-Antikörper.
Selten Adenom oder gesteigerte hypophysäre TSH-Sekretion.

Klinik

- **Nervosität, Unruhe**
- Konzentrationsstörungen, Schulschwierigkeiten
- Gemütsschwankungen
- Tremor
- **Tachykardie**
- Systolisch hoher Blutdruck mit großer Blutdruckamplitude
- Gewichtsabnahme
- Beschleunigtes Wachstum
- Struma diffusa in 80 % der Fälle
- Exophthalmus in 60 % der Fälle
- **Graefe-Zeichen:** Oberlid bleibt zurück bei Blicksenkung
- **Stellwag-Zeichen:** seltener Lidschlag
- **Möbius-Zeichen:** Konvergenzschwäche.

Diagnose

Labor.

- fT_3 und fT_4 erhöht
- TSH supprimiert
- TSH-Rezeptor-Autoantikörper (TRAK) und Anti-Thyreoglobulin nachweisbar.

Bildgebung.

- Sonografie → Volumen, Adenom?
- Szintigrafie, nur bei sonografischem V.a. Adenom
- Knochenalterbestimmung.

Therapie

- Medikamentös: langfristig **thyreostatische Therapie** mit Methamizol, Carbimazol. Ggf. zusätzlich β-Blocker
- Operativ, interventionell: bei großer Struma oder Chronizität **subtotale Thyreoidektomie** oder **Radiojodtherapie**.

Diffuse parenchymatöse Struma

Definition

Vergrößerung der Schilddrüse über die für das Alter festgelegte Norm.

Ätiologie

Echte Hyperplasie insbesondere bei chronischem **Jodmangel** und Morbus Basedow.

Struma neonatorum

Ätiologie

- **Jodmangel** in der Schwangerschaft
- Übertragung strumigener Stoffe
- Thyreostatikatherapie der Mutter
- Transplazentare Übertragung von TRAK.

Klinik

Äußerlich sichtbare Vergrößerung der Schilddrüse, Stridor und Atemnot möglich.

Juvenile euthyreote Struma

Ätiologie

Jodmangel, familiäre Jodfehlverwertung.

Klinik

Homogene Vergrößerung der Schilddrüse, ♀ > ♂, tritt meist in der Pubertät auf.

Diagnostik

- Schilddrüsenhormone i.S.: im unteren Normbereich
- TSH i.S.: normal
- TRH-Test: normal
- Schilddrüsen-Antikörper: negativ.

Differenzialdiagnose

- Halszyste
- Lymphangiom
- Thyreoiditis
- Adenom
- Karzinom.

Therapie

Optimierung der Jodzufuhr: 200 µg/d. Bei Jodrefraktärität Thyroxin zur TSH-Suppression.

Chronisch-lymphozytäre Thyreoiditis Hashimoto

Definition

Autoimmunerkrankung mit Infiltration des Schilddrüsengewebes, die zum Funktionsverlust führen kann.

Epidemiologie

Häufigste Schilddrüsenerkrankung im Kindesalter, ♀:♂ = 3:1.

Ätiologie

Autoimmunerkrankung mit T-Suppressor-Zell-Funktionsstörung und genetischer Prädisposition.

Klinik

- Schleichender Beginn in der Pubertät
- Schilddrüse diffus vergrößert, indolent, derb, später knotig
- Zunächst transitorische Hyperthyreose, dann **Hypothyreose**.

Diagnostik

- Labor: Thyreoglobulin-Antikörper und Peroxidase-Antikörper stark erhöht, Schilddrüsenhormone zunächst erhöht, dann erniedrigt
- Sonografie: Parenchym inhomogen mit echoarmen Arealen
- Histologie, nur bei verdächtigen Knoten: Nachweis lymphozytärer Infiltrate.

Therapie

Bei Struma oder Hypothyreose L-Thyroxin 1,5 µg/kg KG/d.

Schilddrüsentumoren

Epidemiologie

Primäre Schilddrüsentumoren sind im Kindesalter sehr selten, zunehmend als Zweitmalignom nach Bestrahlung oder Chemotherapie, ♀ > ♂.

Pathologie

- **Häufigste Form:** papilläres Schilddrüsenkarzinom
- Adenom, follikuläres Schilddrüsenkarzinom, medulläres C-Zellen-Karzinom (autosomal-dominant), anaplastisches Karzinom.

Klinik

Asymmetrische, symptomlose Vergrößerung der Schilddrüse. 50 % der Fälle weisen bei Erstvorstellung bereits Metastasen auf.

Diagnostik

- Labor: Schilddrüsenhormone i.S. normal, Tumormarker Thyreoglobulin und Kalzitonin i.S.
- Sonografie, Szintigrafie: kalter Knoten
- Röntgen-Thorax
- Offene Biopsie mit Schnellschnitt

Therapie

- Radikale Schilddrüsen- und Lymphknotenexstirpation
- L-Thyroxin postoperativ.

Die Prognose ist beim papillären Karzinom relativ gut: 80 % Langzeitüberlebensrate. Beim medullären Karzinom sollte an eine mögliche multiple endokrine Neoplasie (MEN Typ 2) gedacht werden.

CHECK-UP

- ☐ Welche ist die häufigste Ursache der konnatalen Hypothyreose?
- ☐ Nennen Sie die klinischen Leitsymptome der konnatalen Hypothyreose.
- ☐ Warum werden die sekundäre und tertiäre Hypothyreose nicht durch das Neugeborenenscreening erfasst?
- ☐ Wie sichern Sie die Diagnose einer konnatalen Hypothyreose?
- ☐ Wann beginnen Sie mit einer Schilddrüsenhormonsubstitutionstherapie bei einer konnatalen Hypothyreose?
- ☐ Nennen Sie Faktoren, welche die Entstehung einer Struma neonatorum begünstigen.
- ☐ Wie sichern Sie die Diagnose einer juvenilen euthyreoten Struma?
- ☐ Wie wird eine euthyreote Struma im Kindesalter behandelt?
- ☐ Welche sind die diagnostisch wegweisenden Befunde der Hashimoto-Thyreoiditis?
- ☐ Wann ist bei Hashimoto-Thyreoiditis eine medikamentöse Therapie indiziert?
- ☐ Welches Medikament setzen Sie dann ein?

Erkrankungen der Nebenschilddrüsen

Hypoparathyreoidismus

Definition

Mangel an Parathormon mit Symptomen der Hypokalzämie.

Ätiologie

Sporadischer primärer Hypoparathyreoidismus. Transitorisch bei Neugeborenen, isoliert, Di-George-Syndrom.

Familiärer primärer Hypoparathyreoidismus. Isoliert, autoimmunes Polyendokrinopathie-Candidiasis-Ektodermales-Dystrophie-(APECED-)Syndrom.

Sekundärer Hypoparathyreoidismus. Postoperativ, Bestrahlung, Hypomagnesiämie, Hämosiderose, Tumor.

Klinik

Akute Hypokalzämie.

- Erhöhte muskuläre Erregbarkeit
- **Tetanie**
- **Epileptische Anfälle**.

Chronische Hypokalzämie.

- Hautatrophie
- Alopezie
- Nagelbrüchigkeit
- Zahndystrophie
- Hypotonie
- Konzentrationsschwäche
- Depression
- Kleinwuchs.

> Leitsymptome sind Tetanie bei Hypoparathyreoidismus und Krampfanfälle bei Hypokalzämie.

Diagnostik

- **Hypokalzämie**
- Hyperphosphatämie
- Intaktes Parathormon i.S. erniedrigt.

Therapie

Akuttherapie. 10 % Kalziumglukonat 1–2 ml/kg KG langsam i.v.

Langzeittherapie. Stimulation der Kalziumresorption mit Vitamin D_3 oder Calcitriol.

Pseudohypoparathyreoidismus

Definition

Autosomal-dominant vererbte Endorganresistenz von Niere und Skelett gegenüber Parathormon bei adäquater Parathormonsynthese.

Klinik

- Symptome der **Hypokalzämie** bei normalem bis erhöhtem intaktem Parathormon (PTH) i.S.
- Bei Typ I somatische Auffälligkeiten der Albright'sche hereditären Osteodystrophie.

Diagnostik

- Gs-alpha-Aktivität in der Erythrozytenmembran
- Mutationsanalyse des GNAS1-Gens.

Therapie

1,25-$(OH)_2$-Vitamin D_3 hochdosiert. Ziel: Serumkalzium im oberen Normbereich.

Hyperparathyreoidismus

Definition

Im Kindesalter seltene, chronische primäre oder sekundäre Übersekretion von Parathormon.

Ätiologie

Sporadischer, primärer Hyperparathyreoidismus. Solitäres Adenom, Nebenschilddrüsen-Hyperplasie, ektope PTH-Sekretion.

Familiärer primärer Hyperparathyreoidismus. Isoliert, MEN Typ 1 oder 2.

Sekundärer Hyperparathyreoidismus. Vitamin-D-Mangel-Rachitis mit Hypokalzämie, Niereninsuffizienz, Pseudohypoparathyreoidismus.

Klinik

- **Hyperkalzämie:**
  - Anorexie
  - Übelkeit
  - Erbrechen
  - Gewichtsabnahme
  - Psychische Veränderungen
  - Blutdruckerhöhung
- **Hyperkalziurie:**
  - Polyurie
  - Polydipsie
  - Nephrolithiasis
  - Nephrokalzinose

- **Vermehrte PTH-Wirkung:**
  - Osteitis fibrosa generalisata
  - Knochenschmerzen.

Diagnostik

Labor.
- Hyperkalzämie
- Hypophosphatämie
- Intaktes PTH i.S. erhöht
- Hyperkalziurie
- Hyperphosphaturie.

Bildgebung.
- Sonografie und MRT: Adenomsuche
- Röntgen-Hand: subperiostale Defekte radialseitig der Mittelphalangen.

Therapie

Medikamentös.
- Kalziumzufuhr unterbrechen
- NaCl i.v.
- Bisphosphonate (Pamidronat) oder Furosemid
- Prednison.

Operativ.
- Exploration der Nebenschilddrüsen
- Adenomresektion
- Bei Hyperplasie aller Epithelkörperchen: totale Parathyreoidektomie und Autotransplantation von Nebenschilddrüsengewebe in die Unterarmmuskulatur.

CHECK-UP

- ☐ Welche Formen des Hypoparathyreoidismus kennen Sie?
- ☐ Welche Laborparameter sind bei Hypoparathyreoidismus typischerweise verändert?
- ☐ Worin besteht die Akuttherapie, worin die Langzeittherapie?

Erkrankungen der Nebennierenrinde

Adrenogenitales Syndrom

Definition

Adrenogenitales Syndrom (AGS): Nebennierenrinden-Insuffizienz durch Enzymdefekt der Kortisolbiosynthese. Führt bei Mädchen zu einer Störung der sexuellen Differenzierung mit pränataler **Virilisierung,** bei beiden Geschlechtern zu einer **Pseudopubertas praecox** und bei Beteiligung der Aldosteronsynthese zu einem schweren **Salzverlustsyndrom.**

Epidemiologie

1:11.000.

Pathophysiologie

Enzymdefekt → unzureichende Kortisolbildung → erhöhte Produktion von Adrenokortikotropem Hormon (ACTH) → Konzentration der gemeinsamen Vorstufen von Kortisol und Androgenen steigt → Vorstufen werden vermehrt zu Androgenen umgewandelt → **Virilisierung**. Zusätzliche Störung der Mineralokortikoidsynthese → unzureichende Aldosteronproduktion → **Salzverlust**.

Ätiologie

21-Hydroxylase-Defekt. 95 % aller Fälle mit AGS, ¾ davon kompletter Defekt mit Salzverlust.

11-Hydroxylase-Defekt. Zeichen der Androgenüberproduktion, kein Salzverlust, Hypertonus bis zum 3. Lebensjahr.

3-β-Hydroxysteroiddehydrogenase-Defekt. Meist Salzverlust, leichte Virilisierung bei ♀, mangelnde Maskulinisierung bei ♂, Hypospadie.

Klinik

Leitsymptome: Gedeihstörung und **atypisches Genitale.**

Unkompliziertes, einfach virilisierendes AGS.
♀: Bei Geburt virilisiertes Genitale.
- **Störung der sexuellen Differenzierung** (Disorders of sex development, DSD. Hier: XX, DSD)
- Klitorishypertrophie
- Uterus, Ovarien und Tuben vorhanden
- Ausbleibende Brustentwicklung
- Amenorrhö

- Pseudopubertas praecox

♂: Bei Geburt unauffällig.
- Penishypertrophie
- Genitalhyperpigmentierung
- Vermehrte Skrotalfältelung
- Pseudopubertas praecox
- Beschleunigtes Längenwachstum
- Epiphysenschluss mit 7–10 Jahren, dann Kleinwuchs.

Kompliziertes AGS mit Salzverlust.
Um den 10. Lebenstag lebensbedrohliche Salzverlustkrise mit Trinkschwäche, Erbrechen, Gewichtsabnahme. Führt zu:
- Dehydratation, Apathie
- Metabolischer Azidose, Hyperkaliämie, Hyponatriämie.

> Leitsymptome des AGS sind das atypische Genitale sowie die lebensbedrohliche Salzverlustkrise bei kompliziertem AGS.

Diagnostik
- Genitale genau inspizieren
- Leitmetabolit **17-OH-Progesteron** i.S. erhöht
- Plasma-Renin-Aktivität im Plasma bei Salzverlust erhöht.

AGS wird im Neugeborenenscreening erfasst.

Pränatale Diagnostik
Chorionzottenbiopsie in der 9. SSW und gezielte DNA-Analyse: Suche nach Mutationen des betroffenen Geschwisterkindes.

Differenzialdiagnose
- Hypertrophe Pylorusstenose: **Hypo**kaliämie, Hypochlorämie, metabolische **Alkalose**
- Hormonproduzierender Tumor der Nebennierenrinde
- Ovarialtumor
- Virilisierung durch mütterliche Androgene.

Therapie
- Hydrokortison 10–20 mg/m^2/d, in Stresssituationen Bedarf 3- bis 5fach erhöht
- Bei Salzverlustsyndrom zusätzlich 9-α Fluorokortisol 50–200 µg/d, bei Krankheit Dosis nicht erhöhen
- Bei Mädchen sind evtl. operative Korrekturen am äußeren Genitale erforderlich.

Pränatale Therapie.
- Blinde Behandlung aller Risikoschwangeren mit Dexamethason zur Unterdrückung der kindlichen Androgensynthese
- Nach pränataler Diagnostik und Identifikation eines betroffenen Mädchens: pränatale Therapie fortführen
- In allen anderen Fällen: Therapie absetzen.

Nebenniereninsuffizienz

Definition
Morbus Addison. Unzureichende oder fehlende Produktion sowohl der Gluko- als auch der Mineralokortikoide in der Nebennierenrinde.

Ätiologie
Primär.
- **ACTH erhöht**
- Autoimmunadrenalitis
- Perinatale Nebennierenblutungen
- Waterhouse-Friderichsen-Syndrom bei Meningitis
- Infektionen
- AGS mit Salzverlust.

Sekundär.
- **ACTH erniedrigt**
- Autoimmunprozess im Hypophysenvorderlappen
- Panhypopituitarismus: Tumor, Trauma, Blutung.

Tertiär.
- **ACTH erniedrigt**
- Iatrogen: Kortikosteroidtherapie, Bestrahlung
- Hypothalamustumoren, -infiltrate.

Klinik
Chronische Form: Morbus Addison.
- Schwäche
- Adynamie
- Gewichtsverlust
- Diarrhö
- Arterielle Hypotonie
- Salzhunger.

Akute Form: Addison-Krise.
In unvorhergesehenen Stresssituationen bei chronischer oder latenter Insuffizienz ohne rechtzeitige Substitution oder bei Waterhouse-Friderichsen-Syndrom (akute Nebennierenrindennekrose bei perakuter Meningokokkensepsis):
- Exsikkose, Blutdruckabfall
- Schock, Oligurie
- Pseudoperitonitis
- Erbrechen, Diarrhö, Cholestase
- Gedeihstörung, Trinkschwäche
- Hypoglykämie bis Koma.

Diagnostik
- Hyponatriämie
- Hypochlorämie
- Hyperkaliämie
- Metabolische Azidose
- Hypoglykämie
- Kortisol-, Aldosteron-, Nebennierenandrogenkonzentration i.S. erniedrigt.

Primäre Form.
- ACTH i.S. erhöht (primär)
- Nachweis von Nebennierenrindenantikörpern
- **ACTH-Test:** unzureichender Anstieg von Kortisol
- Sonografie und Kernspintomografie der Nebennierenrinde: Einblutungen, Infarzierungen, Atrophie.

Sekundäre Form.
- ACTH und Nebennierenrindenhormone erniedrigt
- ACTH-Test normal
- CRH-Test
- Insulinhypoglykämietest
- cMRT.

Differenzialdiagnose
- Schwere akute Infektionen
- Diabetisches Koma
- ZNS-Erkrankungen
- Vergiftungen.

Therapie
Chronischer Morbus Addison.
- Substitution von Gluko- und Mineralokortikoiden wie bei AGS
- Therapieüberwachung: Plasmareninaktivität, Wachstum, Skelettalter, Blutdruck.

Addison-Krise. **Schnell und effektiv behandeln.**
- Substitution von Glukose und NaCl
- Hydrokortison und Mineralokortikoide i.v.

Cushing-Syndrom und Morbus Cushing

Definition
Erkrankungen mit vermehrter Kortisolproduktion.

Pathogenese
- **Cushing-Syndrom:** adrenaler Tumor → vermehrte autonome Kortisolproduktion
- **Morbus Cushing:** überschießende ACTH-Produktion bei Adenom des Hypophysenvorderlappens → beidseitige Nebennierenhyperplasie → vermehrte Kortisolproduktion
- Hypothalamische Störung → vermehrte CRH-Produktion → vermehrte ACTH-Produktion → vermehrte Kortisolproduktion.

Ätiologie
- Primär: adrenaler Tumor (Cushing-Syndrom). Bei Kindern oft Karzinome
- Sekundär: Hypophysenvorderlappen-Adenom (Morbus Cushing)
- Tertiär: hypothalamische Störung
- Iatrogen: Kortikosteroidtherapie bei Kindern unter 12 Jahren als häufigste Ursache
- Paraneoplastisch: ektope ACTH-Produktion.

Klinik
- Stammfettsucht
- Stiernacken
- Vollmondgesicht
- Bei Kindern häufig **generalisierte Adipositas**
- Osteoporose
- Muskelschwund
- Adynamie
- Verhaltensauffälligkeiten
- Häufig Virilisierungserscheinungen: Hirsutismus und Akne, selten Hautatrophie und Striae rubrae
- Perzentilenkurve: **übermäßige Gewichtszunahme** bei **Wachstumsstillstand**.

Langfristige Komplikationen: diabetogene Stoffwechsellage, arterieller Hypertonus.

> Typisches Bild beim Cushing-Syndrom im Kindesalter: Wachstumsverzögerung bei übermäßiger Gewichtszunahme und generalisierter Adipositas. Bei Kindern unter 12 Jahren ist eine Kortikosteroidtherapie die häufigste Ursache.

Diagnostik
- Freies Kortisol und 17-OH-Kortikosteroide im Urin erhöht, im Serum normal oder erhöht
- ACTH i.S.: bei Morbus Cushing erhöht, bei Cushing-Syndrom erniedrigt
- **Dexamethason-Hemmtest:** unzureichende Kortisolsuppression
- Sonografie der Nebennieren, cMRT.

Differenzialdiagnose

Tab. 5.2 Checkliste: Differenzialdiagnose Cushing-Syndrom und Adipositas

	Cushing-Syndrom	Adipositas
Wachstum	Verzögert	Beschleunigt
Striae	Rot	Blass
Fettsucht	Stamm	Allgemein
Freies Kortisol im Urin	Erhöht	Normal

Therapie

Chirurgische Entfernung eines adrenalen Tumors oder eines Hypophysenadenoms, Hydrocortisonsubstitution postoperativ bis zur Regeneration der atrophierten Nebennierenrinde.

CHECK-UP

- ☐ Beschreiben Sie die Pathogenese des AGS.
- ☐ Wie erkennen Sie das einfache, unkomplizierte AGS?
- ☐ Wie wird die Diagnose AGS gesichert?
- ☐ Wie wird das AGS therapiert?

Erkrankungen des Nebennierenmarks

Phäochromozytom

Definition

Katecholaminproduzierender Tumor, der von chromaffinen Zellen des Nebennierenmarks oder sympathischen Ganglien des Grenzstrangs ausgeht.

Epidemiologie

Kinder < 16 Jahre: 1:1.000.000.

Ätiologie

90 % adrenal, 10 % MEN 2. 10 % der Tumoren sind maligne.

Klinik

- Erhöhte **Katecholaminausschüttung:** anfallsartiger oder persistierender **arterieller Hypertonus**
- Tachykardie
- Kopfschmerzen, Sehstörungen
- Angstattacken
- Schweißausbrüche
- Blässe, Flush
- Übelkeit, Erbrechen
- Gewichtsverlust.

Diagnostik

- **Katecholaminausscheidung** im 24-h-Urin erhöht: Adrenalin, Noradrenalin, Vanillinmandelsäure
- Clonidintest: kein Abfall der Katecholamine
- Tumorlokalisation: Röntgen-Thorax, Sonografie, CT, MRT
- **Meta-Jod-123-Benzylguanidin-(MIBG-)Szintigrafie**: hohe Spezifität und Sensitivität.

> Das Phäochromozytom ist mit einer erhöhten Katecholaminausschüttung assoziiert, die zum Leitsymptom des arteriellen Hypertonus führt.

Differenzialdiagnose

- **Andere Ursachen des Hypertonus:** Nierenerkrankungen, Aortenisthmusstenose, Hyperthyreose, Cushing-Syndrom, Nebennierenrindentumoren
- **Andere katecholaminproduzierende Tumoren:** Neuroblastom, Ganglioneuroblastom, Ganglioneurom.

Therapie

- Phentolamin i.v. bei akuter hypertensiver Krise
- β-Blocker bei Tachykardien
- Operative Entfernung von Tumoren unter strenger Überwachung. Blutdruck fällt nach Entfernung des Tumors!

Störungen der Sexualentwicklung

Die sexuelle Entwicklung ist enger mit dem Skelettalter als mit dem chronologischen Alter assoziiert.

Pubertas praecox vera

Definition

Pubertas praecox: Auftreten erster Pubertätszeichen bei ♀ < 8 Jahren, bei ♂ < 9 Jahren
Zentrale Pubertas praecox vera: Auftreten sekundärer Geschlechtsmerkmale bei vollständiger Reifung der Gonaden. Hypothalamisch-hypophysär ausgelöst durch Gonadotropin releasing hormone (GnRH). Der Ablauf ist hierdurch harmonisch.

Ätiologie

Idiopathisch: bei ♀ 10- bis 20-mal häufiger als bei ♂.
Seltener ZNS-Veränderungen:

- Hypothalamusnaher Tumor
- Hydrozephalus
- Andere Hirnschädigung.

Klinik

- Auftreten sekundärer Geschlechtsmerkmale
- Beschleunigtes Längenwachstum
- Endgröße durch frühzeitigen Epiphysenschluss gering.

Diagnostik

- LH und FSH i.S. erhöht
- Östradiol oder Testosteron i.S. erhöht
- Akzeleriertes Knochenalter
- Sonografie der inneren Geschlechtsorgane
- cMRT!

Therapie

- Die Behandlung ist abhängig vom Grad der sexuellen Reifung und der zu erwartenden Endgröße
- LHRH-Analogon als Depotpräparat
- Bei sekundären Formen Tumorbehandlung.

Pseudopubertas praecox

Definition

Auftreten sekundärer Geschlechtsmerkmale bei infantilen Gonaden. GnRH-unabhängig, der Ablauf ist hierdurch dysharmonisch.

Ätiologie

Exzessive Sekretion von Sexualhormonen unabhängig von Gonadotropinreleasinghormonen und Gonadotropinen. Die Sexualhormone sind extragonadaler Herkunft oder entstehen in Gonadentumoren.

Klinik

McCune-Albright-Syndrom.

- Café-au-lait-Flecken
- Fibröse Knochendysplasie
- GnRH-unabhängige Pseudopubertas praecox.

Familiäre Testotoxikose.

- Hodenvergrößerung
- Spermatogenese
- Entwicklung sekundärer Geschlechtsmerkmale
- Testosteronanstieg im Plasma.

Diagnostik

Hohe Konzentrationen peripherer Sexualhormone bei supprimiertem LH und FSH.

Pubertas tarda

Definition

Vollständiges Fehlen von Pubertätszeichen im Alter von 13,5 Jahren bei ♀, im Alter von 14 Jahren bei ♂.

Ätiologie

- Konstitutionelle Entwicklungsverzögerung
- Gonadale Störungen: hypergonadotroper Hypogonadismus
- Hypothalamisch-hypophysäre Störung: hypogonadotroper Hypogonadismus
- Andere Ursachen: Morbus Crohn, Zöliakie, zystische Fibrose, chronische Nieren- und

Herzerkrankungen, Anorexia nervosa, psychosoziale Vernachlässigung, Leistungssport.

Konstitutionelle Entwicklungsverzögerung

Epidemiologie

♂ > ♀, häufigste Ursache der verzögerten Pubertätsentwicklung, familiär gehäuft.

Ätiologie

Funktionelle Variante der normalen Entwicklung: verzögerte puberale Reaktivierung des GnRH-Pulsators.

Klinik

Gleichmäßige Verzögerung von Längenwachstum, Skelettreifung und sexueller Reifung bei normalen Geburtswerten.

Diagnostik

- Familienanamnese
- Wachstumsgeschwindigkeit im unteren Normbereich
- Retardiertes Skelettalter
- Infantile Werte für Sexualhormone
- Prolaktinom ausschließen.

Therapie

Eine Behandlung ist aus medizinischer Sicht meist nicht nötig. Bei erheblichen psychischen Problemen kann nach strenger Indikationsstellung eine medikamentöse Therapie in Betracht gezogen werden:

- ♂: temporäre Testosterontherapie
- ♀: niedrig dosierte Östrogentherapie.

Hypogonadismus

Definition

Primärer, gonadaler, hypergonadotroper Hypogonadismus. Defekt im Bereich des Endorgans → verminderte oder fehlende Sekretion peripherer Hormone bei erhöhten Gonadotropinkonzentrationen.

Sekundärer hypogonadotroper Hypogonadismus. Defekt im Bereich von Hypothalamus oder Hypophyse → verminderte GnRH-, LH- oder FSH-Sekretion.

Therapie

Bei persistierendem Hypogonadismus: Pubertätseinleitung nach Erreichen eines pubertätsreifen Alters durch Sexualsteroide.

Störungen der sexuellen Differenzierung: Intersexualität

Synonym: Disorders of sex development (DSD). Klassifikation, siehe ➜ Abb. 5.1.

Physiologie

Bis zur 6. SSW undifferenzierte Gonade: bipotentielle Anlage von innerem und äußerem Genitale.

Männliche Entwicklung. Y-Chromosom → Differenzierung der neutralen Gonadenanlage zum Hoden.

- **Sertoli**-Zellen produzieren Anti-Müller-Hormon, das die Entwicklung von Uterus, Tuben und oberer Vagina unterdrückt
- **Leydig**-Zellen produzieren Testosteron, das Wolff-Strukturen erhält: Nebenhoden, Ductus deferens, Ampullen, Samenblasen.

Weibliche Entwicklung. Ohne Y-Chromosom → Differenzierung der neutralen Gonadenanlage zum Ovar mit Oogonien und Primordialfollikeln. Wolff-Strukturen bilden sich zurück. Entstehung von Uterus, Tuben, oberer Vagina sowie distaler Vagina und Vulva.

Ovotestikuläre DSD

Gonadale Intersexualität unabhängig vom genetischen Geschlecht: **gleichzeitiges** Vorhandensein von Ovar- und Testesgewebe.
Früher: Hermaphroditismus verus.

XX, DSD

Virilisierung des äußeren Genitale bei innerlich und chromosomal weiblichem Geschlecht durch intrauterine Androgenwirkung auf weibliche Feten. Häufigste Ursache: AGS.
Früher: Pseudohermaphroditismus femininus.

XY, DSD

Inkomplett virilisiertes, unklares oder komplett feminisiertes Genitale bei chromosomal männlichem Geschlecht und männlichem inneren Genitale. Durch inkomplette und reine Gonadendysgenesie, Androgenresistenz, Testosteronbiosynthesedefekte oder Leydig-Zell-Hypoplasie.
Früher: Pseudohermaphroditismus masculinus.

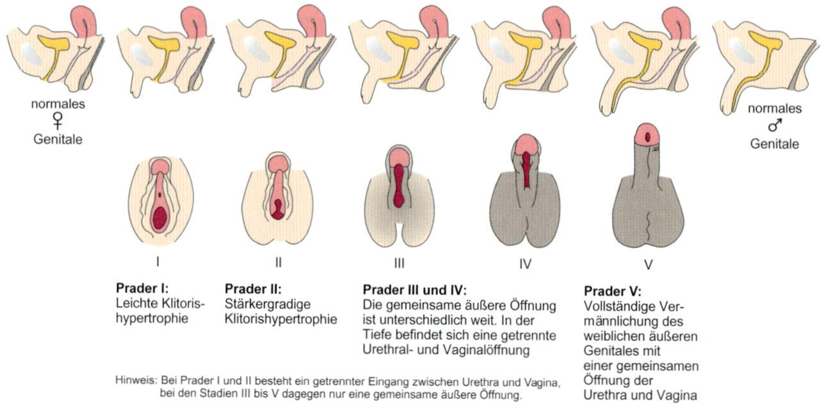

Abb. 5.1 Einteilung des intersexuellen Genitales nach Prader

Therapie der Intersexualität

Erfolgt nach bestmöglicher Erfassung der zugrunde liegenden Störung im Konsens mit den Eltern. Die langfristige psychologische Betreuung von Patienten und Eltern ist von besonderer Bedeutung.

CHECK-UP

- ☐ Definieren Sie den Begriff ovotestikuläre DSD.
- ☐ Nennen Sie ein Beispiel für das Auftreten einer XX, DSD.
- ☐ Nennen Sie ein Beispiel für das Auftreten einer XY, DSD.

6 Stoffwechselerkrankungen

Phenylketonurie

Definition
Phenylketonurie (PKU): Erhöhung der Plasmaphenylalaninkonzentration auf Werte über 120 µmol/l.

Epidemiologie
1:6.000.

Ätiologie
- Autosomal-rezessiv vererbter Defekt der Phenylalaninhydroxylase (PAH) ohne und mit BH_4-Sensitivität: 98 %
- Autosomal-rezessiv vererbte Defekte der Synthese des Kofaktors Tetrahydrobiopterin BH_4: 2 %.

Klinik
Neugeborene mit Phenylketonurie: klinisch unauffällig.

Unbehandelte Kleinkinder.
- **Blonde Haare**
- Helle Haut
- Blaue Augen
- **Ekzematöse Hautveränderungen**
- Pferdestallähnlicher Uringeruch.

Ab dem 2. Lebensjahr.
- Hochgradiger, progredienter motorischer und **mentaler Entwicklungsrückstand**
- **Epileptische Anfälle**
- Pyramidenbahnzeichen
- Extrapyramidale Störungen
- Hyperkinetisches Bewegungsmuster mit Verhaltensauffälligkeiten mit Aggression.

Diagnose
- Bestimmung von Phenylalanin im Neugeborenenscreening am 3. Lebenstag
- Untersuchung auf BH_4-Mangel oder auf BH_4-Sensitivität: **oraler Tetrahydrobiopterin-Belastungstest**
- Mutationsanalyse.

Therapie
- **PAH-Defekt ohne BH_4-Sensitivität:**
  - In den ersten Tagen nach Diagnosestellung Fütterung phenylalaninfreier Säuglingsnahrung
  - Nach Abfall der Plasmaphenylalaninkonzentration unter 600 µmol/l Beginn mit der phenylalaninarmen Diät
  - Eiweißsubstitution mit phenylalaninfreiem Aminosäurengemisch
- **PAH-Defekt mit BH_4-Sensitivität:** Die tägliche Verabreichung von BH_4 10–15 mg/kg KG kann ohne Diät die Phenylalaninkonzentrationen zufriedenstellend senken, zugelassen für Kinder > 4 Jahre
- Therapieüberwachung durch regelmäßige Phenylalanin-Konzentrationsbestimmungen.

> - Therapie bei PKU so früh wie möglich beginnen, so streng wie möglich einhalten. Dauer: lebensbegleitend
> - Um eine fetale Schädigung bei maternaler PKU zu vermeiden, ist eine strenge Diäteinstellung vor und während der Schwangerschaft erforderlich!

CHECK-UP

- ☐ Beschreiben Sie die klinischen Symptome einer unbehandelten PKU.
- ☐ Wie wird die Diagnose einer PKU gesichert?
- ☐ Welche Therapiestrategien bei PKU kennen Sie?

Störungen des Stoffwechsels schwefelhaltiger Aminosäuren

Homozystinurie

Definition
Autosomal-rezessiv vererbter Defekt der β-Zystathioninsynthetase, der zu Bindegewebsläsionen, okulären Symptomen und verstärkter Thrombozytenadhäsivität führt.

Epidemiologie
1:200.000.

Klinik

Bei Geburt unauffällig. Später verschiedene Organsymptome.

- Augen: **Linsenluxation**, Glaukom, Myopie
- Skelett: disproportionierter Großwuchs, lange Extremitäten, Arachnodaktylie
- Gefäße: frühzeitige Arteriosklerose, Thromboembolien
- ZNS: psychomotorische Entwicklungsverzögerung, psychiatrische Auffälligkeiten, epileptische Anfälle.

Diagnostik

- Totales Homozystein und Methionin im Plasma erhöht, Zystin erniedrigt
- DNA-Analyse
- Pränatale Diagnostik.

Therapie

- **Vitamin-B_6-Abhängigkeit** austesten: 50 % der Patienten sprechen auf hochdosiertes Vitamin B_6 an, begleitend Folsäure
- Methioninarme Diät mit Substitution von Zystin
- Alternativ **Betain.**

Zystinurie

Definition

Autosomal-rezessiv vererbte renal-tubuläre Transportstörung dibasischer Aminosäuren – Ornithin, Arginin und Lysin – sowie Zystin. Führt zur Bildung von Nierensteinen.

Epidemiologie

1:2.000–1:7.000.

Pathogenese

Gestörte Rückresorption dibasischer Aminosäuren (Ornithin, Arginin, Lysin) und Zystin im proximalen Tubulus → erhöhte Konzentration von Ornithin, Arginin, Lysin, Zystin im Urin. Schlechte Wasserlöslichkeit von Zystin → im sauren Milieu Auskristallisation und Nephrolithiasis.

Klinik

Nephrolithiasis, sonst beschwerdefrei.

Diagnostik

- Ornithin, Arginin, Lysin, Zystin im Urin erhöht
- Sonografie der Nieren und ableitenden Harnwege.

Therapie

- Hohe Flüssigkeitszufuhr
- Urinalkalisierung
- In schwierigen Fällen: D-Penicillinamin, Mercaptopropionylglycin
- Lithotripsie oder operative Therapie bei Nephrolithiasis.

Nephropathische Zystinose

Definition

Autosomal-rezessiv vererbte lysosomale Transportstörung von Zystin mit Speicherung von Zystin in fast allen Geweben. Nicht in Muskulatur und Gehirn.

Epidemiologie

1:50.000–1:100.000.

Klinik

Zunächst regelrechte Entwicklung, dann in der 2. Hälfte des 1. Lebensjahrs beginnende klinische Symptomatik:

- Appetitlosigkeit
- Erbrechen
- Dystrophie
- Fieber
- Polydipsie
- Polyurie
- **Vitamin-D-refraktäre Rachitis.**

Später:

- Wachstumsverzögerung
- Fotophobie
- **Zystinkristalle** in Kornea und Konjunktiva
- **Fanconi-Syndrom**
- **Terminale Niereninsuffizienz**.

Diagnostik

- **Spaltlampenuntersuchung:** kristalline Ablagerungen
- **Fundusuntersuchung:** Pigmentveränderungen
- **Zystinkonzentration** in Leukozyten erhöht
- Mutationsanalyse.

Therapie

- Vitamin D hochdosiert
- Zysteamin
- Bei Niereninsuffizienz Hämodialyse und Nierentransplantation.

CHECK-UP

- ☐ Welcher pathogenetische Mechanismus liegt der Zystinurie zugrunde?
- ☐ Was ist das klinische Leitsymptom der Zystinurie?
- ☐ Nennen Sie die diagnostisch wegweisenden Befunde bei Zystinurie.
- ☐ Worin besteht die symptomatische Therapie der Zystinurie?

Ahornsirupkrankheit

Synonym: Leuzinose.

Definition

Autosomal-rezessiv vererbte Störung der oxidativen Decarboxylierung der verzweigtkettigen Aminosäuren Leucin, Isoleucin und Valin, die zur Akkumulation der drei Aminosäuren und der korrespondierenden α-Ketosäuren in allen Organen und Körperflüssigkeiten führt.

Epidemiologie

1:100.000–1:200.000.

Klinik

Klassische Form.

- In der 1. Lebenswoche rasch fortschreitende neurologische Symptomatik: Trinkschwäche, Lethargie, Koma
- Intermittierende Episoden mit Hypotonie, epileptischen Anfällen, auffällig süßlichem Uringeruch, schwerer Ketoazidose.

Intermediärform.

- Rezidivierendes Erbrechen
- Gedeihstörung
- Psychomotorische Retardierung
- Ataxie
- Ketoazidose häufig fehlend.

Intermittierende Form.

Nur im Rahmen kataboler Phasen episodenhafte metabolische Entgleisungen.

Diagnostik

- Erweitertes Neugeborenenscreening
- Schwere Ketoazidose
- Leucin, Isoleucin, Valin und **Alloisoleucin** im Plasma und Urin erhöht
- α-Ketosäuren der verzweigtkettigen Aminosäuren im Urin erhöht.

Therapie

- Notfalltherapie: **Anabolisierung** und **Detoxifikation**
- Lebensbegleitend eiweißarme Diät und Substitution vorstufenfreier Aminosäuren
- Evtl. Thiamin 10–800 mg/d.

CHECK-UP

- ☐ Welche drei Manifestationsformen der Ahornsirupkrankheit kennen Sie?
- ☐ Nennen Sie die häufigsten Symptome der klassischen Ahornsirupkrankheit.
- ☐ Welche laborchemischen Befunde sind bei der Ahornsirupkrankheit wegweisend?
- ☐ Beschreiben Sie den Grundpfeiler der Behandlung der Ahornsirupkrankheit!

Störungen des Harnstoffzyklus

Definition

Genetisch bedingte Defekte der am Harnstoffzyklus beteiligten Enzyme:

- N-Azetylglutamat-Synthetase
- Carbamoyltphosphat-Synthetase
- Ornithincarbamoyltransferase
- Argininsukzinatsynthase
- Argininosukzinatlyase
- Arginase.

Können in verschiedenen Lebensphasen zu hyperammonämischem Koma führen.

Epidemiologie

1:30.000.

Klinik

Neonatal. Ab 2.–3. Lebenstag:
- Trinkschwäche
- Erbrechen
- Lethargie
- Irritabilität
- Tachypnoe
- Epileptische Anfälle
- Koma.

Kleinkind. Weniger akut und variabler, Manifestation bei erhöhter Proteinzufuhr oder Katabolie:
- Anorexie
- Lethargie
- Erbrechen
- Gedeihstörung
- Psychomotorische Entwicklungsretardierung
- Oft Hepatomegalie.

Pubertät.
- Neurologische Symptomatik
- Mentale Retardierung häufig.

Sonderform Arginasedefekt. Spastische Diplegie.

Diagnostik

- Hyperammonämie
- Glutaminkonzentration im Plasma erhöht
- Orotsäure im Urin
- Mutationsanalyse.

Therapie

Notfalltherapie.
- Anabolisierung und Detoxifikation
- Alternative Wege der Stickstoffelimination aktivieren: Natriumbenzoat, Phenylbutyrat
- Hämodiafiltration.

Dauertherapie. Lebensbegleitend eiweißarme Diät und Substitution essenzieller Aminosäuren.

Lebertransplantation. Zunehmend als kurative Therapiemaßnahme etabliert.

CHECK-UP

- ☐ Nennen Sie das biochemisch-klinische Leitsymptom bei Harnstoffzyklusdefekt.
- ☐ Beschreiben Sie das klinische Bild des Harnstoffzyklusdefekts beim Neugeborenen.
- ☐ Welche sind die Säulen der Therapie bei Harnstoffzyklusdefekt?

Hypoglykämien

Definition

Erniedrigte Blutglukosekonzentration.

Epidemiologie

Häufigste metabolische Störung im Kindesalter.

Ätiologie

- Ungenügende Glukosezufuhr: Hunger, Malabsorption, Lebererkrankungen
- Erhöhter Verbrauch: Muskelarbeit, Katabolie
- Medikamente: Insulin, β-Blocker
- Angeborene Stoffwechselstörungen: Hyperinsulinismus, Glykogenspeichererkrankungen, Störungen der Fettsäurenoxidation
- Mangel an blutzuckersteigernden Hormonen: Wachstumshormonmangel, ACTH-Mangel bei Hypopituitarismus.

Klinik

Cave: Häufig asymptomatisch! Je rascher der Abfall, desto ausgeprägter die Symptome:

Neugeborene.
- Tremor
- Apnoe, Tachypnoe
- Schrilles Schreien
- Blässe
- Apathie, muskuläre Hypotonie
- Trinkschwäche
- Epileptische Anfälle, Koma.

Ältere Kinder.
- Blässe, Kaltschweißigkeit
- Kopfschmerzen, Schwindel
- Sehstörungen
- Bauchschmerzen, Erbrechen, Hunger

- Verhaltensauffälligkeiten
- Epileptische Anfälle, Koma.

Diagnostik

Nur in der Phase der akuten Hypoglykämie sinnvoll!

- Anamnese
- Glukose im Plasma erniedrigt
- Blutgasanalyse
- Laktat erhöht bei organischen Azidurien, Glykogenosen, Glukoneogenesestörungen
- Ammoniak erhöht bei organischen Azidurien
- Freie Fettsäuren und Ketonkörper zur Differenzierung hypoketotischer und hyperketotischer Hypoglykämien
- Carnitin erniedrigt und Nachweis spezifischer Acylcarnitine im Plasma bei organischen Azidurien und Störungen der Fettsäurenoxidation
- Insulin und C-Peptid erhöht bei Hyperinsulinismus
- Differenzierung weiterer endokriner Störungen: Kortisol, TSH, fT_3, fT_4, Wachstumshormon, Glukagon, ACTH.

Notfalltherapie

Glukose 20 % 2 ml/kg KG i.v.

Hyperinsulinismus

Definition

Passagere oder persistierende Erhöhung der Plasmainsulinkonzentration trotz Hypoglykämie.

Epidemiologie

55 % der persistierenden Hypoglykämien im 1. Lebensjahr.

Ätiologie

Transitorischer Hyperinsulinismus über wenige Tage.

- Mütterlicher Diabetes mellitus
- Erythroblastosis fetalis, Beckwith-Wiedemann-Syndrom
- Mütterliche Medikamenteneinnahme in der Schwangerschaft.

Transitorischer Hyperinsulinismus z.T. über Monate. Bei Mangelgeborenen und postnataler Asphyxie.

Persistierender Hyperinsulinismus. Kongenitaler Hyperinsulinismus.

Kongenitaler Hyperinsulinismus

Klassifikation.

- Schwerer neonataler Hyperinsulinismus mit diffuser β-Zell-Hyperplasie
- Hyperinsulinismus mit fokaler adenomatöser Hyperplasie des Pankreas
- Milder kongenitaler Hyperinsulinismus (Hyperinsulinismus-Hyperammonämie-Syndrom).

Klinik.

- Bei Geburt häufig **makrosom**
- Apnoen
- Zittrigkeit
- Trinkschwäche
- Somnolenz
- Infantile Form manifestiert sich durch epileptische Anfälle.

Diagnostik.

- Extrem gesteigerter Glukosebedarf > 10 mg/kg KG/min
- Erhöhte Plasmainsulinkonzentration (> 3 mmol/l) bei Plasmaglukose < 2 mmol/l
- Freie Fettsäuren < 600 µmol/l Glukagontest
- PET.

Therapie.

- **Notfalltherapie:** wenn trotz hoher i.v. Glukosezufuhr keine Stabilisierung des Blutzuckers möglich ist, Glukagon oder Somatostatin als Dauerinfusion
- **Diazoxid:** reduziert Insulinsekretion
- **Octreotid** und **Nifedipin:** hemmen Insulinsekretion
- **Glukagon** als antiinsulinäres Hormon
- **Operative** Therapie.

Endokrin bedingte Hypoglykämien

Definition

Hyporegeneratorische Hypoglykämien durch STH-, ACTH-Mangel, Panhypopituitarismus, Nebennierenrindeninsuffizienz.

Klinik

Häufige Manifestation in der Neugeborenenperiode mit **kurzer Nüchterntoleranz**, im Vergleich zum Hyperinsulinismus jedoch deutlich geringerer Glukosebedarf.

Diagnostik

Hormonbestimmung in der **Hypoglykämie:** Insulin, C-Peptid, Kortisol, TSH, fT_3, fT_4, Wachstumshormon, Glukagon, ACTH.

Therapie

Fehlende Hormone substituieren.

CHECK-UP

- ☐ Worin unterscheiden sich die Symptome der Hypoglykämie beim Neugeborenen und beim älteren Kind?
- ☐ Nennen Sie wichtige Ursachen des Hyperinsulinismus im Kindesalter.
- ☐ Was ist der Leitbefund des kongenitalen Hyperinsulinismus?
- ☐ Welche Therapieoptionen zur Behandlung des kongenitalen Hyperinsulinismus kennen Sie?

Diabetes mellitus

Definition

Störung des Energiestoffwechsels durch absoluten oder relativen Mangel an Insulin.

Epidemiologie

Der Diabetes mellitus ist die häufigste Stoffwechselerkrankung bei Kindern und Jugendlichen: > 20.000 Betroffene zwischen 0 und 19 Jahren.

Die Inzidenzrate des Diabetes mellitus hat sich für die 0- bis 14-Jährigen seit den 90er Jahren verdoppelt!

Klassifikation

- Immunologisch vermittelter Diabetes mellitus Typ 1: häufigste Form im Kindesalter, 90 % der Patienten < 25 Jahre, definitionsgemäß Antikörper nachweisbar
- Diabetes mellitus Typ 2: relativer Insulinmangel bei Insulinresistenz
- Weitere Formen des Diabetes:
  - Nichtimmunologisch bedingte, molekulargenetisch fixierte Formen des Diabetes: MODY 1–7 (Maturity onset diabetes in the young), autosomal-dominant vererbte Störung der Insulinfreisetzung
  - Neonataler Diabetes mellitus: genetisch bedingt
  - Diabetes mellitus als Folge von Pankreaserkrankungen: zystische Fibrose, Pankreatitis, Hämochromatose.

Diabetes mellitus Typ 1

Ätiologie

- Genetische Prädisposition
- Umweltfaktoren:
  - Virusinfektionen: Mumps, Masern, Röteln, Coxsackie
  - Kuhmilch- und Glutenexposition in den ersten 3 Lebensmonaten
- Autoimmunprozess: Kombination von genetischer Prädisposition und Umweltfaktoren → Immunprozess → Zerstörung von β-Zellen
- Stressfaktoren: Infektion, Operation
  - → erhöhter Insulinbedarf → beschleunigt β-Zell-Destruktion.

Klinik

Bei Manifestation. Beginnt meist schleichend über Tage bis Wochen:

- **Polyurie** und **Polydipsie**
- Gewichtsverlust trotz Heißhunger
- Schwere **Exsikkose**
- Müdigkeit
- Leistungsknick
- Pseudoperitonitis
- Übelkeit, Erbrechen
- **Kussmaul-Atmung** mit fruchtig-süßlichem Fötor bei Ketoazidose
- Bewusstseinsstörung.

Nach der ersten Manifestationsphase kommt es in 60–80 % der Fälle zu einer partiellen Remission („Honeymoon“) mit stabiler Stoffwechseleinstellung über Wochen bis Monate. Nach Erschöpfung körpereigener Insulinreserven tritt die sekundäre Dekompensation mit steigendem Insulinbedarf auf: **chronischer Diabetes**.

Folgeerkrankungen.

- **Mikroangiopathie:** Retinopathie, Nephropathie, Neuropathie
- **Makroangiopathie**.

Immunologische Begleiterkrankungen.
- Zöliakie
- Hashimoto-Thyreoiditis
- Perniziöse Anämie
- Morbus Addison.

Diagnostik
- **Hyperglykämie** und **Glukosurie**
- **Hyperketonämie** und **Ketonurie**
- Blutgasanalyse: **metabolische Azidose**
- Blutbild
- Elektrolyte bestimmen
- Insulin und C-Peptid i.S. bestimmen
- **HbA$_{1c}$** (glykolysierter Hämoglobinanteil) erhöht
- Nachweis von β-Zell-Antikörpern.

Therapie
Therapie der Ketoazidose.
- Flüssigkeitssubstitution zunächst mit NaCl 0,9 %, **Hyperosmolarität vorsichtig reduzieren**
- Bei gesicherter Diurese Kaliumsubstitution
- Insulin: Beginn mit 0,05–0,1 IE/kg KG/h i.v.

Dauertherapie: Insulintherapie subkutan.
- Bedarf nach Remission 1 IE/kg KG/d
- Konventionelle Therapie:
  - Eher obsolet
  - Täglich zwei Injektionen einer festen Mischung aus Normal- und Verzögerungsinsulin bei festgelegten Nahrungszeiten und -mengen
- Intensivierte Therapie:
  - Standardtherapie
  - Drei bis vier Injektionen Normalinsulin täglich
  - Mehr als sieben Injektionen sehr kurz wirksamer Insulinanaloga – jeweils an die Mahlzeiten angepasst – bei ebenso vielen Blutzuckerkontrollen
  - Insulinpumpe: kontinuierliche subkutane Insulininfusion.

Ernährung. Richtlinien durch intensivierte Insulintherapie deutlich weniger restriktiv: gesunde, eher fettarme Mischkost mit Kohlenhydratanteil von 50 %.

Therapiekomplikationen.
- **Hypoglykämie**
- **Dawn-Phänomen:** morgendliche Hyperglykämie ohne vorausgegangene Hypoglykämie durch Insulinresistenz in den frühen Morgenstunden und nachlassende Insulinwirkung der Präparate
- **Somogyi-Phänomen:** morgendliche reaktive Hyperglykämie durch hohe abendliche Insulindosis mit nächtlicher Hypoglykämie.

Stoffwechselüberwachung und Untersuchung auf Organkomplikationen.
- Blutglukosemessung
- Dokumentation von Blutzucker, Insulindosis, Nahrungsmenge und Besonderheiten
- HbA$_{1c}$ < 7 %
- LDL-, HDL-Cholesterin und Triglyzeride i.S.
- Mikroalbuminurie
- Blutdruckmessung
- Augenarzt: Fundoskopie.

Screening auf assoziierte Autoimmunerkrankungen.
- Zöliakie: Transglutaminase-Antikörper
- Hashimoto-Thyreoiditis: thyreoidale Peroxidase- und Thyreoglobulin-Antikörper.

> Innerhalb der ersten 24 h nach Therapiebeginn kann sich der klinische Zustand durch ein Hirnödem verschlechtern!

Diabetes mellitus Typ 2

Epidemiologie
Deutliche Häufigkeitszunahme des Diabetes mellitus Typ 2 im Kindes- und Jugendalter, v.a. durch Bewegungsarmut und Übergewicht. Mädchen sind häufiger betroffen.

Ätiologie
Kombination aus Insulinresistenz und -sekretionsdefizit.

Klinik
Breite Varianz der Symptomatik: asymptomatische Hyperglykämie bis diabetische Ketoazidose oder hyperosmolare, nichtketotische Hyperglykämie.

Therapie
Kausale Therapie: körperliche Aktivität steigern und Gewicht reduzieren. Wird keine befriedigende Stoffwechseleinstellung erreicht, ist eine zusätzliche pharmakologische Therapie indiziert.

CHECK-UP

- ☐ Welche drei Formen des Diabetes mellitus sieht die aktuelle Klassifikation vor?
- ☐ Nennen Sie die charakteristischen Symptome einer Diabeteserstmanifestation beim Kind.
- ☐ Welche Schritte beinhaltet die Therapie der Ketoazidose?
- ☐ Welche Formen der subkutanen Insulintherapie kennen Sie?

Galaktosämie

Definition

Autosomal-rezessiv vererbter Defekt der Galaktose-1-Phosphat-Uridyltransferase, der zu Leberschaden, Katarakt und Nierentubulusschädigung führt.

Epidemiologie

1:40.000.

Klinik

Wenige Tage nach Muttermilchfütterung:

- **Sepsisähnliches Bild:** Trinkschwäche, Erbrechen, Diarrhö, Ikterus, Lethargie, Hypotonie
- Begleitend schwere **Leberfunktionsstörung:** Hepatomegalie, Ödeme, Aszites, Gerinnungsstörung
- **Nierenfunktionsstörung:** Tubulopathie mit Hyperaminoazidurie
- Gehäuftes Auftreten einer gramnegativen Sepsis.

Innerhalb von Wochen entstehen nukleäre **Katarakte**.

Diagnostik

- Neugeborenenscreening: Beutler-Test, Blut-Galaktosekonzentration
- Direkte Hyperbilirubinämie
- Quick erniedrigt, PTT verlängert, Aminotransferasen i.S. erhöht
- Hypoglykämie
- Hyperaminoazidurie
- Galaktose-1-Phosphat-Konzentration in Erythrozyten erhöht
- Enzymaktivität
- Mutationsanalyse.

Therapie

- Bei Verdacht Muttermilchzufuhr sofort unterbrechen
- Großzügige Antibiotikatherapie bei V.a. gramnegative Sepsis
- Dauertherapie: weitgehend galaktosefreie Diät.

CHECK-UP

- ☐ Beschreiben Sie die klinischen Symptome des Neugeborenen mit klassischer Galaktosämie.
- ☐ Welche diagnostische Maßnahmen veranlassen Sie bei V.a. Galaktosämie?
- ☐ Welche ist die wichtigste therapeutische Maßnahme bei klinischem Verdacht auf das Vorliegen einer Galaktosämie?

Hereditäre Fruktoseintoleranz

Definition

Autosomal-rezessiv vererbter Defekt der Fruktose-1-Phosphat-Aldolase, der nach Fruktosegenuss zu Erbrechen und schwerer Leberfunktionsstörung führt.

Epidemiologie

1:20.000.

Klinik

Unter fruktosefreier Ernährung symptomfrei!

Nach Zufuhr von Fruktose:

- Erbrechen
- Diarrhö
- Postprandiale Hypoglykämie
- Lethargie

- Epileptische Anfälle
- Ikterus
- Hepatomegalie.

Schließlich Leberfunktionsstörung mit Gerinnungsstörung und Aszites.

> Erkrankungen mit Hypoglykämie, Ikterus und Hepatomegalie:
> - Tyrosinämie Typ 1
> - Klassische Galaktosämie
> - Hereditäre Fruktoseintoleranz.

Diagnostik

- Wird **nicht** im Neugeborenenscreening erfasst
- **Ernährungsanamnese: postprandiale** Symptomatik
- Labor:
  - Renal-tubuläre Azidose
  - Hypophosphatämie
  - Aminotransferasen i.S. erhöht
  - Hyperbilirubinämie
  - Gerinnungsstörung
  - Generalisierte Hyperaminoazidurie
  - Mutationsanalyse
  - Fruktosebelastungstest obsolet!

Therapie

- Lebensbegleitend fruktosearme bis -freie Diät
- Vitamine substituieren.

> Beim geringsten klinischen Verdacht auf Vorliegen einer angeborenen Störung im Fruktosestoffwechsel muss die Fruktosezufuhr sofort beendet und die Ernährung des Kindes auf eine fruktosefreie Diät umgestellt werden. Wenn sich die Symptomatik dann verbessert, erhärtet sich die Verdachtsdiagnose.

Prognose

Wird die Krankheit rechtzeitig erkannt, ist die Prognose sehr gut, Spätkomplikationen sind nicht bekannt.

CHECK-UP

- ☐ Beschreiben Sie die klinischen Symptome nach Fruktosezufuhr bei hereditärer Fruktoseintoleranz.
- ☐ Welche diagnostische Maßnahme ergreifen Sie zunächst bei hereditärer Fruktoseintoleranz?
- ☐ Welche ist die wichtigste therapeutische Maßnahme bei klinischem Verdacht auf das Vorliegen einer angeborenen Störung im Fruktosestoffwechsel?

Störungen des Transports und der Oxidation von Fettsäuren

Definition

Erkrankungen, die unbehandelt mit einer sehr hohen Mortalität und Morbidität einhergehen, die präsymptomatisch jedoch ausgezeichnet behandelbar sind.

Epidemiologie

Kumulative Inzidenz: 1:8.000.

Klassifikation

Störungen des Carnitinzyklus.

- Carnitintransporter (CTD)
- Carnitinpalmitoyltransferase 1 (CPT1)
- Acylcarnitin-Carnitin-Translokase (CACT)
- Carnitinpalmitoyltransferase 2 (CPT2).

Störungen der mitochondrialen β-Oxidation von Fettsäuren.

- Very-Long-Chain-Acyl-CoA-Dehydrogenase (VLCAD)
- Long-Chain-3-Hydroxy-Acyl-CoA-Dehydrogenase (LCHAD)
- Medium-Chain-Acyl-CoA-Dehydrogenase (MCAD)
- Short-Chain-Acyl-CoA-Dehydrogenase (SCAD).

MCAD-Defekt

Definition

Autosomal-rezessiv vererbter Defekt der mitochondrialen Oxidation mittelkettiger Fettsäuren.

Klinik

Manifestation im späten Säuglings-, frühen Kleinkindalter, meist vor dem 18. Lebensmonat. Protrahierte **Nahrungskarenz** oder katabole Stoffwechselsituationen führen zu Übelkeit, Erbrechen, Hepatomegalie, epileptischen Anfällen, Somnolenz, **Koma** und Atemstillstand.

Diagnostik

Erweitertes Neugeborenenscreening: spezifische Azylkarnitine, freies Karnitin im Plasma erniedrigt.

In der Krise.

- Hypoketotische Hypoglykämie
- Metabolische Azidose
- Hyperammonämie
- Aminotransferasen i.S. erhöht
- Hyperurikämie
- Freie Fettsäuren im Plasma hoch
- 3-Hydroxybutyrat im Plasma niedrig
- Mutationsanalyse.

Therapie

- Notfalltherapie: Glukoseinfusion lebensrettend
- Dauertherapie: protrahiertes Fasten vermeiden.

CHECK-UP

- ☐ In welchen Situationen manifestiert sich ein MCAD-Mangel?
- ☐ Nennen Sie die klinischen Symptome des MCAD-Mangels in der akuten Krise.
- ☐ Welche lebensrettende Maßnahme leiten Sie bei V.a. MCAD-Mangel ein?

Mukopolysaccharidose Typ I-H

Definitionen

Mukopolysaccharidosen: i.d.R. autosomal-rezessiv vererbte lysosomale Enzymdefekte, die zu unvollständigem Abbau und zur Speicherung von sauren Mukopolysacchariden in verschiedenen Organen führen.
Ausnahme: Typ II Hunter, X-chromosomal-rezessiv.
Mukopolysaccharidose Typ I-H Pfaundler-Hurler: schwerste Form der Mukopolysaccharidose durch Defekt der α-L-Iduronidase.

Epidemiologie

1:100.000.

Klinik

Bei Geburt unauffällig, im 1. Lebensjahr Entwicklung typischer Merkmale:

- **Kraniofaziale Dysmorphie:** großer Kopf, Balkonstirn, eingesunkene Nasenwurzel, wulstige Augenbrauen
- Makroglossie
- Gingivahyperplasie
- Hypomimie
- **Hepatosplenomegalie**
- Hernien
- Atemwegsobstruktion
- Skelettanomalien: **Zwergwuchs**, Sitzbuckel, **Gelenkkontrakturen**, Tatzenhände
- **Regrediente Entwicklung:** Verlust bereits erworbener psychomotorischer Fähigkeiten
- **Hornhauttrübung:** Erblindung
- Hydrozephalus
- Herzklappenanomalien.

> Die Mukopolysaccharidose Typ I ist die schwerste Form der Mukopolysaccharidosen.

Diagnostik

- **Mukopolysaccharide** im Urin
- Lymphozytenvakuolen
- Iduronidaseaktivität in Leukozyten oder Fibroblasten
- Mutationsanalyse
- Pränatale Diagnostik.

Therapie

- Symptomatisch: Frühfördermaßnahmen, Krankengymnastik, Infektionsprophylaxe
- Knochenmarktransplantation möglichst vor dem 24. Lebensmonat
- Enzymersatztherapie.

CHECK-UP

- ☐ Nennen Sie die typischen klinischen Merkmale der Mukopolysaccharidose Typ I.
- ☐ Welche Therapiemöglichkeiten stehen Ihnen bei der Mukopolysaccharidose Typ I zur Verfügung?

Sphingolipidosen

Definition

Mit einer Ausnahme autosomal-rezessiv vererbte lysosomale Lipidspeichererkrankungen, deren Enzymdefekt zur intrazellulären Akkumulation verschiedener Glykolipide führt. Ausnahme: Morbus Fabry, X-chromosomal-rezessiv.

Morbus Gaucher

Definition

Autosomal-rezessiv vererbter Defekt der Glukozerebrosidase mit Zerebrosidspeicherung im retikulo-endothelialen System (RES) von Milz, Leber, Knochenmark und Lymphknoten.

Epidemiologie

1:40.000–1.000.000.

Klinik

Nicht-neuronopathische Form.

- Massive Splenomegalie
- Panzytopenie
- Knochenschmerzen
- Keine neurologischen Symptome.

Akut-neuronopathische Form.

- Manifestation im 2.–3. Lebensmonat
- Fütterungsschwierigkeiten
- Gedeihstörung
- Ausgeprägte Hepatosplenomegalie: **Milz > Leber**
- Neurologie: Dysphagie, Opisthotonus, spastische Tetraparese
- Tod vor dem 3. Lebensjahr.

Chronisch-neuronopathische Form.

- Manifestation im 2.–3. Lebensjahr
- Insgesamt mildere Symptomatik.

Diagnostik

- Anämie, Thrombozytopenie
- Ferritin, saure Phosphatase, Azetylcholinesterase, Chitotriosidase i.S. erhöht
- **Gaucher-Zellen** im Knochenmark
- Kirschroter Makulafleck
- Sonografie-Abdomen
- Röntgen-Achsenskelett, -Becken, -Thorax
- EKG, Herz-Echo
- Augenärztliche Untersuchung
- Enzymaktivität
- Mutationsanalyse.

Therapie

- Enzymersatztherapie
- Medikamentöse Substratreduktion
- Symptomatische Therapie.

Niemann-Pick-Krankheit

Definition

Defekt der Sphingomyelinase. Führt zur Speicherung von Sphingomyelin in Lysosomen von Knochenmark, Leber, Milz und Gehirn.

Klinik

Typ A. Akute infantile neuropathische Form.

- Unspezifische Symptomatik im Alter von 3–4 Monaten: Trinkunlust, Gedeihstörung
- Hepatosplenomegalie **Leber > Milz**
- Rasche neurologische Verschlechterung
- Verlust des sozialen Kontakts
- Patienten versterben i.d.R. vor dem 4. Lebensjahr.

Typ B. Chronisch viszerale Form.

- Hepatosplenomegalie im Kleinkindalter
- Lungenbeteiligung mit Makrophageninfiltration.

Diagnostik
- **Kirschroter Makulafleck**
- Röntgen-Thorax bei Typ B: interstitielle Zeichnungsvermehrung
- Schaumzellen in Knochenmark und Lymphknoten
- Enzymaktivitätsbestimmung
- Mutationsanalyse.

Defekte der peroxisomalen Biogenese

Die Defekte der peroxisomalen Biogenese führen zu schweren Symptomen in der Kindheit.

Ätiologie
Störung des Imports peroxisomaler Matrixproteine → vollständiger Verlust aller peroxisomalen Funktionen.

Diagnostik
- Konzentration der überlangkettigen Fettsäuren im Plasma massiv erhöht
- Plasmalogenbiosynthese gestört
- Fehlender Nachweis intakter Peroxisomen
- Pränatale Diagnostik bei allen Formen möglich.

Zellweger-Syndrom

Synonym: zerebrohepatorenales Syndrom (ZS).

Definition
Schwerste, autosomal-rezessiv vererbte Form der peroxisomalen Biogenesestörung mit infauster Prognose.

Klinik
- Charakteristische **kraniofaziale Dysmorphie**: hohe Stirn, Hypertelorismus, eingesunkene Nasenwurzel, Epikanthus
- **Okuläre Anomalien:** Katarakte, Glaukom, Hornhauttrübungen, Retinopathia pigmentosa, Dysplasie des Nervus opticus
- **Neurologische Symptome:** Floppy infant, neonatale epileptische Anfälle, psychomotorischer Entwicklungsstillstand
- **Cholestatische Lebererkrankung**
- Nierenzysten.

Therapie
Keine kausale Therapie möglich, die Patienten versterben im frühen Säuglingsalter.

Neonatale Adrenoleukodystrophie

Klinik
- Dysmorphiezeichen wenig ausgeprägt
- Neonatale epileptische Anfälle
- Psychomotorische Retardierung
- Hepatomegalie
- Retinitis pigmentosa
- Hörverlust
- Nebenniereninsuffizienz: Ermüdbarkeit, Erbrechen, Hautfaltenpigmentierung.

Therapie
Keine kausale Therapie möglich, Patienten versterben meist vor dem 6. Lebensjahr. Überleben bis in die 2. Lebensdekade ist möglich.

Infantiles Refsum-Syndrom

Klinik
- Motorische Meilensteine werden erreicht, im Alter von 1–3 Jahren leichte Regression
- Hepatomegalie
- Nebennierenatrophie
- Hörverlust
- Retinitis pigmentosa.

Therapie
Keine kausale Therapie möglich, Patienten versterben meist vor dem 8. Lebensjahr.

Rhizomele Chondrodysplasia punctata

Klinik
- Charakteristische **Verkürzung der proximalen Extremitäten**
- Kraniofaziale Dysmorphie
- Katarakte
- Psychomotorische Retardierung
- Wirbelkörperveränderungen
- Kalzifikation der Epiphysen.

Therapie
Keine kausale Therapie möglich.

■ CHECK-UP

- ☐ Beschreiben Sie die kraniofazialen Dysmorphiezeichen des Zellweger-Syndroms.
- ☐ Welche weiteren Symptome erwarten Sie beim Zellweger-Syndrom?
- ☐ Wie ist die Prognose des Zellweger-Syndroms?

Defekte peroxisomaler Proteine

Definition

Angeborene Funktionsstörungen peroxisomaler Proteine, die zu schweren Symptomen in der Kindheit führen.

X-chromosomal vererbte Adrenoleukodystrophie

Definition

X-chromosomal vererbte Adrenoleukodystrophie (X-ALD): X-chromosomal-rezessiv vererbter Defekt des peroxisomalen ABC-Transporters (ABCD1), der zur Akkumulation überlangkettiger Fettsäuren, entzündlicher Demyelinisierung des ZNS, peripherer Neuropathie, sowie adrenaler und testikulärer Insuffizienz führt.

Klinik

Sechs verschiedene Verlaufsformen.

Kindlich-zerebrale Form.

- In 48 % der Fälle
- Schwerste klinische Verlaufsform mit rascher Progredienz der neurologischen Symptomatik bei zunächst völlig unauffälligen Kindern
- Beginn mit 3–10 Jahren: Verhaltensauffälligkeiten, Visusverschlechterung, vermindertes Hörvermögen
- Innerhalb von Monaten vegetatives Stadium mit spastischer Tetraparese, epileptischen Anfällen, Demenz.

Jugendlich-zerebrale Form

- In 5 % der Fälle
- Wie kindlich-zerebrale Form
- Manifestationsalter höher.

Erwachsen-zerebrale Form

- In 3 % der Fälle
- Wie kindlich-zerebrale Form
- Manifestation bei Erwachsenen.

Adrenomyeloneuropathie

- In 25 % der Fälle
- Beginn der Symptomatik in 3. Lebensdekade
- Demyelinisierung des Rückenmarks und peripherer Neurone führt zu spastischer Paraparese der Beine, Inkontinenz und somatosensiblen Störungen.

Addison-Only-Form

- In 10 % der Fälle
- Isolierte Nebennierenrindeninsuffizienz.

Asymptomatische Form. In 10 % der Fälle.

Diagnostik

- Konzentration überlangkettiger Fettsäuren im Plasma erhöht
- cMRT: Demyelinisierungsbezirke v.a. periventrikulär/okzipital betont
- Mutationsanalyse
- Bei Nebennierenrindeninsuffizienz: ACTH erhöht, Kortisol erniedrigt.

Therapie

- In sehr frühem Stadium Knochenmarktransplantation erfolgversprechend
- Diät „Lorenzos Öl“: Glyzerintrioleat: Glyzerintrierukat = 4:1
- Gentherapie.

Lipoproteinstoffwechselstörungen

Familiäre Hypercholesterinämie – LDL-Rezeptor-Defizienz

Definition

Hyperlipoproteinämien: Konzentration der Plasmalipide über die altersentsprechende 95. Perzentile erhöht.

Familiäre Hypercholesterinämie – LDL-Rezeptor-Defizienz (FH): autosomal-dominant vererbter Defekt des LDL-Rezeptors, Typ II nach Frederickson.

Epidemiologie

Heterozygot: 1:500, homozygot: 1:1.000.000.

Klinik

- **Heterozygote Form:** im Kindesalter asymptomatisch
- **Homozygote Form:** Xanthelasmen, Xanthome, Arcus lipoides corneae, koronare Arteriosklerose → Herzinfarkte.

Diagnostik

- Familienanamnese
- Gesamtcholesterin und Triglyzeride, Lipoproteine, Leber-, Schilddrüsen-, nierenassoziierte Parameter, LDL-Rezeptor-Status bestimmen
- Mutationsanalyse
- Duplex-Sonografie: A. carotis, A. abdominalis.

Therapie

- Diätetische Maßnahmen: fett- und cholesterinarm, mehr ungesättigte Fettsäuren und komplexe Kohlenhydrate
- Statine, Ezetimib, Colestyramin/Colestipol, Fibrate.

Smith-Lemli-Opitz-Syndrom

Definition

Hypolipoproteinämie, autosomal-rezessiv vererbter Defekt des Enzyms 7-Dehydrocholesterol-Reduktase. Führt zu einem schweren Fehlbildungssyndrom mit Störung der endogenen Cholesterinbiosynthese.

Epidemiologie

1:60.000.

Klinik

- **Kraniofaziale Dysmorphie:**
  - Mikrozephalie
  - Mikroretrognathie
  - Blepharoptose
  - Epikanthus
  - Antevertierte Nasenöffnung
- **Organfehlbildungen:**
  - Hypospadie
  - Pylorusstenose
  - Herzfehler
- Mentale Retardierung
- **Gedeihstörung**
- **Kleinwuchs**
- **Syndaktylie.**

Diagnostik

- **Gesamtcholesterin erniedrigt** auf Werte unter 100 mg/dl
- 7-Dehydrocholesterol und 8-Dehydrocholesterol im Plasma erhöht
- Mutationsanalyse
- Pränataldiagnostik möglich.

Therapie

Zufuhr von exogenem Cholesterin (Pulver oder Eigelb) führt zu deutlichen Entwicklungsfortschritten und besserer Gewichtszunahme.

CHECK-UP

- ☐ Welcher Stoffwechselweg ist beim Smith-Lemli-Opitz-Syndrom betroffen?
- ☐ Welche klinische Symptomatik erwarten Sie beim Smith-Lemli-Opitz-Syndrom?
- ☐ Wie sichern Sie die Diagnose des Smith-Lemli-Opitz-Syndroms?
- ☐ Wie können Sie die Gedeihstörung beim Smith-Lemli-Opitz-Syndrom behandeln?

Harnsäurestoffwechselstörungen

Lesch-Nyhan-Syndrom

Definition

X-chromosomal-rezessiv vererbter Defekt der **Guanin-Hypoxanthin-Phosphoribosyl-Transferase.** Führt zu vermehrter Harnsäuresynthese mit **Hyperurikämie** und vermehrter Harnsäureausscheidung im Urin.

Epidemiologie

1:300.000.

Klinik

Nur **Jungen** sind betroffen!

- Psychomotorische Retardierung
- Dystonie, Spastik, Choreoathetose
- Zwanghafte **Selbstverstümmelungstendenzen** und Aggressivität, oft auch gegenüber anderen
- Tophi, Gichtarthritis, Harnsäuresteine
- Fortschreitende Nephropathie.

Diagnostik

- Harnsäure i.S. erhöht
- Harnsäureausscheidung vermehrt
- Enzymaktivitätsbestimmung
- Mutationsanalyse.

Therapie

- Therapie der zerebralen Symptome nicht möglich
- Allopurinol beeinflusst die Gelenk- und Nierenveränderungen
- Einstellung des Urin-pH-Werts um 7
- Mechanische Schutzmaßnahmen bei Autoaggression.

CHECK-UP

- ☐ Beschreiben Sie die auffälligsten klinischen Merkmale des Lesch-Nyhan-Syndroms.
- ☐ Nennen Sie den wegweisenden laborchemischen Befund beim Lesch-Nyhan-Syndrom.
- ☐ Wie wird das Lesch-Nyhan-Syndrom therapiert?

7 Infektiologie

Sepsis

Definitionen

SIRS (Systemic inflammatory response syndrome): systemische entzündliche Reaktion, die durch Mikroorganismen oder nichtinfektiöse Faktoren ausgelöst wird.

Sepsis = SIRS + Infektion.

Ätiologie und Pathogenese

Bakterien, Pilze, Viren oder Parasiten können über eine zunächst harmlose Erkrankung eine lebensbedrohliche Sepsis auslösen. Endotoxinfreisetzung aus Bakterien → Ausschüttung endogener Mediatoren u.a. Interleukine und Tumornekrosefaktoren → Abnahme des peripheren Vasomotorentonus, Störung der peripheren Sauerstoffutilisation und Endothelschädigung.

Klinik

Neugeborene. Unspezifische und gering ausgeprägte Symptome:
- Temperaturinstabilität
- Tachypnoe, -kardie
- Trinkschwäche
- Erbrechen
- Icterus prolongatus
- Blasses Hautkolorit.

Ältere Kinder. Schweres Krankheitsgefühl:
- Hohes Fieber und Schüttelfrost
- Gliederschmerzen
- Tachypnoe, -kardie
- Hepatosplenomegalie
- Exanthem
- Petechiale Blutungen bei Meningokokkensepsis.

Komplikationen. Septische Streuherde, septischer Schock (→ Tab 7.1).

Diagnose

- Blutbild und Entzündungsparameter:
  - Leukozytose, Linksverschiebung oder Leukopenie
  - CRP, BKS und IL-6 erhöht
- Bakteriologische Kulturen: Blut, Urin
- Lumbalpunktion:
  - Zellzahl
  - Glukose, Eiweiß
  - Antigennachweis
  - Kultur.

Tab. 7.1 Begriffsklärung Sepsis, septischer Schock und Multiorganversagen

Sepsis	Sepsis und SIRS sind durch das Vorliegen von zwei oder mehr der folgenden Symptome charakterisiert		
	Körpertemperatur > 38,5 °C oder > 36 °C		
	Alter	Herzfrequenz	Atemfrequenz
	< 1 Monat	> 190/min	> 60/min
	1–11 Monate	> 160/min	> 45/min
	1–2 Jahre	> 140/min	> 40/min
	3–5 Jahre	> 130/min	> 35/min
	6–12 Jahre	> 120/min	> 30/min
	13–15 Jahre	> 100/min	> 25/min
	> 15 Jahre	> 90/min	> 20/min
	Leukozyten > 12.000/µl oder < 4.000/µl oder > 10 % Stabkernige		
Septischer Schock	Sepsis mit Hypotonie trotz ausreichender Volumensubstitution zusammen mit Perfusionsstörungen und Laktatazidose, Oligurie oder akuter Bewusstseinsstörung		
Multiorganversagen	Schwere Organfunktionsstörungen bei akut krankem Patienten		

Definitionen der Consensus Conference von American College of Chest Physicians und Society of Critical Care Medicine, Anpassung für Kinder durch Hayden, 1994.

Bei jedem Säugling mit Verdacht auf Sepsis sollte eine Lumbalpunktion durchgeführt werden.

Therapie

- Infektionsquelle beseitigen
- Frühzeitige **antibiotische** Therapie – z.B. Cephalosporin, Ampicillin, Aminoglykosid i.v. – oder antimykotische, antivirale oder antiparasitäre Therapie
- Supportive Maßnahmen.

CHECK-UP

- ☐ Was verstehen Sie unter einem SIRS?
- ☐ Grenzen Sie das SIRS zur Sepsis ab.
- ☐ Beschreiben Sie die klinischen Symptome der Sepsis bei einem Neugeborenen.
- ☐ Welche diagnostischen Maßnahmen veranlassen Sie bei V.a. Sepsis?
- ☐ Welche Komplikationen einer Sepsis kennen Sie?

Meningitis

Definition

Entzündung der Leptomeninx durch Infektion mit Bakterien, Viren, Pilzen, Protozoen oder Parasiten.

Bakterielle Meningitis

Epidemiologie

60 % aller Meningitiden betreffen das Kindesalter. Inzidenz im 1. Lebensjahr 75:100.000. Bei Verdacht, Erkrankung und Tod an Meningokokkenmeningitis besteht Meldepflicht!

Erreger

Neugeborene bis zur 6. Lebenswoche.

- β-hämolysierende Streptokokken der Gruppe B, Escherichia coli
- seltener Listerien, Staphylokokken, Klebsiellen.

Nach der 7. Lebenswoche. Neisseria meningitidis, Streptococcus pneumoniae. HiB-Meningitis nur noch selten.

Pathogenese

Neugeborene und Säuglinge. Befall der Meningen im Zug einer Sepsis oder Bakteriämie.

Kleinkinder. Hämatogene Streuung von Infektionen des Nasen-Rachen-Raums.

Sekundär. Z.B. fortschreitende Infektionen des Mittelohrs oder nach Schädel-Hirn-Trauma.

Klinik

Neugeborene. Sehr **unspezifisch**:

- Plötzliche Atemstörung
- Blassgraues Hautkolorit
- Trinkschwäche, Erbrechen
- Schrilles Schreien
- Gespannte Fontanelle
- Opisthotonus
- Berührungsempfindlichkeit, Hyperexzitabilität
- Bewusstseinsstörungen, zerebrale Krampfanfälle.

Säuglinge nach der 6. Lebenswoche.

- **Fieber**
- **Erbrechen**
- Vorgewölbte Fontanelle
- Apathie, Lethargie
- Unruhe
- Vermehrte Berührungsempfindlichkeit
- Bewusstseinsstörungen, epileptische Anfälle.

Kinder nach dem 1. Lebensjahr.

- **Fieber**
- **Kopfschmerzen,** Nackensteifigkeit
- Erbrechen
- Bewusstseinsstörungen, Krampfanfälle
- Kernig-, Brudzinski-Zeichen.

Je jünger das Kind, desto unspezifischer sind die Symptome einer Meningitis.

Diagnose

- Lumbalpunktion: stark erhöhte Zellzahl, Eiweiß erhöht, Glukose erniedrigt, Antigennachweis, bakteriologische Kultur
- Blutbild und Entzündungsparameter: Leukozytose mit Linksverschiebung oder Leukopenie, Thrombozytopenie, CRP erhöht
- Blutkultur.

Liquorbefunde bei bakterieller Meningitis	
Parameter	**Befund**
Zellzahl	> 1.000/µl
Granulozytenanteil	> 70 %
Eiweiß	> 40 mg/dl, bei Neugeborenen > 90
Glukose	< 1,7 mmol/l

Therapie

Dexamethason zur Reduktion der Hörschäden **vor** initialer Antibiotikagabe.

Säuglinge und Kleinkinder. Cephalosporin, Ampicillin und Aminoglykosid i.v. als Kombinationstherapie, Therapiedauer bei Neugeborenen 14 Tage.

Ältere Kinder. Cefotaxim i.v., Therapiedauer 7–10 Tage.

Die Pneumokokkenmeningitis ist mit der höchsten Letalität assoziiert.

Virusmeningitis

Epidemiologie

Selten bei Säuglingen und jungen Kleinkindern, häufiger im späteren Kindes- und jungen Erwachsenenalter.

Erreger

ECHO-, Coxsackie- (Entero-) und Mumpsviren. Seltener Adeno-, Parainfluenza-, Frühsommermeningoenzephalitis- und lymphozytäres Choriomeningitisvirus.

Klinik

Plötzlicher Beginn mit Fieber, Erbrechen, Kopfschmerzen und meningitischen Zeichen.

Diagnose

- **Lumbalpunktion:** Zellzahl und Eiweiß mäßig erhöht, Glukose normal
- Serologische Antikörper-Tests
- PCR
- Virusisolierung.

Therapie

Symptomatisch, Flüssigkeitszufuhr und Bettruhe.

Liquorbefunde bei Virusmeningitis	
Parameter	**Befund**
Zellzahl	11–500/µl
Anteil mononukleärer Zellen	> 70 %
Eiweiß	< 100 mg/dl
Glukose	Normal

CHECK-UP

- ☐ Welche Altersgruppe ist bei einer Meningitis besonders gefährdet?
- ☐ Welche sind die häufigsten Erreger einer Meningitis bei Neugeborenen?
- ☐ Nennen Sie die klinischen Symptome einer Meningitis im Säuglingsalter.
- ☐ Nennen Sie die klinischen Symptome einer Meningitis im Kindesalter.
- ☐ Welche Medikamente sind Mittel der Wahl bei Meningitis und noch nicht bekanntem Erreger?
- ☐ Wozu dient die begleitende Dexamethasontherapie?

Osteomyelitis, septische Arthritis

Definition
Bakterielle Infektion eines Knochens, ausgehend vom Knochenmark oder einem Gelenk.

Epidemiologie
80 % aller Osteomyelitiden treten im Kindesalter auf, 50 % davon im Säuglingsalter. Inzidenz für Kinder < 13 Jahre: 1:5.000.

Erreger
- Alle Altersgruppen: Staphylococcus aureus, Streptokokken der Gruppe A, Pneumokokken
- Frühgeborene: Candida albicans, Escherichia coli
- Neugeborene: Streptokokken der Gruppe B
- Säuglinge und Kleinkinder: Haemophilus influenzae, Mycobacterium tuberculosis.

Klinik
- Beginn mit hohem Fieber und Schüttelfrost
- Lokale Schwellung, Rötung, Überwärmung, Schmerzen.

Komplikationen.
- Spontanfraktur
- Wachstumshemmung
- Chronifizierung
- Gelenkarthrose.

Diagnose
- Labor:
  - Leukozytose und Linksverschiebung
  - CRP erhöht
  - BKS regelmäßig beschleunigt, v.a. als Verlaufsparameter geeignet
- Keimnachweis:
  - Blutkultur
  - Gelenkpunktion
- Bildgebung:
  - Sonografie: Weichteilödem, Erguss
  - Röntgen: osteolytische Herde, Periostreaktionen
  - 99m-Technetium-Szintigrafie
  - MRT: Frühdiagnostik.

Therapie
- **Antibiotikatherapie:** Clindamycin und Cefotaxim i.v. über 3 Wochen
- Ruhigstellung
- Chirurgische Therapie.

CHECK-UP

- ☐ Nennen Sie drei häufige Erreger der Osteomyelitis und septischen Arthritis.
- ☐ Beschreiben Sie die klinischen Leitsymptome der Osteomyelitis oder septischen Arthritis.
- ☐ Welche Laborveränderungen erwarten Sie?
- ☐ Welche bildgebenden Verfahren kommen zur Diagnosesicherung zum Einsatz?
- ☐ Nennen Sie wichtige Pfeiler der Therapie bei Osteomyelitis und septischer Arthritis.

Klassische bakterielle Infektionen

Infektionen mit Streptokokken der Gruppe A

Definition
Infektionskrankheiten durch β-hämolysierende Streptokokken: Angina tonsillaris, Scharlach, Erysipel, Impetigo contagiosa.

Erreger
- Grampositive, oval bis runde unbewegliche Bakterien
- Virulenzfaktoren z.B. M-Protein und Oberflächenmoleküle z.B. Hyaluronsäurekapsel → verstärkte Virulenz der Erreger und immunologische Kreuzreaktivität zu kardialem Myosin und kardialem Sarkolemm
- Pyrogene Exotoxine verursachen das Scharlachexanthem.

Klinik
Angina tonsillaris.
- Fieber
- Halsschmerzen
- Rötung und Vergrößerung der Tonsillen mit eitrigen Stippchen
- Zervikale Lymphknotenvergrößerung.

Scharlach. Angina tonsillaris + Exanthem.
- Fieber
- Halsschmerzen
- Erbrechen
- **Enanthem:** düsterrote Pharynxschleimhaut, Tonsillitis
- Himbeerzunge
- **Exanthem:** stecknadelkopfgroße, dicht stehende hellrote Papeln, periorale Blässe.

Erysipel. → Kapitel 17.

Impetigo contagiosa. → Kapitel 17.

Komplikationen.
- **Rheumatisches Fieber:** Pankarditis, Erythema anulare, Arthritis, Chorea minor
- Akute Poststreptokokkenglomerulonephritis.

> Von Scharlach spricht man, wenn bei einer Angina tonsillaris ein charakteristisches Exanthem besteht.

Diagnose
- **Rachenabstrich:** Schnelltest, Kultur
- **Antikörpertiter** nur als Verlaufsparameter: Anti-Streptolysin, -Hyaluronidase, -Streptokinase und -Desoxyribonuklease.

Therapie
- Penicillin V 100.000 IE/kg KG/d p.o. über 10 Tage
- Bei Therapieversagen oder Allergie: Cephalosporine, Amoxicillin + Clavulansäure oder Makrolide.

Pneumokokkeninfektionen

Definition
Infektionen durch Streptococcus pneumoniae.

Erreger
- Verkapseltes, grampositives Bakterium, Diplokokken
- Weltweit einer der häufigsten Erreger von Pneumonien, Otitiden, Sinusitiden.

Klinik
- Bakterielle Meningitis, v.a. otogen
- Pneumonie, v.a. Lobärpneumonie
- Otitis
- Sinusitis.

Diagnose
- Gram-Färbung: grampositive Diplokokken
- Erregerisolierung aus Sputum, Liquor, Blut oder Pleuraerguss
- Antigennachweis: Latexagglutinationstest.

Therapie
Penicillin G, alternativ Cephalosporine oder Makrolide.

> Eine Pneumokokkenschutzimpfung wird für Säuglinge und Kinder bis zum vollendeten 2. Lebensjahr empfohlen.

Staphylokokkeninfektionen

Definition
Infektionen durch koagulasepositive Staphylokokken: Staphylococcus aureus. Oder durch koagulasenegative Staphylokokken: Staphylococcus epidermidis.

Erreger
- Grampositive, nicht bewegliche Kokken, die Exotoxine produzieren
- Häufig Penicillinresistenz durch Penicillinase-Bildung.

Klinik
Koagulasepositive Staphylokokken.
- Abszesse
- Impetigo contagiosa
- Konjunktivitis, Hordeolum
- Pneumonie im Säuglingsalter
- Osteomyelitis, Arthritis
- Staphylococcal scaled skin syndrome
- Toxisches Schocksyndrom
- Nahrungsmittelintoxikation.

Koagulasenegative Staphylokokken. Häufigster Erreger nosokomialer Infektionen im Kindesalter.

Diagnose
- Gram-Präparat
- Erregerisolierung.

Therapie
Staphylococcus aureus.
- Leichte Infektionen: Cephalosporine p.o.
- Schwere Infektionen: Clindamycin, Rifampicin, Fusidinsäure, Cephalosporine i.v.
- Bei Abszessen: Drainage.

Staphylococcus epidermidis. Hautstämme sind meist penicillinsensibel, sonst Vancomycin oder Teicoplanin i.v.

Infektionen mit Haemophilus influenzae

Definition

Infektionen des Respirationstrakts oder der Weichteile und invasive Infektionen durch Haemophilus influenzae.

Erreger

- Gramnegatives, kokkoides, unbewegliches Stäbchen
- Bekapselt und unbekapselt
- Invasive Infektionen werden durch Kapseltyp b (Hib) verursacht.

Epidemiologie

Normalflora des Nasen-Rachen-Raums. Seit Einführung der aktiven Hib-Schutzimpfung deutlicher Rückgang der Häufigkeit invasiver Infektionen.

Klinik

Infektionen des Respirationstrakts.
- Sinusitis, Otitis media
- Bronchitis, Pneumonie.

Weichteilinfektionen.
- Phlegmone
- Empyem
- Abszess.

Invasive Infektionen.
- Sepsis
- Meningitis
- Osteomyelitis, Arthritis
- **Epiglottitis.**

Diagnose

Bakteriologischer Nachweis: Blut, Liquor, Abstrich.

Therapie

Cephalosporine p.o. oder i.v.

> Haemophilus influenzae b ist Erreger der lebensbedrohlichen Epiglottitis sowie von Meningitis und Sepsis. Die Letalität dieser invasiven Infektionen beträgt ohne Therapie 60–90 %, mit Therapie weniger als 10 %. Durch die Impfempfehlung ist die Häufigkeit dieser Infektionen deutlich rückläufig.

Meningokokkeninfektionen

Definition

Schwerwiegende Infektionen mit Neisseria meningitidis.

Erreger

Unbewegliche, gramnegative Diplokokken innerhalb von Granulozyten.

Epidemiologie

2–5 % aller Personen sind asymptomatische Träger, Erkrankungsgipfel: 6.–12. Lebensmonat und im Adoleszentenalter. Meldepflicht bei Verdacht, Erkrankung oder Tod an Meningokokkenmeningitis oder -sepsis.

Klinik

- Meningitis
- Katarrhalische Infektionen des Nasen-Rachen-Raums
- Urethritis, Zervizitis, Vaginitis
- Sepsis.

Meningokokkensepsis.
- Akuter Beginn
- Fieber, Schüttelfrost
- Gelenk- und Muskelschmerzen
- Hämorrhagische Hauteffloreszenzen
- Hautnekrosen
- Verbrauchskoagulopathie
- Schwerster Verlauf: **Waterhouse-Friderichsen-Syndrom**.

Komplikationen.
- Multiorganversagen
- Perikarditis, Myokarditis
- Arthritis
- Pneumonie.

Diagnose

Blut.
- Leukozytose, Linksverschiebung
- Anämie
- Thrombozytopenie
- CRP erhöht
- Pathologische Gerinnungsparameter
- Blutkultur.

Liquor.
- Massive Pleozytose
- Eiweißerhöhung
- Glukose vermindert
- Erregernachweis (Kultur)
- Antigennachweis.

> Die Meningokokkenmeningitis oder -sepsis ist einer der dringlichsten Notfälle in der Pädiatrie. Diagnostik und Therapie schnellstmöglich beginnen!

Differenzialdiagnose
- Akute allergische Vaskulitis
- Toxisches Schocksyndrom
- Purpura Schoenlein-Henoch
- Leukämie.

Therapie
- Cefotaxim oder Ceftriaxon i.v. Therapie der Wahl
- Penicillin G 500.000 IE/kg KG/d bei Nachweis penicillinempfindlicher Stämme
- Dauer 4–7 Tage
- Isolation und Umgebungsprophylaxe mit Rifampicin.

Prognose
Letalität:
- Meningokokkenmeningitis 1–4 %
- Meningokokkensepsis 5–25 %
- Waterhouse-Friderichsen-Syndrom 95 %.

Diphtherie

Definition
Akute bakterielle Infektion durch Corynebacterium diphtheriae mit pseudomembranösen Belägen auf Tonsillen, Pharynx-, Larynx- und Nasenschleimhaut.

Erreger
Grampositives, unbewegliches, keulenförmiges Stäbchen, das Exotoxin bildet.

Epidemiologie
Durch Impfung deutlicher Rückgang der Infektionen. Meldepflicht bei Verdacht, Erkrankung oder Tod an Diphtherie.

Klinik
Tonsillen- und Rachendiphtherie.
- Fieber, Abgeschlagenheit
- Schluckbeschwerden
- Druckschmerzhafte zervikale Lymphknotenschwellung
- Tonsillen gerötet mit grauweißen Belägen
- Süßlich-fauliger Geruch.

Nasendiphtherie. Meist bei Säuglingen, blutig-seröser Schnupfen.

Kehlkopfdiphtherie.
- Heiserkeit
- Bellender Husten
- Inspiratorischer Stridor
- Dyspnoe
- Drohende Erstickung.

Komplikationen. **Exotoxinbedingt.**
- Myokarditis: Herzrhythmusstörungen, Kreislaufversagen, akuter Herztod
- Polyneuritis: Gaumensegelparese, Schluckstörungen, Augenmuskelparesen, Ateminsuffizienz
- Landry-Paralyse: Parästhesien, schlaffe Lähmungen, Schluck- und Zwerchfelllähmung.

Diagnose
Erregernachweis und Toxinnachweis: Abstrichmaterial unter Pseudomembranen entnehmen.

Therapie
- Antitoxisches Diphtherieserum i.v.
- Zusätzlich Penicillin V
- Isolation.

Pertussis

Synonym: Keuchhusten.

Definition
Akute Infektionskrankheit des Respirationstrakts durch Bordetella pertussis, die mit einer charakteristischen Hustenform einhergeht.

Erreger
Gramnegatives, unbewegliches, bekapseltes, toxinbildendes aerobes Stäbchen.

Epidemiologie
V.a. im Stadium catarrhale erhebliche Kontagiosität: die Exposition führt in 70–80 % der Fälle zur Erkrankung. Meldepflicht bei Erkrankung an Pertussis.

Klinik
Stadium catarrhale. Dauer 1–2 Wochen.
- Fieber
- Rhinitis
- Konjunktivitis
- Husten.

Stadium convulsivum. Dauer 4–6 Wochen.
- **Paroxysmale Hustenattacken:** Stakkatohusten, nachts gehäuft, Gesichtsverfärbung, laut ziehende, juchzende Inspiration, Herauswürgen von zähem Schleim, freie Intervallphasen,

bei jungen Säuglingen oft ausschließlich **lebensbedrohliche Apnoeanfälle**
- Konjunktivalblutungen
- Petechien im Kopfbereich.

Stadium decrementi. Dauer 2–4 Wochen. Hustenanfälle nehmen allmählich ab.

Komplikationen.
- Sekundärinfektionen: Pneumonie, Otitis media
- Epileptische Anfälle
- Enzephalopathie
- Letale Verläufe.

Diagnose
- Leukozytose mit absoluter und relativer **Lymphozytose**
- Erregernachweis
- PCR
- Antikörpernachweis.

Differenzialdiagnose
- Bronchiolitis
- Chlamydienpneumonie
- Zystische Fibrose
- Fremdkörperaspiration.

Therapie
- Aktive Immunisierung: ab 3. Lebensmonat möglich
- Makrolide: Erythromycin, Azithromycin, Clarithromycin
- Alternativ Cotrimoxazol.

Pertussis hinterlässt eine langdauernde, aber keine lebenslängliche Immunität. So können ältere Menschen, die die Erkrankung als Kind durchgemacht haben, erneut erkranken und als Überträger fungieren. Neugeborene und junge Säuglinge sind durch den fehlenden „Nestschutz" besonders gefährdet.

Tetanus

Definition
Infektionskrankheit durch Clostridium tetani, die mit tonischen Muskelkrämpfen einhergeht.

Erreger
Grampositives, sporenbildendes, strikt anaerobes Stäbchen. Bildet Toxine, die die Symptome verursachen.

Epidemiologie
Übertragung durch Wundkontamination mit kotverschmutzter Erde. Durch Impfung deutlicher Rückgang der Infektionen. Keine Meldepflicht.

Klinik
- Schleichender Beginn mit neurovegetativen Symptomen: Schwitzen, Frösteln, Schlaflosigkeit
- Rigor, Spasmen
- Masseterkrampf, Zwerchfellkrämpfe
- Trismus (Risus sardonicus)
- Opisthotonus mit Wirbelkörperfrakturen
- Starke Schmerzen
- Generalisierte Krämpfe.

Diagnose
- Klinisches Bild
- Erregernachweis anaerob.

Therapie
- Wundexzision
- Humanes Tetanustoxin 5.000 IE i.m. und lokal
- Aktive Tetanustoxid-Impfung
- Penicillin G 100.000 IE/kg KG/d i.v.
- Diazepam
- Phenobarbital.

Auch bei Verletzungen im Kindesalter muss immer geklärt werden, ob ein ausreichender Tetanusschutz vorliegt.

Botulismus

Definition
Nahrungsmittelvergiftung durch Clostridium-botulinum-Toxin.

Erreger
Grampositiver, sporen- und neurotoxinbildender obligater Anaerobier. Keine Meldepflicht.

Klinik
Gastroenterologische Symptome.
- Übelkeit, Erbrechen
- Obstipation, Diarrhö.

Neurologische Symptome.
- Schwindel, Doppelbilder
- Akkommodationsstörungen
- Ptosis, Mydriasis.

Komplikationen.
- Ateminsuffizienz
- Zunehmende Muskelschwäche bei klarem Bewusstsein
- Tod durch zentrale Atemlähmung oder Aspirationspneumonie.

Diagnose
- Anamnese
- Klinische Symptomatik
- Toxinnachweis im Blut, Stuhl, Magensaft.

Therapie
- Sofortige Magen-Darm-Entleerung
- Botulismusantitoxin vom Pferd; **Cave: anaphylaktische Reaktionen**
- Intensivmedizinische Maßnahmen.

Salmonellosen

Definition
Infektionen mit Salmonella gastroenteritidis oder Salmonella typhi. Können ein weites Spektrum klinischer Bilder – bis zur schweren Allgemeininfektion – hervorrufen.

Erreger
Gramnegative, bewegliche Stäbchen.

Epidemiologie
Hauptreservoir für Salmonella gastroenteritidis sind Tiere, für Salmonella typhi der Mensch. Meldepflicht bei Krankheitsverdacht, Erkrankung und Tod an Salmonellose.

Klinik
Akute Gastroenteritis und Enterokolitis.
- Bauchschmerzen, Erbrechen
- Diarrhö mit wässrig-schleimigen, blutigen Stühlen
- Fieber, Kopfschmerzen.

Akute Lebensmittelvergiftung.
- Heftiges Erbrechen
- Profuse Durchfälle
- Schwere Flüssigkeits- und Elektrolytverluste.

Bakteriämie oder Septikämie.
- Fieber, Schüttelfrost, Schweißausbrüche
- Muskelschmerzen
- Anorexie.

Thyphus abdominalis.
- Fieber
- Dick bräunlich belegte Zunge
- Bradykardie
- Blutige Diarrhö, Erbsbreistühle
- Splenomegalie
- Bewusstseinsstörung
- Roseolen.

Komplikationen.
- Darmblutung, Darmperforation
- Hämatogene Entstehung fokaler Infektionen
- Myokarditis.

Diagnose
- Leukopenie mit Neutrophilie und Linksverschiebung
- Fehlen der Eosinophilen, später Lymphozytose
- Erregernachweis im Stuhl
- Blutkulturen
- PCR.

Therapie
Salmonellengastroenteritis. Wasser- und Elektrolytverluste ausgleichen

Typhus abdominalis. Antibiotikatherapie: Amoxicillin, Cotrimoxazol, Dexamethason.

Durchfallerkrankungen durch Escherichia coli

Definition
Infektion durch darmpathogene Escherichia-coli-Stämme.

Klinik
EPEC. Enteropathogene Escherichia coli: leichte bis schwere Durchfallerkrankung bei Säuglingen und Kleinkindern.

ETEC. Enterotoxin bildende Escherichia coli: wässrige nichtblutige Durchfallerkrankung durch Toxine.

EIEC. Enteroinvasive Escherichia coli: shigellenähnliches Bild, Fieber, blutig-schleimige Diarrhö, Erbrechen, Tenesmen, krampfartigen Bauchschmerzen.

EAEC. Enteroaggregative Escherichia coli: akute, länger dauernde wässrige Diarrhö, Fieber, Erbrechen.

EHEC. Enterohämorrhagische Escherichia coli: **Verotoxinbildung** verursacht **Durchfallerkrankungen** und eine **hämorrhagische Kolitis.** Schmerzhafte, kolikartige Bauchkrämpfe, wässrige Diarrhö, später frequente, kleinvolumige blutige Stühle. **Hämolytisch-urämisches Syndrom**: intravasale Hämolyse, Thrombozytopenie, arterieller Hypertonus, Hämaturie, Proteinurie und Niereninsuffizienz.

5–10 % der Kinder mit einer EHEC-Infektion entwickeln ein hämolytisch-urämisches Syndrom.

Diagnose

- Erreger- und Enterotoxinnachweis
- PCR.

Therapie

- Substitution von Wasser und Elektrolyten
- Hygienische Maßnahmen.

Campylobacterenteritis

- Infektion mit dem gramnegativen Stäbchen Campylobacter jejuni/fetus: Fieber und Diarrhö
- Postinfektiös: Arthritis
- Assoziation mit HLA B27.

Yersiniose

- Infektion mit dem gramnegativen Stäbchen Yersinia pestis, enterocolitica, pseudotuberculosis: Gastroenteritis
- Infektion mit Yersinia enterocolitica führt bei Kindern unter 6 Jahren zum klinischen Bild der Appendizitis
- Postinfektiös: Erythema nodosum, Arthritis.

Shigellose

- Infektion mit gramnegativen unbeweglichen Enterobacteriaceae: Shigella sonnei, dysenteriae, flexneri, boydii: Ruhrinfektion, akute ulzerierende Kolitis mit Tenesmen, Diarrhö, wässrig-schleimige Stühle mit Blut und Eiter, selten Erbrechen
- Komplikationen: meningitisch-enzephalitischer Verlauf, Myokarditis, Otitis oder Pneumonie.

Pseudomembranöse Enterokolitis

- Infektion durch Clostridium difficile, Toxin A (Enterotoxin) und B (Zytotoxin)
- Bevorzugt nach antibiotischer Behandlung mit Ampicillin, Clindamycin, Erythromycin, Cephalosporinen, Cotrimoxazol
- Plaqueartige Läsionen im Kolon mit Pseudomembranbildung: klinische Symptomatik variabel
- Leichte Diarrhö, uncharakteristische Entzündungserscheinungen, hohes Fieber, Abgeschlagenheit, blutig-wässrige Stühle, Abgang von Schleimhautfetzen, Kreislaufschock, toxisches Megakolon, Darmperforation
- Symptome halten unbehandelt über Tage bis Wochen an, hohe Letalität
- Therapie: auslösendes Antibiotikum absetzen, mit Metronidazol oder Vancomycin p.o. behandeln.

Listeriose

Definition

Infektionskrankheit durch Listeria monocytogenes.

Erreger

Grampositives Stäbchen mit drei Serotypen.

Epidemiologie

⅓ aller Listeriosen betrifft Schwangere und Neugeborene. Übertragung durch kontaminierte Nahrungsmittel, z.B. Rohmilch. Meldepflicht bei Nachweis von Listeria monocytogenes aus Blut, Liquor oder anderen sterilen Materialien oder bei Neugeborenen.

Klinik

Schwangerschaft.

- Asymptomatisch bis leicht
- Manifestation als grippaler Infekt, unklares Fieber
- Bei Infektion des Fetus: Abort, Totgeburt oder Geburt eines kranken Kindes.

Neonatalperiode.

- Septische oder respiratorische Symptome
- Hepatosplenomegalie
- Hautveränderungen
- Meningitis.

Infektionen jenseits der Neonatalperiode.

- ZNS-Symptome: Meningitis, Meningoenzephalitis, Hirnabszess
- Sepsis
- Arthritis
- Peritonitis
- Hepatitis
- Lymphadenitis
- Endo-, Perikarditis
- Gastroenteritis.

Diagnose
- Leukozytopenie oder Leukozytose mit Linksverschiebung
- CRP und BKS erhöht
- Erregernachweis aus Blutkulturen, Liquor, Abstrichmaterial.

Therapie
Ampicillin und Gentamicin.

Mykoplasmose

Definition
Infektionen mit Mykoplasmen, u.a. Mycoplasma pneumoniae, Mycoplasma hominis.

Erreger
Gramnegative, pleomorphe Bakterien ohne Zellwand.

Epidemiologie
20–30 % der Pneumonien im Schulalter.

Klinik
Mycoplasma **pneumoniae.**
- Grippeähnlicher Beginn: Fieber, Kopf- und Halsschmerzen, Reizhusten
- Flüchtiges masernähnliches Exanthem.

Mycoplasma **hominis.**
- Urogenitalinfektionen
- Beim Neugeborenen schwere respiratorische Erkrankung.

Diagnose
- Röntgen-Thorax: atypische Pneumonie mit interstitieller Zeichnungsvermehrung
- Labor: Antikörpernachweis (IgM für frische Infektion beweisend), DNA-Nachweis.

Therapie
Mycoplasma **pneumoniae.**
Makrolide: Erythromycin oder Clarithromycin.
Kinder > 9 Jahre: Doxycyclin.

Mycoplasma **hominis.**
Clindamycin oder Doxycyclin.

> Mykoplasmen führen bei Schulkindern häufig zu Pneumonien.

Chlamydieninfektion

Definition
Infektion mit Chlamydien: Chlamydia trachomatis, Chlamydia pneumoniae, Chlamydia psittaci.

Erreger
Obligat intrazelluläre Bakterien mit charakteristischem Entwicklungszyklus.

Klinik
Chlamydia trachomatis.
- Trachom
- Eitrige Konjunktivitis v.a. Neugeborene
- Begleitend auch Atemwegsinfektion mit Bronchitis und Pneumonie
- Chlamydienpneumonie: Tachypnoe, persistierender stakkatoartiger Husten, exspiratorisches Giemen, Otitis media
- Urethritis des Erwachsenen: nichtgonorrhoische Urethritis.

Chlamydia pneumoniae.
- Infektionen der oberen Atemwege: Sinusitis, Pharyngitis, Otitis
- Infektionen der unteren Atemwege: Bronchitis, Pneumonie
- 50 % der Infektionen verlaufen klinisch inapparent.

Chlamydia psittaci.
- Ornithose: plötzlicher Schüttelfrost, hohes Fieber, Kopf- und Muskelschmerzen, Exanthem, interstitielle Pneumonie, Splenomegalie
- Komplikationen: Myo-, Peri-, Endokarditis, Thrombophlebitis.

Diagnose
- Antigen- und Antikörpernachweis
- Nachweis chlamydienspezifischer DNA.

Therapie
Lokale und systemische Therapie mit Erythromycin.

> Eine postnatale Prophylaxe mit Erythromycinsalbe wird empfohlen, um die Chlamydienkonjunktivitis oder die nasopharyngeale Infektion zu verhindern.

CHECK-UP
- ☐ Welche Krankheiten werden durch β-hämolysierende Streptokokken der Gruppe A verursacht?
- ☐ Beschreiben Sie die typischen klinischen Symptome bei Scharlach.
- ☐ Welche Komplikationen einer Erkrankung mit β-hämolysierenden Streptokokken der Gruppe A kennen Sie?

- [ ] Welche diagnostische Maßnahme ergreifen Sie, um eine Infektion mit Streptokokken der Gruppe A nachzuweisen?
- [ ] Welche Antibiotika sind bei einer Infektion mit Streptokokken der Gruppe A wirksam?
- [ ] Welche Erkrankungen werden durch Neisseria meningitidis verursacht?
- [ ] Beschreiben Sie die klinischen Symptome der Meningokokkensepsis.
- [ ] Wie nennt man die schwerste Verlaufsform einer Meningokokkensepsis?
- [ ] Nennen Sie die diagnostischen Maßnahmen bei V.a. Meningokokkenmeningitis.
- [ ] Welche Antibiotika sind bei einer Infektion mit Neisseria meningitidis wirksam?
- [ ] Was müssen Sie in Bezug auf Kontaktpersonen beachten?
- [ ] Beschreiben Sie den typischen Verlauf einer Keuchhustenerkrankung.
- [ ] Wie erkennt man den typischen Keuchhustenanfall?
- [ ] Welche Altersgruppe ist bei der Keuchhustenerkrankung besonders gefährdet?
- [ ] Was sind typische Blutbildveränderungen bei Pertussis?
- [ ] In welchem Zeitraum sind die an Keuchhusten Erkrankten ansteckungsfähig?
- [ ] Welche Altersgruppe ist besonders von Infektionen mit Mykoplasmen betroffen?
- [ ] Beschreiben Sie die charakteristischen Symptome einer Infektion mit Mycoplasma pneumoniae.
- [ ] Welche Veränderungen erwarten Sie bei einer Mykoplasmenpneumonie im Röntgen-Thorax?
- [ ] Mit welcher Klasse von Antibiotika behandeln Sie eine Mykoplasmenpneumonie?

Infektionen durch Mykobakterien: Tuberkulose

Definition

Chronische, lebenslang persistierende Infektion mit Mycobacterium tuberculosis, selten Mycobacterium bovis.

Erreger

Unbewegliche, dünne, säurefeste Stäbchen.

Epidemiologie

Kinder mit deutscher Staatsangehörigkeit: 1,4:100.000. Nichtdeutsche Staatsangehörigkeit: 10:100.000. Erhöhtes Risiko bei niedrigem sozioökonomischem Status, Kriegs- und Hungerzeiten. Meldepflicht bei aktiver Erkrankung und Tod an Tuberkulose sowie bei Behandlungsabbruch.

Klinik

Primäre Lungentuberkulose im Kindesalter.

- Unkomplizierter Primärkomplex: umschriebene exsudative Alveolitis
- Primärinfiltrat: perifokale Entzündung
- Bronchiallymphknotentuberkulose: polyzystische Hiluslymphknotenvergrößerungen
- Bronchiallymphknotenperforation: Reizhusten, exspiratorisches Keuchen
- Bronchustuberkulose: Bronchiektasen
- Abheilung.

Lungentuberkulose bei Jugendlichen und Erwachsenen.

- Reaktivierung einer früheren Infektion
- Abhusten nekrotischer Lungenherde
- Husten, Auswurf
- Nachtschweiß
- Ermüdbarkeit
- Gewichtsverlust.

Generalisierte Tuberkuloseerkrankungen.

- Miliartuberkulose: hohes Fieber, Schüttelfrost, Nachtschweiß
- Tuberkulöse Meningitis: Wesensveränderungen, Spielunlust, Kopfschmerzen, Fieber, Erbrechen, schrilles Schreien, Hemiparese, -plegie, progrediente Bewusstseinstrübung, Ateminsuffizienz
- Tuberkulöse Pleuritis und Perikarditis: Fieber, Reizhusten, atemabhängige Thoraxschmerzen.

Extrapulmonale Tuberkulose.

- Gastrointestinale Tuberkulose: Schwellung regionärer Lymphknoten, Ulzera, Perforation, Obstruktion, Fistelbildung, Blutungen, Malabsorption

- Halslymphknotentuberkulose: meist zervikal oder supraklavikulär, Einschmelzung und Fistelbildung
- Urogenitaltuberkulose: Dysurie, Makrohämaturie, Flankenschmerzen
- Skeletttuberkulose.

Diagnose

- Tuberkulinhauttest: Intrakutanprobe nach Mendel-Mantoux
- Erregernachweis (säurefeste Stäbchen): mikroskopisch und kulturell, z.B. aus Sputum oder Magensaft
- Nachweis von Mykobakterien-DNA mit PCR
- Immunologische Tuberkulose in vitro Vollbluttests: hochsensitive Bestimmung der γ-Interferonbildung oder der Zahl γ-Interferon bildender T-Zellen mittels ELISA und Elispot
- Röntgen-Thorax, CT, MRT.

Der Tuberkulintest kann bei Miliartuberkulose und Meningitis tuberculosa in bis zu 40 % der Fälle negativ ausfallen.

Therapie

Prävention und Therapie, siehe → Abb. 7.1.

Tuberkulinkonversion. Ohne nachweisbaren Organbefund, klinische Symptome, Mykobakteriennachweis und vorausgegangene Bacillus-

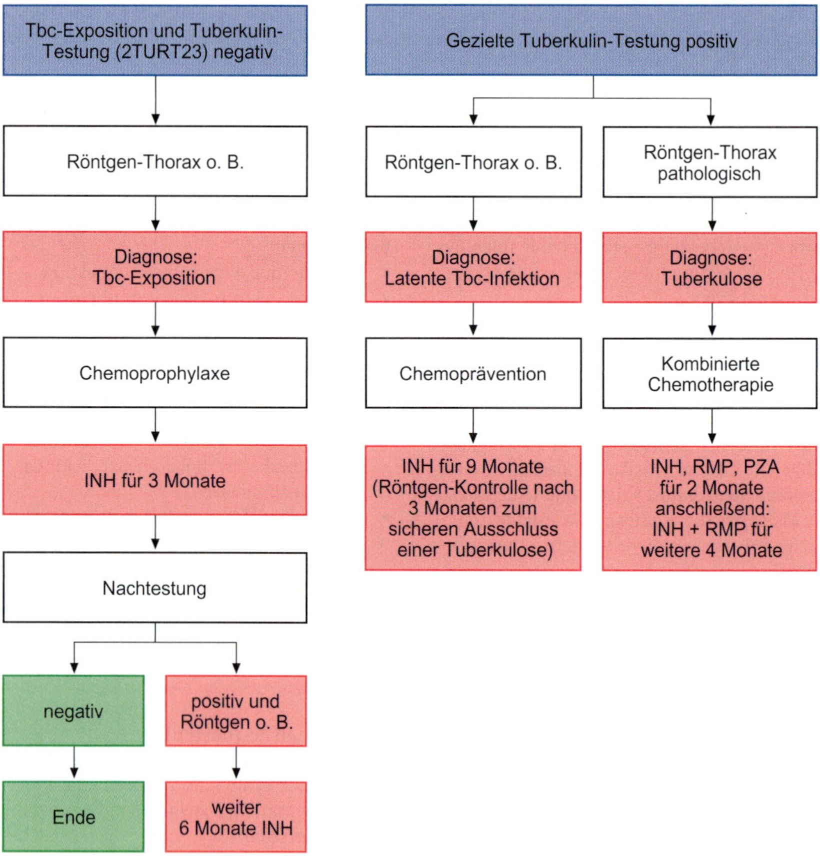

Abb. 7.1 Vorgehensweise zur Tuberkuloseprävention und -therapie. Nach K. Magdorf: Tuberkulose im Kindesalter. Monatsschr Kinderheilkd 2006; 154: 124–132.

Tab. 7.2 Wichtige Nebenwirkungen von Antituberkulotika

Medikament	Nebenwirkung
Isoniazid (INH)	• INH-Hepatitis • Periphere Neuropathie • Vitamin-B_6-Supplementierung bei Säuglingen erforderlich
Rifampicin (RMP)	• Akute Hepatopathie zu Therapiebeginn • Enzyminduktion: Spiegelveränderungen von Medikamenten, z.B. Antikonvulsiva, Theophyllin, Marcumar, Kontrazeptiva, Ciclosporin • Rotfärbung des Urins
Pyrazinamid (PZA)	• Akute Hepatitis zu Therapiebeginn • Harnsäureerhöhung im Plasma
Ethambutol (EMB)	• Optikusneuritis • Frühsymptom: Störung des Rot-Grün-Farbsehens
Streptomycin (SM)	• Ototoxizität (N. acusticus und N. vestibulocochlearis) • Nephrotoxizität

Calmette-Guérin-Impfung: Isoniazid für 9 Monate.

Primär unkomplizierte Tuberkulose.
- Dreifachtherapie mit Isoniazid, Rifampicin, Pyrazinamid für 2 Monate
- Dann Isoniazid und Rifampicin für weitere 4 Monate.

Primär komplizierte Tuberkulose. primäre Tuberkulose mit Lymphknoteneinbruch, tuberkulöse Pleuritis bzw. Perikarditis oder Skelett-, Abdominaltuberkulose: Dreifachtherapie für 9 Monate.

Miliartuberkulose oder tuberkulöse Meningitis.
- Vierfachtherapie: Isoniazid, Rifampicin, Pyrazinamid, Streptomycin für 2 Monate
- Dann Isoniazid, Rifampicin bis Gesamtdauer 10 Monate
- Zusätzlich Prednisolon oder Dexamethason.

Nebenwirkungen von Antituberkulotika. Siehe → Tab. 7.2.

CHECK-UP

- ☐ Beschreiben Sie die typischen klinischen Symptome der Tuberkulose beim Jugendlichen.
- ☐ Nennen Sie wichtige diagnostische Maßnahmen bei V.a. aktive Tuberkulose.
- ☐ Wie behandeln Sie ein Kind mit Tuberkulinonversion ohne nachweisbaren Organbefund?

Lyme-Borreliose

Definition
Chronische Multisystemerkrankung, die durch Zecken übertragen wird.

Erreger
Borrelia burgdorferi (Spirochäten): bewegliche Mikroorganismen mit spiralförmigem Körperbau ohne Geißeln.

Epidemiologie
Manifestationsindex 2–4 %. Saisonale Häufung im Frühsommer und Herbst.

Klinik
→ Tab. 7.3.

Frühstadium lokalisiert.
- Erythema migrans
- Selten Kopfschmerzen, Fieber.

Frühstadium generalisiert.
- Lymphozytom: Ohren, Mamillen, Skrotum
- **Fazialisparese**
- Arthralgien: Monarthritis des Kniegelenks
- Karditis
- Perikarderguss.

Spätstadium.
- Acrodermatitis chronica atrophicans: Akren, Hautflächen über großen Gelenken
- Chronische Enzephalomyelitis
- Chronische Arthritis.

Neuroborreliose. Häufigste Ursache einer Fazialisparese im Kindesalter. Lymphozytäre Pleozytose!

Borrelienmeningitis. Weder anamnestisch noch klinisch von einer Virusmeningitis zu unterscheiden.

Bannwarth-Syndrom. Lymphozytäre Meningoradikulitis mit Beteiligung des peripheren Nervensystems: radikuläre Schmerzen oder Sensibilitätsstörungen.

> Die Lyme-Borreliose ist die häufigste Ursache einer akuten peripheren Fazialisparese im Kindesalter.

Diagnose

- Anamnese: Zeckenbiss, Erythema migrans
- Antikörpernachweis i.S.: IgM und IgG.
- Liquoruntersuchung bei Fazialisparese u.a. neurologischen Symptomen: lymphozytäre Pleozytose, intrathekaler IgM- und IgG-Nachweis.

Therapie

Frühstadium. Amoxicillin, bei Kindern über 9 Jahren: Doxycyclin.

Neuroborreliose, Arthritis oder Karditis. Ceftriaxon i.v. über 3 Wochen.

Tab. 7.3 Übersicht der klinischen Symptome der Lyme-Borreliose

Organsystem	Frühstadium lokalisiert	Frühstadium generalisiert	Spätstadium
Haut	Erythema migrans	Lymphozytom	Acrodermatitis chronica atrophicans
Nervensystem	keine	• Fazialisparese • Meningitis • Meningoradikulitis	Chronische Enzephalomyelitis
Gelenke	keine	• Arthralgien • Oligoarthritis	Chronische Arthritis
Herz	keine	• Karditis • Perikarderguss	keine

CHECK-UP

- ☐ Wie kommt es zur Übertragung der Lyme-Borreliose?
- ☐ Welche Manifestationsformen einer Lyme-Borreliose kennen Sie?
- ☐ Welche diagnostischen Maßnahmen ergreifen Sie?
- ☐ Wie wird die Lyme-Borreliose therapiert?

Virusinfektionen

Masern

Definition

Hochkontagiöse, zweiphasige komplikationsreiche Viruserkrankung.

Erreger

Das Masernvirus ist ein RNA-Virus aus der Familie der Paramyxoviren.

Epidemiologie

Tröpfcheninfektion. Kontagiosität 4 Tage vor bis 4 Tage nach Exanthemausbruch und Manifestationsindex fast 100 %. Meldepflicht bei Erkrankungsverdacht, Erkrankung oder Tod an Masern sowie bei Erregernachweis.

Klinik

Zweiphasiger Verlauf.

Prodromalstadium. Dauer 3–5 Tage.
- Fieber
- Reizhusten
- Konjunktivitis
- Koplik-Flecken: Kalkspritzerartige Flecken der Wangenschleimhaut.

Exanthemstadium. Dauer 3 Tage.
- Plötzlicher Fieberanstieg
- Beginn des makulopapulösen Exanthems retroaurikulär und im Gesicht
- Ausbreitung über den ganzen Körper
- Häufig generalisierte Lymphadenopathie.

Komplikationen.
- Otitis media
- Bronchopneumonie
- Diarrhö
- Akute Masernenzephalitis: 1:1.000
- Subakute sklerosierende Panenzephalitis 5:1.000.000.

Die Maserninfektion löst eine transitorische Immunschwäche von mindestens 6 Wochen Dauer aus, wodurch bakterielle Komplikationen entstehen können.

Diagnose
- Leukopenie durch Lymphopenie
- Eosinophile fehlen, Virusisolierung
- Nachweis spezifischer IgM-Antikörper und Masern-RNA.
- Übersicht der Erkrankungen mit flächenhaftem Exanthem: → Tab. 7.4.

Therapie
Symptomatisch:
- Antipyrese
- Flüssigkeitszufuhr
- Sekretolytika.

Antibiotische Therapie bei Sekundärinfektionen.

Röteln

Definition
Hochkontagiöse Viruserkrankung.

Erreger
Pleomorphes RNA-Virus.

Epidemiologie
Tröpfcheninfektion. Kontagiosität hoch. Manifestationsindex niedrig.

Klinik
- Milde Prodromalsymptomatik: Temperaturen um 38 °C, Rhinokonjunktivitis
- Nuchale Lymphadenopathie
- Diskretes, hellrotes, makulopapulöses Exanthem mit Beginn im Gesicht
- Transiente Arthralgien oder Arthritiden möglich.

Rötelnembryopathie.
- Abort, Frühgeburt
- Trias aus Herzfehler, Katarakt, Innenohrschwerhörigkeit
- Zusätzlich Hepatosplenomegalie, Myokarditis, Meningoenzephalitis.

Diagnose
- Leukopenie mit Lymphozytose und Vermehrung der Plasmazellen
- IgM-Antikörper
- Erregernachweis aus Rachensekret, Urin, Liquor
- Röteln-RNA mit RT-PCR.

Therapie
- Bei postnataler Infektion: i.d.R. nicht erforderlich, selten Rötelnimmunglobulin bis 7 Tage post expositionem
- Bei Rötelnembryopathie: umfassend betreuen.

Exanthema subitum

Synonym: Dreitagefieber.

Definition
Gutartige Viruserkrankung.

Erreger
Humanes Herpesvirus 6 und seltener 8.

Epidemiologie
Häufigste Exanthemerkrankung im Alter von 6 Monaten bis 2 Jahren.

Klinik
Hohes Fieber (39,5–41 °C) persistiert für 3–5 (max. 8) Tage. Bei Entfieberung: flüchtiges, meist makulöses, nur leicht papulöses **Exanthem** am Stamm, meist nur wenige Stunden sichtbar.

Komplikationen. Bei 8 % der Kinder Fieberkrämpfe.

Diagnose
- Leukozytopenie mit relativer Lymphozytose
- IgM-Antikörper Nachweis.

Therapie
Antipyrese.

> Das Exanthema subitum ist die häufigste Exanthemerkrankung im 1. Lebensjahr und wird durch das Herpesvirus 6 verursacht.

Erythema infectiosum

Synonym: Ringelröteln.

Definition
Kontagiöse Viruserkrankung, die bei Infektion in der Schwangerschaft zu schweren fetalen Komplikationen führen kann.

Erreger
DNA-Parvovirus B19.

Epidemiologie
Die Infektiosität ist in den Tagen vor Auftreten des Exanthems am höchsten.

Klinik
- Livides Wangenerythem mit perioraler Blässe
- Anschließend makulopapulöses, juckendes, girlandenförmiges Exanthem mit zentraler Abblassung am Stamm und an den Extremitäten
- Arthralgien.

Bei **Infektion in der Schwangerschaft** zwischen der 13. und 20. SSW sind die fetalen Komplikationen besonders gravierend: hochgradige Anämie, Myokarditis, Hydrops fetalis, Abort, Tod.

Bei **Infektion bei chronischer hämolytischer Anämie** kann es zu einer lebensbedrohlichen aplastischen Krise kommen.

> Bei Ringelröteln ist die Infektiosität in den Tagen vor Auftreten des Exanthems am höchsten. Kinder mit Exanthem sind praktisch nicht mehr ansteckungsfähig.

Diagnose
In unklaren Fällen IgM-Antikörper-Nachweis.

Therapie
- Symptomatisch
- Bei abwehrgeschwächten Patienten Immunglobuline i.v.
- Bei Hydrops fetalis wiederholte intrauterine Transfusionen.

Varizellen

Synonym: Windpocken.

Definition
Hochkontagiöse Infektion mit juckendem Exanthem.

Erreger
Varicella-Zoster-Virus aus der Gruppe der Herpesviren.

Epidemiologie
Über 90 % aller Kinder werden bis zum 14. Lebensjahr über direkten Kontakt mit den Effloreszen-

Tab. 7.4 Übersicht der Erkrankungen mit flächenhaftem Exanthem

Erkrankung	Exanthem	Lokalisation des Exanthems	Schleimhautsymptome	Besonderheit
Masern	Großfleckig, livide, konfluierend	Beginn hinter den Ohren, Ausbreitung über Stamm und Extremitäten	Koplik-Flecken Enanthem	Zweiphasiger Verlauf, reduzierter Allgemeinzustand
Röteln	Mittelfleckig, hellrot, diskret	Beginn am Kopf, wenig am Stamm	Leichtes Enanthem	Stark vergrößerte nuchale Lymphknoten, guter Allgemeinzustand
Scharlach	Feinfleckig, rau	Beginn in den Leisten, blasses Munddreieck	Eitrige Angina Erdbeerzunge	Antibiotikatherapie
Exanthema subitum	Klein- bis mittelfleckig	Nacken und Stamm	Keine	3 Tage Fieber, dann Ausschlag
Ringelröteln	Mittelfleckig, konfluierend	Schmetterlingserythem im Gesicht, Girlanden an den Extremitäten	Keine	

zenzen infiziert. Infizierte Personen sind 1–2 Tage vor und bis 5 Tage nach Auftreten der letzten Effloreszenz kontagiös. Hinterlässt lebenslange Immunität.

Klinik

- Schubweises Auftreten eines vesikulären Exanthems in verschiedenen Effloreszenzstadien nebeneinander: „Sternenhimmel"
- Ausgeprägter Juckreiz.

Komplikationen.

- **Bakterielle Sekundärinfektionen:** Impetigo, Abszesse, Phlegmone, nekrotisierende Fasziitis, toxisches Schocksyndrom
- Blutungen
- Pneumonie
- Hepatitis
- Arthritis
- **Zerebellitis:** Ataxie
- Enzephalitis: epileptische Anfälle, Koma
- Myokarditis
- **Fetales Varizellensyndrom:** Hautnarben, Skelett- und Muskelhypoplasien, Augen- und ZNS-Anomalien
- **Konnatale Varizellen:** Varizellenerkrankung in den ersten 10 Lebenstagen.

> Der sogenannte Sternenhimmel mit gleichzeitigem Nachweis von Makula, Papula, Vesikula und Crusta ist für Windpocken charakteristisch.

Diagnose

- Virusnachweis aus Bläscheninhalt
- Nachweis spezifischer Varicella-Zoster-Virus-IgM-Antikörper.

Therapie

- Symptomatisch: zinkhaltige Schüttelmixturen, antipruriginöse Therapie
- Antiviral: Aciclovir i.v. bei konnatalen Varizellen, komplizierten Verläufen und immunsupprimierten Patienten
- Prophylaxe exponierter Personen: eine Postexpositionsprophylaxe mit Varicella-Zoster-Virus-Immunglobulin ist nur **innerhalb** 72 h nach Infektion sinnvoll. Eine Chemoprophylaxe mit Aciclovir ist **ab** Tag 7–9 nach Exposition möglich.

Herpes Zoster

Definition

Akute schmerzhafte Zweitinfektion durch Varicella-Zoster-Virus nach früherer Windpockenerkrankung.

Epidemiologie

Ein Herpes Zoster tritt selten vor dem 10. Lebenslauf auf. Die Kontagiosität ist deutlich geringer als die der Varizellen.

Klinik

- Meist einseitige, schmerzhafte Anordnung von vesikulären Effloreszenzen
- Begleitend häufig regionäre Lymphadenopathie
- Auch Zoster oticus, Zoster ophthalmicus.

Komplikationen.

- Generalisierung bei Immunsuppression
- Bakterielle Superinfektion
- Persistierende Neuralgien
- Passagere periphere Lähmungen, Sensibilitätsstörungen
- Erblindung, Hörverlust.

Therapie

Symptomatisch. Aciclovir i.v. bei Immunsuppression.

Herpes-simplex-Infektionen

Definition

Primäre oder rezidivierende Infektion mit Befall von Haut, Schleimhaut, Auge, ZNS (Herpes-simplex-Virus HSV-1) oder Genitale (HSV-2).

Erreger

Herpesvirus hominis (HSV-1 und 2), DNA-Viren.

Epidemiologie

Übertragung durch engen Haut- oder Körperkontakt. Antikörperprävalenz im Erwachsenenalter gegen HSV-1: 90 %.

Klinik

Primärinfektion. Meist subklinisch.

Sekundärinfektion. Reaktivierung einer latenten Infektion durch unspezifische Stimuli wie Wärme, UV-Licht, Menses, Fieber oder Stress.

Organmanifestationen.

- Haut:
  - Brennen, Juckreiz, vesikuläre Effloreszenzen, bakterielle Superinfektion

   - Eczema herpeticatum: Primärinfektion mit HSV-1 bei chronischem Ekzem
- Schleimhäute:
   - Stomatitis aphthosa, Gingivostomatitis
   - Keratokonjunktivitis herpetica: Schwellung und Rötung der Konjunktiva ohne Eitersekretion
   - Herpes genitalis
- ZNS: Meningo-, Enzephalitis mit hohem Fieber, Kopfschmerzen, Wesensveränderung, zunehmender Somnolenz, epileptischen Anfällen, Herdsymptomatik, Koma.

Konnatale HSV-Infektion. Dystrophie, bullöses Exanthem, Mikrozephalie, -ophthalmie.

Neonatale HSV-Infektion. Lokalisierte Infektion von Haut, Augen, Schleimhäuten, ZNS-Infektion oder disseminierte systemische Infektion.

Diagnose
- HSV-Isolierung
- Nachweis spezifischer HSV-1- und HSV-2-Antikörper sowie von HSV-DNA.

Therapie
- Aciclovir topisch oder systemisch
- Flüssigkeitsgabe.

Parotitis epidemica

Synonym: Mumps.

Definition
Akute Mumpsvirus-Erkrankung.

Erreger
RNA-Virus: Paramyxovirus.

Epidemiologie
3 Tage vor und bis maximal 9 Tage nach Erkrankungsausbruch besteht Infektiosität.

Klinik
- Fieber
- Schmerzhafte Parotisschwellung für 3–7 Tage
- Abstehende Ohrläppchen
- Schmerzen beim Kauen.

Komplikationen.
- Aseptische Meningitis, v.a. im Kindesalter
- Meningoenzephalitis: Benommenheit, Erbrechen, neurologische Ausfälle
- Orchitis/Epididymitis, v.a. im Erwachsenenalter, in 13 % der Fälle: Beeinträchtigung der Fertilität
- Pankreatitis
- Hörstörung, okuläre Komplikationen.

Diagnose
- Amylase i.S. erhöht
- Spezifische IgM-Antikörper
- Virusisolierung
- Nachweis spezifischer Mumps-RNA.

Therapie
I.d.R. nicht erforderlich.

Infektiöse Mononukleose

Synonym: Pfeiffer-Drüsenfieber.

Definition
Subakute oder akute Erkrankung durch Infektion mit dem Epstein-Barr-Virus (EBV).

Erreger
EBV ist ein DNA-Virus der Herpesgruppe.

Epidemiologie
Übertragung durch infektiösen Speichel: Adoleszenz, „Kissing disease“. Durchseuchung ab dem 30. Lebensjahr nahezu 100 %.

Klinik
- Fieber
- Ausgeprägte zervikale Lymphadenopathie
- Tonsillopharyngitis: gräuliche, die Tonsillengrenzen überschreitende pseudomembranöse Beläge
- Hepatosplenomegalie
- Makulopapulöses Exanthem
- Ikterus.

Komplikationen.
- Milzruptur, Nephritis
- Tonsillenhyperplasie (Atemwegsobstruktion), interstitielle Pneumonie
- Meningoenzephalitis
- Guillain-Barré-Syndrom
- Myokarditis
- Malignome: Burkitt-Lymphom, Morbus Hodgkin, Nasopharynxkarzinom.

> Die akute EBV-Infektion geht einher mit der Trias aus hohem Fieber, Tonsillopharyngitis und Lymphadenopathie.

Diagnose
- **Atypische Lymphozytose** „Pfeiffer-Zellen“
- Paul-Bunnell-Hämagglutinationstest
- Antikörpernachweis

- Nachweis spezifischer EBV-DNA
- Bestimmung der Viruslast.

Therapie

- Antibiotika, v.a. Ampicillin, sind kontraindiziert: führen zu massivem Exanthem
- Körperliche Schonung in der Akutphase.

RS-Virus-Infektionen

Definition

Infektionen des unteren Respirationstrakts. Erreger: Respiratory-syncytial-(RS-)virus.

Erreger

Das RS-Virus ist ein RNA-Virus aus der Familie der Paramyxoviren.

Epidemiologie

Durchseuchungsrate am Ende des 2. Lebensjahrs nahezu 100 %. Reinfektionsrate 10–20 %.

Klinik

Bronchiolitis.

- Tachypnoe
- Einziehungen
- Feuchte Rasselgeräusche.

Obstruktive Bronchitis.

- Fieber
- Husten
- Tachydyspnoe
- Verlängertes Exspirium
- Giemen, Pfeifen.

Pneumonie. Schwere Verläufe bei Frühgeborenen.

Diagnose

Virusantigennachweis aus Nasopharyngealsekret.

Therapie

- Symptomatisch: Sauerstoff, Inhalation mit Epinephrin und β_2-Sympathomimetika
- Antivirale Therapie mit Ribavirin: wird nicht mehr empfohlen: kein eindeutiger Wirkungsnachweis.

Influenzavirusinfektionen

Definition

Oft pandemisch verlaufende Infektionen der oberen Atemwege.

Erreger

Influenzaviren sind RNA-Orthomyxoviren mit drei serologischen Hauptgruppen.

Epidemiologie

Übertragung durch Tröpfcheninfektion. Hohe Kontagiosität. Alle 2–3 Jahre Pandemien.

Klinik

Säuglinge. Obstruktive Tracheobronchitis oder Bronchiolitis.

Kleinkinder.

- Hohes Fieber
- Appetitlosigkeit
- Übelkeit, Erbrechen
- Krupphusten bei stenosierender subglottischer Laryngitis
- Fieberkrämpfe.

Schulkinder, Adoleszente.

- Unspezifische Symptome: Fieber, Abgeschlagenheit, Kopfschmerzen, Gliederschmerzen
- Rötung des Rachens
- Trockener pertussiformer Husten.

Komplikationen.

- Bakterielle Superinfektion
- Myokarditis, toxisch bedingte Herzinsuffizienz
- Enzephalitis
- Reye-Syndrom.

Diagnose

- Virusisolierung aus Nasen-Rachen-Sekret in den ersten 3 Tagen
- Influenza-A- und -B-Schnelltest
- Nachweis spezifischer IgM- und IgA-Antikörper sowie von viraler RNA.

Therapie

- Vorwiegend symptomatisch
- Bei Risikokindern und schwer Erkrankten antivirale Therapie mit Neuraminidasehemmern: für Kinder ab 1 Jahr ist Oseltamivir, für Kinder ab 5 Jahren ist Zanamivir zugelassen
- Jährliche Impfung für Risikogruppen, ergänzend Chemoprophylaxe mit Neuraminidasehemmern möglich.

Parainfluenzainfektionen

Definition

Sehr häufige Virusinfektionen, die in der Regel die oberen Atemwege betreffen.

Erreger

Parainfluenzaviren sind RNA-Paramyxoviren mit vier Serotypen.

Epidemiologie
10–15 % der kindlichen Atemwegsinfektionen werden durch Parainfluenzaviren verursacht.

Klinik
Säuglinge und Kleinkinder. Akute Laryngotracheobronchitis, subglottische Laryngitis (Pseudokrupp):
- Fieber
- Bellender Husten
- Tachydyspnoe
- Inspiratorischem Stridor.

Ältere Kinder.
- Rhinitis
- Pharyngitis, Laryngotracheitis
- Bronchitis, Pneumonie.

Komplikationen.
- Bakterielle Superinfektion
- Bronchiale Hyperreagibilität
- Bei Immundefizienz schwere bis letale Verläufe.

Diagnose
- Erregernachweis
- Nachweis spezifischer Antikörper.

Therapie
Symptomatisch.

> Der Pseudokrupp (subglottische Laryngitis) ist ein häufiges Krankheitsbild bei Säuglingen und Kleinkindern.

Coxsackie-Virus-Erkrankungen

Definition
Meist akute Virusinfektionen mit verschiedenen klinischen Manifestationsformen.

Erreger
Die Coxsackie-Viren A und B sind RNA-Viren aus der Gruppe der Enteroviren.

Epidemiologie
Übertragung fäkal-oral. Jahreszeitliche Häufung.

Klinik
- Sommergrippe
- **Hand-Fuß-Mund-Krankheit:** Blasenbildung an Händen und Füßen sowie Ulzerationen der Mundschleimhaut
- **Herpangina:** hohes Fieber, Erbrechen, vesikulär-ulzeröse Effloreszenzen mit erythematösem Randsaum in Mund- und Rachenraum
- **Myalgia epidemica** (Bornholmer Krankheit): Fieber, stechende Muskelschmerzen im Brust- und oberen Abdominalbereich, Schweißausbrüche, Schocksymptomatik
- Perimyokarditis
- Aseptische Meningitis.

Neugeborene.
- Pneumonie
- Myokarditis
- Hepatitis
- Meningoenzephalitis
- Sepsis
- Schock.

Diagnose
- Virusisolierung
- Nachweis spezifischer Virus-RNA.

Therapie
Symptomatisch. Hygienemaßnahmen.

Adenovirusinfektionen

Definition
Meist akute Virusinfektionen, die akute respiratorische, gastrointestinale oder ophthalmologische Symptome verursachen.

Erreger
Das Adenovirus ist ein DNA-Virus mit 47 Serotypen.

Epidemiologie
Übertragung durch Tröpfcheninfektion sowie fäkal-oral. Adenoviren verursachen 5–8 % der akuten respiratorischen Erkrankungen im Kindesalter.

Klinik
- Akute **respiratorische Erkrankungen:** Pharyngitis, Bronchopneumonie
- **Keratoconjunctivitis epidemica**: Fremdkörpergefühl, Juckreiz, Brennen, Fotophobie
- Akute **Gastroenteritis.**

Diagnose
- Leukozytose
- CRP erhöht, seltene Ausnahme bei Virusinfektion!
- Virusisolierung
- Nachweis von Virusantigen, spezifischen Antikörpern und Virus-DNA.

Therapie
Symptomatisch.

Rotavirusinfektionen

Definition
Virusinfektion, die typischerweise zu kindlicher Gastroenteritis führt.

Erreger
Das Rotavirus ist ein Virus mit doppelsträngiger RNA.

Epidemiologie
Übertragung fäkal-oral. Weltweit häufigste Gastroenteritiserreger im Säuglings- und Kleinkindesalter.

Klinik
- Erbrechen
- Diarrhö: grüngelbe, übel riechende Stühle
- Wenig erhöhte Temperaturen.

Diagnose
Rotavirusnachweis im Stuhl.

Therapie
- Orale Rehydratation
- In schweren Fällen: stationäre Aufnahme zur enteralen oder intravenösen Rehydratation.

Poliomyelitis

Definition
Akute Viruserkrankung, die die motorischen Vorderhornzellen des Rückenmarks, das Stamm- und Mittelhirn sowie den motorischen Kortex befällt.

Erreger
Das Poliovirus ist ein RNA-Virus aus der Familie der Enteroviren. Drei Serotypen.

Epidemiologie
Übertragung fäkal-oral. Hohe Kontagiosität. Bei Erkrankung und Tod an Poliomyelitis besteht Meldepflicht.

Klinik
Vorkrankheit (Minor illness).
- Abgeschlagenheit
- Fieber
- Halsschmerzen
- Erbrechen, Diarrhö.

Nichtparalytische Poliomyelitis (Major illness). 5–10 % der Fälle.
- Abakterielle Meningitis mit Fieber
- Kopfschmerzen
- Nackensteifigkeit
- Liquorpleozytose.

Paralytische Poliomyelitis. 1 % der Fälle.
- Doppelgipflige Fieberkurve
- Adynamie
- Schlaffe Lähmungen
- Erhebliche Schmerzen
- Vegetative Symptome
- Respiratorische Insuffizienz.

Bulbäre Poliomyelitis.
- Hohes Fieber
- Hirnnervenlähmung
- Schluckstörungen
- Zentrale Atemlähmung.

Polioenzephalitis. Sehr schlechte Prognose.

Postpoliomyelitissyndrom. Jahre nach Primärinfektion erneuter Muskelschwund und Schmerzen.

> Bei der Poliomyelitis sind hauptsächlich die motorischen Vorderhornzellen des Rückenmarks betroffen.

Diagnose
Nachweis von Virus, Antikörpern, virusspezifischer RNA.

Therapie
- Bettruhe
- Sorgfältige Pflege, Physiotherapie
- Analgetika, Antiphlogistika.

Zytomegalievirusinfektionen

Definition
Virusinfektionen, die meist inapparent verlaufen. Bei gestörter Immunkompetenz sind sie jedoch mit hoher Morbidität und Mortalität assoziiert.

Erreger
Das Zytomegalievirus (CMV) ist ein DNA-Virus aus der Herpesgruppe.

Epidemiologie
- **Horizontale Übertragung:** Speichel, Urin, Muttermilch, Blut, transplantierte Organe
- **Vertikale Übertragung:** infizierte Mutter.

Häufigste konnatale Infektion: 1 % aller Neugeborenen wird infiziert, 3–4 % davon erkranken symptomatisch.

Klinik

Kindesalter, immunkompetente Patienten. Asymptomatischer Verlauf oder mononukleoseähnliches Krankheitsbild:
- Fieber
- Pharyngitis
- Lymphadenopathie
- Hepatosplenomegalie.

Kindesalter, immundefiziente Patienten.
- Interstitielle Pneumonie
- Retinitis
- Ösophagitis
- Chronische Diarrhö.

Konnatale CMV-Infektion. 96 % aller Neugeborenen mit CMV-Infektion sind klinisch asymptomatisch. Bei symptomatischem Verlauf:
- Hautblutungen
- Hepatosplenomegalie, Ikterus
- Dystrophie
- Mikrozephalie
- Chorioretinitis
- Intrazerebrale Verkalkungen.
- Spätschäden: psychomotorische Retardierung, Zahndefekte.

Diagnose

Nachweis von CMV-Antigen pp65/CMV-Early-Antigen, spezifischer Virus-DNA (Viruslast), spezifischer IgM- und IgG-Antikörper.

Therapie

Bei schwerer konnataler CMV-Infektion und Immunsuppression: Therapie mit Ganciclovir i.v.

Frühsommermeningoenzephalitis

Definition

Frühsommermeningoenzephalitis (FSME): Durch Zecken übertragene Flavivirusinfektion mit ZNS-Befall.

Erreger

Das FSME-Virus ist ein RNA-Virus aus der Familie der Arboviren.

Epidemiologie

Endemisches Vorkommen in verschiedenen Regionen Mittel- und Osteuropas: 0,1 % der Zecken sind infiziert. 25–30 % der infizierten Personen erkranken.

Klinik

Prodromalstadium. Fieber und grippale Symptomatik.

Zentralnervöse Krankheitsphase. 10–30 % der Fälle.
- Meningitis, Meningoenzephalitis
- Hohes Fieber
- Kopfschmerzen
- Übelkeit, Erbrechen
- Krampfanfälle
- Schwächegefühl, Müdigkeit
- Apathie, Koma
- Lähmungen.

Diagnose

Liquor: Bild einer Virusmeningitis, Nachweis spezifischer IgM- und IgG-Antikörper und virusspezifischer RNA.

Therapie

Symptomatisch.

Prophylaxe

- Aktive Immunisierung: Kinder > 3 Jahre in Risikogebieten
- Passive Immunisierung: derzeit keine Präparate verfügbar.

Human-immunodeficiency-virus-Infektion

Definition

Human-immunodeficiency-virus-(HIV-)Infektion: Infektion durch humanpathogenes Retrovirus, das tödlich verlaufendes AIDS auslöst.

Erreger

- HIV-1: hauptsächlich in Europa und Nordamerika
- HIV-2: vorwiegend Westafrika, Indien.

Epidemiologie

Vertikale Transmissionsrate ohne Prophylaxe 15 %. Mit Prophylaxe unter 2 %.

Klinik

Klinische Klassifikation nach Centers for disease control (CDC) siehe → Tab. 7.5. AIDS definierende Erkrankungen bei Kindern siehe → Tab. 7.6.

Frühsymptome. Mononukleoseähnliches Bild:
- Fieber
- Hepatosplenomegalie

Tab. 7.5 CDC-Klassifikation der HIV-Infektion bei Kindern › 13 Jahre (CDC, 1994)

	Keine Symptome	Milde Symptome/ Befunde	Mäßige Symptome/ Befunde	Schwere Symptome/ Befunde
Kein Immundefekt	N1	A1	B1	C1
Mäßiger Immundefekt	N2	A2	B2	C2
Schwerer Immundefekt	N3	A3	B3	C3

Tab. 7.6 AIDS definierende Erkrankungen bei Kindern unter 13 Jahren (Kategorie C, CDC)

Bakterielle Infektionen	• Mehr als 2 Septikämien, Pneumonien, Meningitiden, Knochen- oder Gelenkinfektionen, Abszesse in 2 Jahren • Tuberkulose, extrapulmonal oder disseminiert • Atypische Mykobakteriose, extrapulmonal oder disseminiert	
Pilzinfektionen	• Candidiasis von Ösophagus, Trachea, Bronchien, Lunge • Histoplasmose, extrapulmonal oder disseminiert • Kryptokokkose, extrapulmonal • Kokzidioidomykose, extrapulmonal • Pneumocystis-carinii-Pneumonie	
Virusinfektionen	HSV	Bronchitis, Pneumonie, Ösophagitis bei Kindern › 1 Monat oder mukokutanes Ulkus › 1 Monat
	EBV	Lymphoide interstitielle Pneumonie
	CMV	Zytomegalie außerhalb von Leber, Milz und Lymphknoten bei Kindern › 1 Monat
	HIV	• Enzephalopathie • Wasting-syndrome
	JC-Viren	Progressive multifokale Leukenzephalopathie
Parasitäre Infektionen	ZNS-Toxoplasmose bei Kindern › 1 Monat	
	• Kryptosporidiose, Diarrhö › 1 Monat • Isosporidiose, Diarrhö › 1 Monat	
Maligne Tumoren	• Lymphome • Kaposi-Sarkom	

- Generalisierte Lymphadenopathie
- Makulopapulöses Exanthem.

Spätsymptome.
- Opportunistische Infektionen
- Malignome und AIDS-definierende Erkrankungen.

Diagnose

- Zahl CD4-positiver T-Zellen
- Spezifische HIV-Antikörper i.S., Bestätigung durch zweite Untersuchungsmethode
- Spezifisches HIV-Antigen p24
- Spezifische HIV-DNA/RNA
- Virusanzucht.

Bei Kindern: Nachweis HIV-spezifischer DNA aus kindlichen Lymphozyten oder HIV-spezifischer RNA aus Plasma.

Therapie

Antiretrovirale Therapie (ART). ➜ Tab. 7.7.
- Nukleosidische und nukleotidische Reverse-Transkriptase-Inhibitoren (NRTI)
- Nicht-nukleosidische Reverse-Transkriptase-Inhibitoren (NNRTI)
- Proteaseinhibitoren (PI).
- Eine sorgfältige Überwachung der Patienten ist unbedingt erforderlich!

Bei Kindern. Sie erhalten neben der ART Immunglobuline sowie eine antibiotische Dauertherapie mit Cotrimoxazol.

Tab. 7.7 Antiretrovirale Therapie: Empfehlungen zu Medikamentenkombinationen in Abhängigkeit vom Alter

Prinzip/Alter	Medikamentenkombination
2 NRTI + 1 PI Jünger als 3 Monate Älter als 3 Monate	2 NRTI + NFV 2 NRTI + NFV 2 NRTI + LPV/r
2 NRTI + 1 NNRTI Jünger als 3 Monate Älter als 3 Monate	2 NRTI + NVP 2 NRTI + NVP 2 NRTI + EFV
3 NRTI + 1 NNRTI Säuglinge	„Babycocktail" AZT + 3 TC + ABC + NVP

AZT: Zidovudin; 3TC: Lamivudin; ABC: Abacavir; NVP: Nevirapin; EFV: Efavirenz; NFV: Nelfinavir; LPV/r: Lopinavir/Ritonavir.

Empfehlungen zur Prophylaxe der vertikalen HIV-Infektion:

- HIV-Testung vor oder während der Schwangerschaft
- Zidovudin p.o. ab 32. SSW
- Selektive Sektio nach der vollendeten 36. SSW
- Kein Stillen
- Neugeborenes: postnatal Zidovudin 10 Tage i.v. oder 4 Wochen p.o.

CHECK-UP

- ☐ Beschreiben Sie den typischen Verlauf einer Maserninfektion.
- ☐ Welche Komplikationen können bei einer Maserninfektion entstehen?
- ☐ Was sind die typischen Blutbildveränderungen einer Maserninfektion?
- ☐ Wie wird die Maserninfektion therapiert?
- ☐ Beschreiben Sie die klinischen Symptome einer Rötelninfektion.
- ☐ Welche Komplikationen können sich aus einer Rötelninfektion im Erwachsenenalter ergeben?
- ☐ Welche laborchemischen Befunde erwarten Sie bei einer Rötelninfektion?
- ☐ Wie wird die Rötelninfektion therapiert?
- ☐ Beschreiben Sie das charakteristische klinische Symptom der Varizelleninfektion.
- ☐ Welche Komplikationen können bei Varizellen auftreten?
- ☐ Welche Patientengruppe ist durch Varizellen besonders gefährdet?
- ☐ Wie wird die Varizelleninfektion behandelt?
- ☐ In welcher Altersgruppe tritt die infektiöse Mononukleose bevorzugt auf?
- ☐ Beschreiben Sie die klinische Symptomatik der infektiösen Mononukleose.
- ☐ Welche Komplikationen können im Rahmen der infektiösen Mononukleose auftreten?
- ☐ Welche Befunde sichern die Diagnose der infektiösen Mononukleose?
- ☐ Wie wird die Poliomyelitis übertragen?
- ☐ Welche anatomische Strukturen werden von den Polioviren bevorzugt geschädigt?
- ☐ Welche Poliomyelitisformen gibt es?
- ☐ Welche Therapieoptionen für die Poliomyelitis sind Ihnen bekannt?

Impfungen

Die Grundimmunisierung sollte im Säuglingsalter früh begonnen und ohne Verzögerungen durchgeführt und abgeschlossen werden.

Impfkalender

Kombinationsimpfstoffe halten die Zahl der Injektionen gering.
Der Impfkalender wird nach Empfehlungen der STIKO herausgegeben (→ Tab. 7.8).

Kontraindikationen

- Weniger als 2 Wochen nach akuter, behandlungsbedürftiger Erkrankung
- Allergien gegen Impfstoffbestandteile
- Immundefekt bei Lebendimpfung
- Schwangerschaft bei Lebendimpfung.

Tab. 7.8 Impfkalender nach Empfehlungen der STIKO, 2010

Impfstoff	Alter in vollendeten Monaten					Alter in vollendeten Jahren			
	2	3	4	11–14	15–23	5–6	9–11	12–17	Ab 18
DTaP **Diphtherie-Tetanus-azelluläre Pertussis-Vakzine**	1.	2.	3.	4.					
D/Td[1] **Tetanus-Diphtherie-Vakzine mit reduziertem Diphtherietoxoidgehalt**						A	A		A
aP **azelluläre Pertussis-Vakzine**						A	A		
Hib **Haemophilus-influenzae-Vakzine**	1.	[2]	2.	3.					
IPV **inaktivierte Poliomyelitis-Vakzine**	1.	[2]	2.	3.			A		
HB **Hepatitis-B-Vakzine**	1.	[2]	2.	3.			G		
Pneumokokken	1.	2.	3.	4.					
Meningokokken				1.[3]					
MMR **Masern-Mumps-Röteln-Vakzine**				1.	2.				
Varizellen				1.	2.[4]				
HPV **Humane Papillomaviren**								SM[5]	

A: Auffrischimpfung.
G: Grundimmunisierung aller noch nicht geimpften Jugendlichen bzw. Komplettierung des Impfschutzes.
SM: Standardimpfung für Mädchen.
[1] Ab einem Alter von 5 Jahren Verwendung eines Impfstoffs mit reduziertem Diphtherietoxoidgehalt.
[2] Antigenkombinationen, die eine Pertussiskomponente enthalten, werden nach dem für DTaP angegebenen Schema benutzt.
[3] Nicht gleichzeitig mit Pneumokokken-, MMR-Varizellen, MMRV-Impfstoff; ab vollendetem 12. Monat.
[4] Bei Verwendung des Kombinationsimpfstoffs MMRV ist eine zweite Dosis gegen Varizellen erforderlich.
[5] Grundimmunisierung mit drei Dosen für alle Mädchen im Alter von 12–17 Jahren.

Pilzinfektionen

Tinea

Definition
Hauterkrankungen durch keratinophile Dermatophyten, die nach der Lokalisation des Befalls bezeichnet werden.

Erreger
Tricho- und Epidermophyten.
Bei Tinea capitis, faciei und corporis Übertragung durch Tiere.
Bei Tinea pedis meist von Mensch zu Mensch.

Klinik
Tinea capitis profunda. Scharf begrenzte, scheibenförmige, sich randwärts ausdehnende Herde. Mit Rötung, Schuppung und follikulären Pusteln. Haarausfall an behaartem Kopf, Wimpern, Augenbrauen.

Tinea manuum et pedis Dyshidrosiforme, hyperkeratotisch-rhagadiforme, mazerativ-erosive Hautveränderungen.

Tinea unguium. Nagelmykose, selten bei Kindern.

Diagnose
- Direkter Pilznachweis: Mikroskopie, Anzüchtung
- Pilzkultur.

Therapie
- Lokale Chinosol-Umschläge
- Imidazolderivate
- Systemisch Fluconazol p.o.

Candidiasis

Definition
Entzündliche Erkrankung durch Candida albicans mit Befall von Haut, Schleimhäuten und Organen. Häufig bei gestörter Immunabwehr.

Epidemiologie
Häufigster Erreger von Pilzerkrankungen im Kindesalter.

Klinik
Stomatitis (Mundsoor). Weiße, schwer abstreifbare Beläge der Mundschleimhaut.

Windeldermatitis.
- Rötung
- Schuppung
- Erosionen im Windelbereich.

Andere Manifestationen.
- Vulvovaginitis, Balanitis candidomycetica
- Hautkandidose
- Chronische mukokutane Candidiasis bei Immunschwäche
- Candida-Sepsis
- Lungenkandidose.

Diagnose
- Direkter Pilznachweis: Mikroskopie, Anzüchtung
- Antigen-, Antikörpernachweis.

Therapie
Lokal. Nystatin, Miconazol, Amphotericin B.

Systemisch. Amphotericin B und 5-Fluorocytosin, Fluconazol.

Aspergillose

Definition
Infektion mit Aspergillus fumigatus, Aspergillus flavus, Aspergillus niger bei Prädisposition: Immunsuppression, Tuberkulose, zystische Fibrose.

Epidemiologie
Ubiquitäres Vorkommen.

Ätiologie
Übertragung häufig durch Inhalation.

Klinik
Allergische bronchopulmonale Aspergillose. Gehäuft bei Patienten mit chronischen Lungenerkrankungen:
- Obstruktive Atemwegserkrankung
- Dyspnoe
- Blutig-brauner Auswurf.

Aspergillome.
- Isolierte Pilzknoten in pulmonalen Hohlräumen
- Nicht infiltrierend wachsend
- Intermittierender Husten.

Invasive Aspergillosen. Fast ausschließlich bei Immunsuppression:
- Schlechter Allgemeinzustand
- Hohes Fieber
- Husten
- Unterschiedliche Organmanifestationen.

Diagnose
- Mikroskopisch
- Kulturen
- Serologie
- Eosinophilie
- IgE erhöht
- Röntgen-Thorax.

Therapie
- Amphotericin B und 5-Fluorocytosin i.v.
- Chirurgische Intervention.

CHECK-UP

- ☐ Beschreiben sie zwei typische Manifestationen der Candidainfektion beim Säugling.
- ☐ Wie werden diese behandelt?
- ☐ Welche Patientengruppe ist besonders durch eine Infektion mit Aspergillen gefährdet?

Wurmerkrankungen

Askariasis

Spulwurm Ascaris lumbricoides.

Ätiologie
Aufnahme der an mit Fäkalien gedüngtem Gemüse haftenden Eier: fäkal-oral.

Klinik
Meist nur geringes Krankheitsgefühl:
- „Nabelkoliken", Übelkeit
- Husten
- Fieber
- Pneumonien.

Diagnose
- Würmer oder Wurmeier im Stuhl
- Eosinophilie
- Röntgen-Thorax.

Therapie
Pyrantel-Embonat einmalig oder Mebendazol über 3 Tage, Wiederholung nach 2 Wochen.

Enterobiasis

Madenwurm Oxycuris vermicularis.

Ätiologie
Übertragung fäkal-oral über Perianalregion, infizierten Staub, Bettwäsche, Kleidung.

Klinik
Perianaler Pruritus.

Diagnose
- Inspektion Anus, Stuhl
- Wurmeier auf perianalem Klebestreifen.

Therapie
Pyrantel-Embonat einmalig oder Mebendazol über 3 Tage, Wiederholung nach 2 Wochen.

Trichuriasis

Peitschenwurm Trichuris trichiura.

Ätiologie
Aufnahme der Eier über gedüngtes Gemüse.

Klinik
Harmlose Erkrankung. Bei längerfristigem Befall hypochrome Anämie, Gewichtsstillstand, Durchfälle, Kolitis mit Blutungen.

Prophylaxe
Gründliches Waschen oder Blanchieren von Rohgemüse.

Therapie
Mebendazol über 3 Tage.

Toxokariasis

Hunde-, Katzenspulwurm.

Ätiologie
Aufnahme von Eiern aus kontaminierter Erde.

Klinik
Hängt ab von der aufgenommenen Menge an Wurmeiern.
- Langanhaltende Störung des Allgemeinbefindens
- Unklare Schmerzen
- Schlechtes Gedeihen, Anorexie
- Hepatomegalie

- Fieber
- Lungenbeteiligung: Husten, Giemen, Dyspnoe, Auswurf
- Einseitige okuläre Toxokariasis: Chorioretinitis, Endophthalmitis, Papillitis.

Diagnose

- Leukozytose mit **Eosinophilie**
- Hypergammaglobulinämie
- Anämie
- Nachweis spezifischer Antikörper
- Evtl. Leberbiopsie.

Therapie

Albendazol über 4 Wochen, bei okulärem Befall zusätzlich Kortikosteroide.

Trichinose

Ätiologie

Übertragung durch rohes Schweinefleisch.

Klinik

Intestinale Phase.

- Bauchschmerzen
- Erbrechen, Diarrhö.

Muskuläre Phase.

- Muskelschmerzen
- Müdigkeit, Fieber
- Augenschwellungen, Konjunktivitis.

ZNS-Befall.

- Symptome einer Meningitis
- Lokale Paresen bis Lähmungen der Extremitäten
- Periphere Neuropathie.

Diagnose

- **Eosinophilie**
- **CK** i.S. erhöht
- Nachweis spezifischer Antikörper
- Intrakutantest ab 2. Woche positiv.

Therapie

Albendazol oder Metronidazol über mind. 1 Woche.

Fasziolose

Leberegel.

Ätiologie

Besiedelung des Darms von Pflanzenfressern durch den Leberegel, Ausscheidung der Eier mit dem Kot: fäkal-oral.

Klinik

- Fieberhafte Allgemeinsymptome
- Schmerzhafte Hepatomegalie.

Diagnose

- Leukozytose mit **Eosinophilie**
- Mikroskopischer Nachweis von Leberegeleiern
- Nachweis spezifischer Antikörper.

Therapie

Triclabendazol.

Infektion mit Taenia saginata

Rinderbandwurm.

Ätiologie

Aufnahme der Finnen bei Genuss rohen Rindfleischs.

Klinik

Keine oder nur uncharakteristische Symptome: Bauchschmerzen, Gewichtsverlust, Heißhunger, Myalgien.

Diagnose

- Bandwurmglieder auf Stuhloberfläche
- Eosinophilie
- Mikroskopischer Nachweis von Proglottiden.

Therapie

- Niclosamid
- Fleisch durchbraten.

Infektion mit Taenia solium

Schweinebandwurm.

Ätiologie

Infektionsweg ähnlich wie Taenia saginata.

Klinik

- Symptomlos
- Gefahr der Zystizerkose als Folge einer Selbstinfektion: Sehstörungen, basale Meningitis.

Diagnose

Wie Rinderbandwurm.

Therapie

- Niclosamid
- Bei Zystizerkose Praziquantel.

8 Immunologie

Immundefektsyndrome

Es werden primäre B-Zell-Defekte, primäre T-Zell-Defekte, kombinierte Immundefekte und Defekte des angeborenen Immunsystems unterschieden. Darüber hinaus können sekundäre Immundefekte auftreten.

Checkliste: 10 Warnsignale für einen Immundefekt

- Mindestens 8 Ohrinfektionen innerhalb eines Jahrs
- Rezidivierende, tiefe Abszesse der Haut und/oder anderer Organe
- Mindestens 2 ernsthafte Entzündungen der Nasennebenhöhlen innerhalb eines Jahrs
- Hartnäckiger Pilzbefall der Mundschleimhaut oder anderer Hautpartien jenseits des 1. Lebensjahrs
- Einnahme von Antibiotika über 2 Monate ohne klinische Besserung
- Notwendigkeit der Gabe intravenöser Antibiotika
- Mehr als 2 Lungenentzündungen innerhalb eines Jahrs
- Mehr als 2 lebensbedrohliche Infektionen
- Gedeih- und Wachstumsstörungen
- Angeborene Immundefekte in der Familie.

Primäre Immundefektsyndrome

Klinische Leitsymptome bei primären B-Zell-Defekten.
- Erhöhte Anfälligkeit für bakterielle Infektionen mit wechselnder Lokalisation und häufigen Rezidiven
- Im frühen Kindesalter systemische bakterielle Infektionen
- Hyperplasien lymphatischer Organe.

Klinische Leitsymptome bei primären T-Zell-Defekten. Erhöhte Anfälligkeit für rezidivierende Infektionen durch Viren, Pilze, Parasiten und intrazelluläre Bakterien.

Sekundäre Immundefektsyndrome

Sekundäre Immundefektsyndrome (→ Tab. 8.1) sind durch verschiedene Grunderkrankungen oder Noxen sekundär erworbene Immundefekte. Sie bestehen meist passager und verschwinden mit Besserung der Grunderkrankung wieder.

Impfungen bei Immundefekt

Patienten mit Immundefekten können nicht adäquat auf Schutzimpfungen reagieren. Sie sind

Tab. 8.1 Übersicht der häufigsten Ursachen sekundärer Immundefekte

B-Zell-System	T-Zell-System
• Lymphoretikuläre Neoplasien • Renaler/enteraler Proteinverlust • Verbrennungen • Rachitis • Unterernährung • Asplenie • EBV-Infektion	• Virusinfektionen: HSV, HHV-6, HBV • Masern, Influenza A und B, HIV • Akute Leukämien • Ionisierende Strahlen • Zytostatika

Tab. 8.2 Übersicht diagnostischer Maßnahmen bei Verdacht auf Immundefekt

Unspezifisches Immunsystem	Humorales Immunsystem	Zelluläres Immunsystem
Zahl neutrophiler Granulozyten	Immunglobuline G, M, A, E, D	Lymphozytenzahl
Thrombozytenzahl	B-Zellen quantitativ	B-Zellen quantitativ
Jolly-Körperchen	B-Zell-Typisierung	CD4-, CD8-Zellen quantitativ
Komplementsystem: C_3, C_4, CH_{50}, AP_{50}	In-vitro-Stimulation B-Zellen	In-vitro-Stimulation T-Zellen
Granulozytenfunktionstests	IgG-Subklassen	Hauttests
NK-Zell-Funktionstests	Impfantikörper	HLA-Typisierung
Molekulargenetik	Molekulargenetik	Zytokine

besonders durch Lebendimpfstoffe gefährdet. Explizit erlaubt sind Lebendimpfungen bei:

- Selektivem IgA-Mangel
- IgG-Subklassen-Defekten
- Komplementdefekten
- Asplenie.

Patienten mit B-Zell-Defekten können nach Impfungen nicht adäquat spezifische Antikörper bilden. Sie benötigen Immunglobulinpräparate.

CHECK-UP

- ☐ Nennen Sie fünf Warnsignale für einen Immundefekt.
- ☐ Über die Bestimmung welcher Parameter können Sie das humorale Immunsystem testen?
- ☐ Patienten mit welchen Immundefekten dürfen Lebendimpfstoffe erhalten?
- ☐ Worauf müssen Sie in Bezug auf Impfungen bei Patienten mit B-Zell-Defekten achten?

B-Zell-Defekte

Immundefekte, bei denen es nach dem 6. Lebensmonat gehäuft zu Infektionen mit pyogenen Bakterien kommt: Staphylokokken, Pneumokokken, Meningokokken, Haemophilus influenzae.

Transitorische Hypogammaglobulinämie

Definition

Hypogammaglobulinämie, die über den 6. Lebensmonat hinaus persistiert.

Ätiologie

Differenzierungsdefekt mit verzögerter Reifung der T-Helfer-Funktion.

Klinik

Erhöhte Anfälligkeit gegenüber bakteriellen Infektionen: v. a Otitiden, Sinusitiden.

Diagnostik

- Isolierte IgG-Erniedrigung i.S.
- Bildung von Impfantikörpern intakt.

Therapie

- Infektionen sprechen gut auf Antibiotika an
- In schweren Fällen Immunglobuline i.v.

Selektiver IgA-Mangel

Definition

Häufigster, autosomal-rezessiv oder dominant vererbter Immundefekt mit isoliertem Fehlen von IgA i.S. und sekretorischem IgA.

Epidemiologie

1:500.

Ätiologie

Reifungsstörung IgA-produzierender Zellen.

Klinik

- Häufig asymptomatisch
- Infektionen betreffen die Atemwege, den Gastrointestinal- und Urogenitaltrakt
- Gehäuft Allergien, zöliakieähnliche Symptome, Autoimmunerkrankungen, maligne Tumoren.

Diagnostik

- Serum-IgA unter 5 mg/dl, sekretorisches IgA fehlt völlig
- Evtl. begleitend IgG-Subklassen-Defekt
- IgM oft erhöht.

Therapie

Bei schweren Infektionen und begleitendem IgG-Subklassen-Defekt: Immunglobuline i.v.

Infantile Agammaglobulinämie

Synonym: Morbus Bruton.

Definition

X-chromosomal-rezessiv vererbter Immundefekt mit schwerer Hypogammaglobulinämie durch Defekt der B-Zell-Bildung.

Ätiologie

Differenzierungsstörung von Prä-B-Zellen zu B-Zellen.

Klinik

- Ab dem 6. Lebensmonat schwere **rezidivierende Infektionen:** Sinusitis, Bronchitis, Pneumonie, Otitis, Sepsis

- Ab dem 2. Lebensjahr häufig chronische Meningitiden durch ECHO-Viren
- Typischerweise **fehlen Lymphadenopathie und Splenomegalie**, da eine Hypoplasie des lymphatischen Gewebes vorliegt.

Diagnostik

- IgG, IgA, IgM und IgE stark vermindert
- B-Zellen nicht nachweisbar
- Impfantikörper nicht nachweisbar
- T-Zell-System intakt
- Molekulargenetik.

Therapie

- Regelmäßige Gabe von Immunglobulinen i.v. oder s.c.
- Antibiotika bei Bedarf
- Physiotherapie.

CHECK-UP

- ☐ Nennen Sie zwei häufige B-Zell-Defekte.
- ☐ Beschreiben Sie die klinischen Symptome des selektiven IgA-Mangels.
- ☐ Wie sichern Sie die Diagnose?
- ☐ Nennen Sie das laborchemische Leitsymptom des Morbus Bruton.

T-Zell-Defekte

Definition

Immundefekte, die in der Säuglingsperiode zu schwersten Infektionen mit Viren, Pilzen und Mykobakterien führen.

DiGeorge-Syndrom

Definition

Immundefekt mit kraniofazialer Dysmorphie, Thymusaplasie und Hypoparathyreoidismus, der meist durch eine Mikrodeletion 22q11.2 verursacht wird.

Epidemiologie

1:5.000–1:10.000.

Pathogenese

Frühembryonale Entwicklungsstörung im Bereich der 3. und 4. Schlundtasche → Hypoplasie von Thymus (→ zellulärer Immundefekt) und Epithelkörperchen (→ Hypoparathyreoidismus).

Klinik

- **Kraniofaziale Dysmorphie:** Epikanthus, kurze Nase mit antevertierten Nasenlöchern, Fischmund, tief sitzende Ohren, gedeckte Gaumenspalte, Mikroretrognathie
- **Herzvitium**
- **Hypoparathyreoidismus**
- Entwicklungsverzögerung
- Epileptische Anfälle.

Das Akronym **CATCH 22** beschreibt die Symptomenvielfalt bei DiGeorge-Syndrom:

- **C**ardial
- **A**bnormal face
- **T**hymic hypoplasia
- **C**left palate
- **H**ypocalcemia
- Mikrodeletion **22**q11.2.

Diagnostik

- Ausgeprägte Hypokalzämie
- Hyperphosphatämie
- Parathormon i.S. nicht nachweisbar
- T-Lymphozyten stark vermindert
- Nachweis der Mikrodeletion 22q11.2.

Therapie

- Symptomatische Therapie: Kalzium, Vitamin D
- Evtl. Stammzelltransplantation oder Transplantation von fetalem Thymusgewebe.

CHECK-UP

- ☐ Was verstehen Sie unter einem T-Zell-Defekt?
- ☐ Beschreiben Sie die Pathogenese des DiGeorge-Syndroms.
- ☐ Welches klinische Bild erwarten Sie bei einem Patienten mit DiGeorge-Syndrom?
- ☐ Welche Blutbildveränderungen können Sie beim DiGeorge-Syndrom nachweisen?

Kombinierte T- und B-Zell-Defekte

Definition
Erkrankungen mit Störung sowohl der humoralen als auch der zellulären Immunität.

Schwerer kombinierter Immundefekt

Definition
Schwerer kombinierter Immundefekt (SCID): am schwersten verlaufende Gruppe von Immundefektsyndromen mit meist vollständigem Fehlen sowohl der B-Zell- als auch der T-Zell-Funktion. X-chromosomal- oder autosomal-rezessiv vererbt.

Klinik
Manifestation im Alter von 2–3 Monaten.

Leitsymptome.
- **Nicht tastbare Lymphknoten**
- **Fehlendes tonsilläres und Thymusgewebe**
- Rezidivierende Infektionen
- Gedeihstörung
- Respiratorische Insuffizienz
- Oropharyngeale Candidiasis.

Häufige Komplikation. Pneumocystis-carinii-Pneumonie (PCP).

Diagnostik
- Blutbild: Leukozytopenie, Eosinophilie, Thrombozytose
- Immunologische Diagnostik: Immunglobuline i.S. erniedrigt, T-Zellen vermindert, Lymphozytenstimulationstest pathologisch, Impfantikörper nicht nachweisbar
- Röntgen-Thorax: Thymusaplasie
- Mutationsanalyse.

Therapie
- **Kausal:** Stammzelltransplantation
- **Symptomatisch:** PCP-Prophylaxe, frühzeitige antibiotische Therapie bei Infektionen, keine Lebendimpfungen!

> Der schwere kombinierte Immundefekt ist ein pädiatrischer Notfall: Eine frühzeitige Stammzelltransplantation ist lebensrettend.

Wiskott-Aldrich-Syndrom

Definition
X-chromosomal-rezessiv vererbter Immundefekt, der gekennzeichnet ist durch die klinische Trias:
- Ekzem
- Thrombozytopenie
- Rezidivierende opportunistische Infektionen.

Pathogenese
Mutationen im Wiskott-Aldrich-Syndrom-Gen → Störung der zellulären Signalübertragung.

Klinik
- Kurz nach der Geburt petechiale, **thrombozytopenische Blutungen**, später weitere Blutungen
- **Ekzem** ähnlich einer atopischen Dermatitis
- Im 2. Lebensjahr **rezidivierende opportunistische Infektionen**
- Autoimmunphänomene: Arthritis, Vaskulitis, hämolytische Anämie.

Diagnostik
- **Thrombozytopenie**
- IgM erniedrigt, IgG normal, IgA, IgD und IgE erhöht
- Impfantikörper vermindert
- Schwere Lymphozytopenie nach dem 6. Lebensjahr
- Mutationsanalyse.

Therapie
- **Stammzelltransplantation**
- **Symptomatisch:** frühzeitige antibiotische Therapie bei Infektionen, PCP- und Pneumokokkenprophylaxe, Substitution von Immunglobulinen.

CHECK-UP
- ☐ Nennen Sie ein Beispiel für kombinierte B- und T-Zell-Defekte.
- ☐ Welche klinische Trias kennzeichnet das Wiskott-Aldrich-Syndrom?
- ☐ Wie wird das Wiskott-Aldrich-Syndrom therapiert?

9 Rheumatische Erkrankungen

Juvenile idiopathische Arthritis

Definitionen

Juvenile idiopathische Arthritis (JIA): Sammelbezeichnung für verschiedene Erkrankungen, die mit chronischer Arthritis einer oder mehrerer Gelenke **vor dem 16. Lebensjahr** mit der Mindestdauer von **6 Wochen** einhergehen. Sie unterscheiden sich durch die Art des begleitenden extraartikulären Befalls, ihren Verlauf und ihre Prognose voneinander.

- Oligoarthritis: ein bis vier Gelenke sind betroffen
- Polyarthritis: fünf oder mehr Gelenke sind betroffen.

Epidemiologie

Gelenkschmerzen sind der dritthäufigste Vorstellungsgrund beim Kinderarzt. Inzidenz 5:100.000, Prävalenz 25:100.000. Bei der Mehrzahl der Patienten besteht eine Oligoarthritis. Sind mehrere Familienangehörige betroffen, ist das Erkrankungsrisiko 10fach erhöht.

> Etwa 50 % der Kinder mit JIA haben eine Oligoarthritis.

Klassifikation

→ Tab. 9.1.

Tab. 9.1 Klassifikation der JIA nach der International League Against Rheumatism (ILAR)

Subtyp der JIA	Relative Häufigkeit	Bevorzugtes Manifestationsalter (Lebensjahre)	Geschlechtsverteilung	Extraartikuläre Manifestationen
Systemische Arthritis Still-Syndrom	7–10 %	2–4	♀ = ♂	Fieber, Exanthem, Pleuritis, Perikarditis, Lymphadenopathie, Hepatosplenomegalie, Kleinwuchs
Polyarthritis, Rheumafaktor negativ	10–15 %	2–16	80 % ♀	Subfebrile Temperaturen, Tenosynovitis, Uveitis, Vaskulitis
Polyarthritis, Rheumafaktor positiv	3–5 %	7–13	90 % ♀	Subfebrile Temperaturen, Tenosynovitis, Rheumaknoten, Vaskulitis
Persistierende Oligoarthritis 1–4 Gelenke	50%	2–6	80 % ♀	Chronische Uveitis ohne Rötung oder Schmerz
Extended Oligoarthritis > 4 Gelenke				
Arthritis mit Enthesitis	10–15 %	9–13	80 % ♂	Enthesitis, akute Uveitis mit Rötung und Schmerz
Arthritis mit Psoriasis	5–10 %	6–14	65 % ♀	Psoriasis
Andere Arthritiden erfüllen o.g. Kriterien nicht oder erfüllt Kriterien mehrerer Kategorien	7–10 %	Sehr heterogen	Sehr heterogen	Sehr heterogen

Differenzialdiagnose

→ Tab. 9.2.

Tab. 9.2 Wichtige Differenzialdiagnosen zur JIA.

Krankheitsgruppe	Untergruppen
Initial auszuschließende Differenzialdiagnose	• Septische Erkrankungen • Neoplastische Erkrankungen, z.B. Leukämie, Sarkome • Nichtentzündliche Erkrankungen, z.B. Trauma, Hämophilie
Erkrankungen mit Arthritis	• Vaskulitis, z.B. Purpura Schoenlein-Henoch, Kawasaki-Syndrom • Immundefekte, z.B. B-Zell-Defekte • Stoffwechselerkrankungen, z.B. familiäres Mittelmeerfieber, zystische Fibrose
Arthritiserkrankungen	• Akute transiente Arthritis, z.B. Coxitis fugax • Infektassoziierte Arthritiden, z.B. Lyme-Arthritis, akutes rheumatisches Fieber

Systemische JIA

Synonym: Still-Syndrom.

Definition

Schwerste klinische Verlaufsform der JIA mit ausgeprägten extraartikulären Manifestationen.

Epidemiologie

Etwa 10 % der Patienten mit JIA, Altersgipfel 2–4 Jahre. ♀ = ♂.

Klinik

- Schwere akute **Allgemeinerkrankung:** intermittierende Fieberschübe, Allgemeinzustand erheblich beeinträchtigt
- Makulopapulöses, lachsfarbenes **Exanthem** mit Juckreiz
- **Polyserositis:** Pleuritis, Perikarditis, Aszites
- Generalisierte **Lymphknotenvergrößerung**
- **Hepatosplenomegalie**
- Die **Arthritis** kann mit einer Verzögerung von Wochen bis Monaten auftreten. Betroffen sind v.a. die großen Gelenke: Handgelenke, Ellbogen, Schultern, Hüften, Knie, Sprunggelenke.

Komplikationen.

- Amyloidose mit irreversiblen Organschäden in 5–10 % der Fälle
- Makrophagenaktivierungssyndrom.

Die Diagnosekriterien für eine systemische JIA sind täglich rekurrierendes Fieber über 2 Wochen gefolgt von einer Arthritis in den nächsten 6 Monaten und mindestens eines der folgenden Symptome:

- Exanthem
- Generalisierte Lymphknotenschwellungen
- Hepato- und/oder Splenomegalie
- Serositis.

Diagnose

- Labor: **Leukozytose** mit Linksverschiebung, Thrombozytose, ausgeprägte hypochrome Anämie, Beschleunigung der BKS, CRP erhöht, Rheumafaktor und antinukleäre Antikörper (ANA) negativ
- Bildgebung: Sonografie, MRT, Röntgen: subchondrale Erosionen, Gelenkspaltverschmälerungen, Destruktionen.

Differenzialdiagnose

- Bakterielle Sepsis
- Septische Arthritis
- Osteomyelitis
- Reaktive Arthritis
- Lupus erythematodes.

Bei einer Gesamtletalität der JIA von weniger als 1 % betrifft mehr als die Hälfte die systemische Verlaufsform.

Polyarthritis, Rheumafaktor negativ

Definition

JIA, die wenig Allgemeinsymptome zeigt und mit einer recht guten Prognose assoziiert ist.

Epidemiologie

Etwa 10 % der Patienten mit JIA, Altersgipfel 2–16 Jahre, 80 % ♀.

Klinik

- Häufig vorausgehend Gedeihstörung und subfebrile Temperaturen
- **Symmetrische Arthritis** von mehr als fünf kleinen und großen Gelenken: Handgelenke,

Fingergelenke, Zehengelenke, Hüfte, Halswirbelsäule und Kiefergelenke
- Oft nur mäßige Schwellung, Überwärmung und Ergüsse, jedoch häufig ausgeprägte **Bewegungseinschränkung** und veränderte Körperhaltung
- **Tenosynovitis**.

Diagnose
- Mäßige Entzündungsaktivität, Rheumafaktor negativ, ANA bei 75 % positiv
- Sonografie, Röntgen, MRT.

Polyarthritis, Rheumafaktor positiv

Definition
JIA mit schwererem Gelenkbefall als bei der seronegativen Form, die der rheumatoiden Arthritis des Erwachsenen entspricht.

Epidemiologie
Etwa 5 % der Patienten mit JIA, Altersgipfel 7–13 Jahre, 90 % ♀.

Klinik
- **Symmetrische Arthritis**, v.a. der Hand- und Fingergelenke
- Rascher Fortschritt der **Gelenkdestruktionen**
- Subkutane **Rheumaknoten** an den Streckseiten der Extremitäten
- Tenosynovitis
- Begleit-**Vaskulitis** der kleinen und mittleren Arterien
- Befall innerer Organe
- Allgemeinsymptome: subfebrile Temperaturen, Wachstumsstillstand, Leistungsknick, Gewichtsabnahme, verzögerte Pubertätsentwicklung, emotionale Labilität.

Diagnose
- Rheumafaktor positiv, ANA bei 75 % positiv
- Sonografie, Röntgen, MRT.

Persistierende und Extended Oligoarthritis

Definition
Asymmetrische Arthritis, die v.a. Mädchen im Kleinkindalter betrifft und mit dem Risiko einer chronischen Iridozyklitis einhergeht.
Persisitierende Oligoarthritis: ein bis vier Gelenke betroffen.
Extended Polyarthritis: im Verlauf kumulativ mehr als vier Gelenke betroffen.

Epidemiologie
50 % der Patienten mit JIA, damit häufigste Form, Altersgipfel 2–6 Jahre, 80 % ♀ (Kleinmädchenform).

Klinik
- Motorische Rückschritte
- **Asymmetrische Arthritis** v.a. der großen Gelenke wie Knie und Sprunggelenk mit Schwellung und Überwärmung, aber ohne Rötung
- Ohne Therapie Wachstumsvorsprung des betroffenen Beins mit kompensatorischer Kniebeugung, Muskelatrophie, Achsenfehlstellung
- **Chronische Iridozyklitis** in 25 % der Fälle, **ohne** Rötung und Schmerzen, die zur Erblindung führen kann.

> Risikofaktoren für die Entwicklung einer Iridozyklitis:
> - Weibliches Geschlecht
> - Früher Krankheitsbeginn
> - Arthritisdauer unter 4 Jahren
> - ANA-Nachweis.
>
> Bei Kindern mit frühkindlicher Oligoarthritis sollten unbedingt regelmäßige augenärztliche Untersuchungen durchgeführt werden.

Diagnose
- Rheumafaktor negativ, ANA bei 80 % positiv
- Sonografie, Röntgen, MRT.

Arthritis mit Enthesitis

Definition
JIA, die typischerweise mit asymmetrischer Monarthritis oder Oligoarthritis großer Gelenke und einer Sehnenentzündung (Enthesitis) einhergeht. Betrifft vorwiegend Jungen.

Epidemiologie
15 % der Patienten mit JIA, Altersgipfel 9–13 Jahre, 80 % ♂ (Großjungenform).

Klinik
- Asymmetrische Monarthritis oder Oligoarthritis großer Gelenke der unteren Extremitäten
- Schmerzen an den Sehnenansätzen der Achillessehne (Fersenschmerz), Patella, Tibia, des Beckens, des tiefen Rückens
- Trias: **asymmetrische Arthritis, Sehnenansatz- und Rückenschmerzen**
- Der Übergang in einen Morbus Bechterew ist möglich
- **Akute Iridozyklitis** in 10 % der Fälle, **mit** Rötung, Schmerzen, Lichtscheu

- Häufig positive Familienanamnese für Iridozyklitis, Oligoarthritis, Spondylitis ankylosans, Reiter-Syndrom.

Diagnose

- BKS beschleunigt, CRP erhöht, Rheumafaktor und ANA negativ, HLA-B27 bei 75% positiv
- Sonografie, Röntgen, MRT: Sakroiliitis.

Arthritis mit Psoriasis

Definition

Meist sequenzielles Auftreten von Psoriasis und Arthritis.

Epidemiologie

Etwa 10 % der Patienten mit JIA, Altersgipfel 6–14 Jahre, 65 % ♀.

Klinik

- Die **Psoriasis** kann der **Arthritis** um viele Jahre vorausgehen oder folgen
- Bei 10 % der Patienten tritt beides gleichzeitig auf
- Die Arthritis ist oligoartikulär, häufig Strahlbefall eines Fingers oder einer Zehe
- Nagelveränderungen: Tüpfelnägel
- Eine schwere Iridozyklitis kommt vor.

> Die chronische Iridozyklitis (Uveitis) ist eine häufige extraartikuläre Manifestation bei JIA. Sie kann bereits vor der Gelenkbeteiligung auftreten. Sie verursacht häufig keine Beschwerden, kann dennoch bei 20 % der unbehandelten Patienten und 1 % der fachgerecht behandelten Patienten zu Synechien, Katarakt, Glaukom, Makulaveränderungen und Erblindung führen. Regelmäßige Spaltlampenuntersuchungen sind daher bei Kindern mit JIA unbedingt erforderlich. Die Therapie besteht aus mehrmonatiger lokaler Steroidbehandlung.

Therapie der JIA

Eine kausale Therapie existiert nicht.

Medikamentöse Therapie.

- **Nichtsteroidale Antirheumatika (NSAR):** initial mehrwöchige Therapie mit
  - Naproxen
  - Diclofenac
  - Ibuprofen
  - Indometacin
- **Glukokortikoide:** intraartikulär oder systemisch, bei Iridozyklitis glukokortikoidhaltige Augentropfen
- **Disease modifying anti rheumatic drugs (DMARD) und Immunsuppressiva:** Dauer bis zum Wirkungseintritt bis 3 Monate:
  - Methotrexat
  - Sulfasalazin
  - Leflunomid
  - Azathioprin
- **Disease controlling anti rheumatic drugs (DCARD), Biologika:**
  - Etanercept: TNF-α-Inhibitor
  - Infliximab oder Adalimumab: TNF-α-Inhibitoren
  - Anakinra: IL1-Rezeptor-Antagonist
  - Tocilizumab: IL6-Antagonist
  - Rituximab: wirkt gegen CD20 positive B-Zellen.

Supportive Therapien.

- Physiotherapie und Ergotherapie
- Thermo-, Elektro-, Ultraschall-, Kältetherapie
- Massage
- Synovialektomie nur nach ausbleibendem Erfolg konservativer Therapiemaßnahmen
- Frühzeitige psychologisch und sozialpädagogische Betreuung
- Sport.

CHECK-UP

- ☐ Nennen Sie die Diagnosekriterien der systemischen JIA.
- ☐ Welche Laborparameter sind bei einer systemischen JIA typischerweise verändert?
- ☐ Welche apparativen Untersuchungen sind bei V.a. systemische JIA indiziert?
- ☐ Welche ist die häufigste Form der JIA?
- ☐ Wer ist hauptsächlich betroffen?
- ☐ Beschreiben Sie die charakteristischen Aspekte der Gelenkbeteiligung bei frühkindlicher Oligoarthritis.
- ☐ Welche Konstellation erwarten Sie bei den rheumaassoziierten Laborparametern?
- ☐ Welche gefürchtete extraartikuläre Manifestation tritt bei der frühkindlichen Oligoarthritis auf?

Reaktive Arthritis

Definition
Akute Oligo- oder Monarthritis, die mehrere Tage oder Wochen nach einer Infektionserkrankung auftritt.

Epidemiologie
Inzidenz: 300:100.000, Prävalenz: 20:100.000, v.a. ♂ im Alter von 8–12 Jahren.

Ätiologie
- Klassische postinfektiöse Form der Arthritis, besonders nach Infektionen des Gastrointestinal- oder Urogenitaltrakts mit Yersinia enterocolitica, Shigella, Salmonella, Campylobacter, Röteln-, Parvo-B19-, Hepatitis-B-, Coxsackie- und EBV-Viren
- Kann auch nach Impfungen auftreten.

Klinik
- Beginnt hoch akut mit schwerer **Allgemeinerkrankung** und Fieber
- Zweizeitiger Verlauf
- **Leitsymptom:** schmerzhafte **Gelenkschwellung** im **Anschluss an** eine gastrointestinale, urogenitale oder pulmonale **Infektion:** asymmetrische Oligo- oder Monarthritis, besonders Hüfte, Knie, Sprunggelenk
- Schleimhautaphthen.

Sonderformen.
- Coxitis fugax
- Reiter-Syndrom: reaktive Arthritis, Konjunktivitis, Urethritis.

> Die Coxitis fugax ist die häufigste Arthritis im Kindesalter und eine Sonderform der reaktiven Arthritis: transitorische postinfektiöse Synovitis des Hüftgelenks.

Diagnose
- Labor: Leukozytose, Linksverschiebung, CRP und BKS erhöht, Rheumafaktor und ANA negativ, antineutrophile zytoplasmatische Antikörper (ANCA) gelegentlich positiv, HLA-B27 positiv, direkter Erregernachweis im Stuhl, Urin, Rachenabstrich, Gelenkpunktion
- Bildgebung: Sonografie, Röntgen.

Differenzialdiagnose
- Septische Arthritis
- Andere Arthritisformen.

Therapie
- Nichtsteroidale Antiphlogistika bis Inflammation zurückgeht
- Physikalische Therapie
- Bei fortbestehender Entzündung: DMARD.

CHECK-UP
- ☐ Wie ist eine reaktive Arthritis definiert?
- ☐ Welche ist die häufigste Form der reaktiven Arthritis im Kindesalter?
- ☐ Nennen Sie typische Laborveränderungen bei einer reaktiven Arthritis.
- ☐ Wie behandeln Sie eine reaktive Arthritis?

Rheumatisches Fieber

Definition
Entzündliche Erkrankung des mesenchymalen Gewebes aufgrund hyperergisch-allergischer Reaktion der Gelenke, des Herzen und des Gehirns. Tritt 2–5 Wochen nach einer Infektion mit β-hämolysierenden Streptokokken der Gruppe A auf.

Epidemiologie
Häufigste Ursache der erworbenen Herzaffektion im Kindesalter. Knapp 3 % der Kinder, die an

einer Infektion mit β-hämolysierenden A-Streptokokken erkranken, bekommen ein rheumatisches Fieber.

Ätiologie

Prädisponierende Faktoren: Alter, genetische und sozioökonomische Faktoren.

> Ätiologie des rheumatischen Fiebers: Infektion mit Streptokokken der Gruppe A + Sensibilisierung + Faktor X.

Klinik

2–5 Wochen nach einer Streptokokkeninfektion z.B. Angina tonsillaris, Scharlach:

- **Allgemeinsymptome**: Blässe, Gewichtsabnahme, Müdigkeit, abdominelle Schmerzen, Fieber
- Nichterosive asymmetrische **Arthritis** der großen Gelenke
- **Pankarditis**, häufig mit Mitralinsuffizienz: Tachykardie, Arrhythmien, Ergüsse
- Chorea minor Sydenham, ist seltener geworden
- Erythema anulare
- Rheumaknötchen pathognomonisch.

Komplikation. Rheumatische Endokarditis, v.a. der Mitralklappe.

Diagnose

Die Diagnose eines rheumatischen Fiebers ist sehr wahrscheinlich, wenn zwei Hauptkriterien oder ein Hauptkriterium und zwei Nebenkriterien erfüllt sind.

Labor.

- BKS beschleunigt
- CRP erhöht
- Anämie
- Leukozytose
- Hypergammaglobulinämie
- Streptokokkennachweis im Rachenabstrich
- Antistreptolysintiter erhöht
- Anti-DNAse erhöht
- Antihyaluronidase erhöht.

Checkliste: Revidierte Jones-Kriterien für die Diagnose eines rheumatischen Fiebers

Hauptkriterien	Nebenkriterien
Karditis	Fieber
Polyarthritis	Arthralgien
Chorea minor	Vorausgegangenes rheumatisches Fieber
Erythema anulare	Erhöhte BKS und CRP, Leukozytose
Rheumaknötchen	Verlängerte PQ-Zeit im EKG
Plus Nachweis einer Streptokokkeninfektion durch positiven Rachenabstrich oder Antikörpernachweis	

Apparative Untersuchungen.

- Röntgen-Thorax
- EKG: PQ-Verlängerung, ST-Senkung
- Echokardiografie: Klappenveränderungen.

Differenzialdiagnose

- JIA
- Reaktive Arthritis nach anderen Infektionen
- Infektiöse Endokarditis
- Kollagenosen
- Lyme-Borreliose.

Therapie

- Azetylsalizylsäure 100 mg/kg KG/d über 6 Wochen
- Streptokokkeninfektion: Penicillin V 100.000 IE/kg KG/d p.o. über mindestens 10 Tage, dann 400.000 IE/d als längerfristige Prophylaxe
- Karditis: Prednison 2 mg/kg KG/d über 2 Wochen
- Chorea: Benzodiazepin oder Haloperidol
- Rezidivprophylaxe über 5 Jahre, bei Rezidiv lebenslänglich: Penicillin V 400.000 IE/d oder Benzathin-Penicillin 1,2 Mio IE/Monat i.m.

CHECK-UP

- ☐ Nennen Sie die revidierten Jones-Kriterien für die Diagnose eines rheumatischen Fiebers.
- ☐ Wann ist die Diagnose rheumatisches Fieber wahrscheinlich?
- ☐ Wie wird das rheumatische Fieber in der Akutphase behandelt?
- ☐ Worin besteht die Rezidivprophylaxe und wie lange wird sie durchgeführt?

Kawasaki-Syndrom

Definition
Akute systemische Vaskulitis des Kleinkindesalters mit der gefürchteten Komplikation der Koronaraneurysmenbildung.

Epidemiologie
9:100.000 Kinder unter 5 Jahren, ♂ > ♀.

Klinik
Hauptsymptome.
- Fieber unbekannter Ursache länger als 5 Tage
- Akute zervikale Lymphadenopathie größer als 1,5 cm
- Erdbeerzunge
- Trockene rissige Lippen (Lacklippen)
- Palmar- und Plantarerythem
- Polymorphes, scharlachähnliches Exanthem
- Konjunktivale Injektionen
- Schuppung der Finger und Zehen.

Nebensymptome.
- Karditis
- Erbrechen
- Diarrhö
- Schmerzhafte Gelenkschwellung
- Gallenblasenhydrops.

Komplikationen.
- Myo-, Perikarditis
- Mitral-, Aorteninsuffizienz
- Koronaraneurysmen.

Diagnose
- Diagnosekriterien: 5–6 Hauptsymptome oder 4 Hauptsymptome plus Koronaraneurysmen
- Labor: Leukozytose mit Linksverschiebung, Thrombozytose, BKS und CRP erhöht, Aktivität der Aminotransferasen und Bilirubin i.S. erhöht, Proteinurie, Leukozyturie
- Kardiologische Diagnostik: EKG, Echokardiografie.

Differenzialdiagnose
- Scharlach
- Toxisches Schocksyndrom
- Leptospirose
- EBV
- JIA
- Masern
- Vaskulitissyndrome.

Therapie
- In akuter Phase einmalig hochdosierte Immunglobuline i.v. 2 g/kg KG
- Azetylsalizylsäure initial 80–100 mg/kg KG/d
- Nach Entfieberung Dosis auf 3–5 mg/kg KG/d reduzieren.

> Beim Kawasaki-Syndrom ist eine frühzeitige aggressive Therapie von entscheidender prognostischer Bedeutung.

CHECK-UP
- ☐ Was verstehen Sie unter dem Begriff Kawasaki-Syndrom?
- ☐ Nennen Sie die Hauptsymptome des Kawasaki-Syndroms.
- ☐ Wie stellen Sie die Diagnose eines Kawasaki-Syndroms?
- ☐ Welche Komplikation des Kawasaki-Syndroms ist besonders bedrohlich?
- ☐ Wie lautet die Therapie der Wahl beim Kawasaki-Syndrom?

Systemischer Lupus erythematodes

Definition
Chronisch-entzündliche Autoimmunerkrankung, die durch B-Zell-Hyperaktivität, Produktion von Autoantikörpern gegen Zellbestandteile und Ablagerungen von Immunkomplexen gekennzeichnet ist.

Epidemiologie
7:100.000 Kinder, ♀:♂ = 4:1.

Klinik

- Krankheitsgefühl
- Fieber
- Gewichtsverlust
- **Schmetterlingsförmiges Wangenerythem**
- Erhöhte Lichtempfindlichkeit der Haut
- **Nephritis**
- Symmetrische **Arthritis** ohne Gelenkdestruktion
- Pulmonale Beteiligung
- **ZNS-Befall**: Kopfschmerzen, epileptische Anfälle, Wesensveränderung, Psychosen.

Diagnose

- **Labor:**
  - **Panzytopenie**
  - Anämie
  - Hämaturie
  - Leukozyturie
  - Proteinurie
  - BKS beschleunigt
  - α_2-Globulin und Gammaglobuline erhöht
  - ANA, Smooth-muscle-Antikörper (SMA) und Anti-Doppelstrang-DNA-Antikörper i.S.
- **Nierenbiopsie**.

Therapie

- Prednison 0,5 mg/kg KG/d
- Hydroxychloroquin 5 mg/kg KG/d
- NSAR.

Purpura Schoenlein-Henoch

Definition

Leukozytoklastische Vaskulitis mit nichtthrombozytopenischer Purpura an den abhängigen Körperpartien.

Epidemiologie

Häufigste systemische Vaskulitis im Kindesalter, ♂ > ♀.

Ätiologie

Allergische Vaskulitis mit Ablagerung IgA-haltiger Immunkomplexe in kleinen Blutgefäßen und Kapillaren.

Klinik

- Beginn 1–2 Wochen nach Infekt der oberen Luftwege: **petechiale Blutungen** an der Spitze makulopapulöser Rötungen an den Streckseiten der Extremitäten und am Gesäß
- Arthralgien
- Symmetrische **Arthritis**
- Kolikartige **Bauchschmerzen**
- Blutige Stühle
- Invagination
- **Renale Vaskulitis**
- Ödeme
- Progrediente Niereninsuffizienz.

> Die anaphylaktoide Purpura Schoenlein-Henoch ist die häufigste systemische Vaskulitis im Kindesalter und geht charakteristisch mit petechialen Blutungen auf der Spitze einer Papel an den Streckseiten der Extremitäten und am Gesäß einher.

Diagnose

- Thrombozytenzahl trotz Petechien normal
- Gerinnung unauffällig
- IgA i.S. erhöht
- Haemokkult positiv
- C3 i.S. normal
- ANA negativ
- Hämaturie
- Proteinurie.

Therapie

Bei schweren **intestinalen** Symptomen Prednison 1 mg/kg KG/d, Azetylsalizylsäure, sonst symptomatisch.

CHECK-UP

- ☐ Welche Altersgruppe ist von der Purpura Schoenlein-Henoch besonders betroffen?
- ☐ Beschreiben Sie die klinische Symptomatik der Purpura Schoenlein-Henoch.
- ☐ Wann ist die Indikation zur Durchführung einer Steroidtherapie bei Purpura Schoenlein-Henoch gegeben?

10 Hämatologie

Erkrankungen des roten Blutsystems

Anämie: Verminderung der Hämoglobinkonzentration oder der Erythrozytenzahl unter die Altersnorm.
Ursachen:
- Erythrozytenverlust
- Inadäquate Produktion
- Vermehrter Abbau
- Substratmangel
- Verteilungsstörung
- Chronische Erkrankung
- Eisenverwertungsstörung.

Einteilung
- Eisenmangelanämie
- Megaloblastäre Anämie
- Erworbene hypoplastische Anämien
  - Transitorische Erythroblastopenie des Kindesalters
  - Parvovirus B19 induzierte akute und chronische hypoplastische Anämien
  - Anämie der chronischen Erkrankung
- Blutungsanämien
  - Akute Blutungsanämie
  - Chronische Blutungsanämie
- Hämolytische Anämien
  - Hereditäre Sphärozytose
  - Immunhämolytische Anämien
- Qualitative Hämoglobinopathien: Sichelzellenanämie
- β-Thalassämien
- G6PDH-Mangel
- Fanconi-Anämie
- Erworbene aplastische Anämie.

Eisenmangelanämie

Definition
Verminderung der Hämoglobinkonzentration durch Eisenmangel bei zunächst noch normaler Erythrozytenzahl.

Epidemiologie
Weltweit häufigste Ursache der Anämie.

Ätiologie
- Verminderter Eisenspeicher, erhöhter Bedarf: Blutverlust, Zwillinge, Frühgeborene
- Verminderte Eisenabsorption: Fehlernährung, Malabsorptionssyndrome
- Eisenverluste: Blutungen v.a. im Gastrointestinaltrakt, Hypermenorrhö
- Gestörte Eisenverwertung: chronische Infektionen, Tumoren.

Klinik
- **Blässe**
- Müdigkeit, **Abgeschlagenheit**
- Tachykardie
- Systolisches Herzgeräusch.

> Ein chronischer Eisenmangel im Kindesalter führt langfristig zu Entwicklungs- und Intelligenzdefiziten, da Eisen ein wichtiger Kofaktor der Neurotransmittersynthese ist. Er sollte daher ernst genommen und sorgfältig behandelt werden.

Diagnose
- **Mikrozytäre hypochrome Anämie**
  - Mittleres korpuskuläres Volumen (MCV) erniedrigt
  - Mikrozytose
- Blutausstrich: Hypochromie, Anulozyten, Anisozytose, Poikilozytose
- Retikulozytenzahl normal
- Serumeisen und Serumferritin erniedrigt
- Eisenbindungskapazität erhöht.

Therapie
Zweiwertige Eisensalze 6 mg/kg KG/d p.o. über mindestens 4 Monate.

Megaloblastäre Anämie

Definition
Makrozytäre Anämie durch Störungen des Vitamin-B_{12}- oder Folsäurestoffwechsels.

Pathogenese
Vegane oder parenterale Ernährung, Malabsorption, Mangel an Intrinsic factor → Vitamin-B_{12}- oder Folsäuremangel → Störung der DNA-, RNA- und Proteinsynthese.

Klinik
- **Blässe**
- Appetitlosigkeit
- Gedeihstörung
- Infektanfälligkeit
- Leichte Hepatomegalie
- Splenomegalie.

Bei chronischem Vitamin-B_{12}-Mangel:
- Psychomotorische **Entwicklungsverzögerung**
- Muskuläre Hypotonie
- Atrophische Glossitis

- Parästhesien
- Ataxie
- Erlöschen der Muskeleigenreflexe
- **Hirnatrophie**.

> Die mütterliche vegane Ernährung kann zu einem schweren Vitamin-B_{12}-Mangel mit teilweise irreversibler psychomotorischer Entwicklungsverzögerung und Hirnatrophie beim Kind führen.

Diagnose

- **Normochrome makrozytäre Anämie:**
  - MCV stark erhöht
  - Oft sehr niedrige Erythrozytenzahl
- Blutausstrich: Makrozyten, Anisozytose, Poikilozytose, kernhaltige rote Zellen
- Rechtsverschiebung: überaltete hypersegmentierte Granulozyten
- Retikulozyten- und/oder Granulozytenzahl erniedrigt
- Thrombozytopenie
- LDH stark erhöht
- Vitamin B_{12} und/oder Folsäure i.S. erniedrigt
- **Knochenmarkdiagnostik:** Reifungsstörungen, Megaloblasten, Schillingtest
- **cMRT!**

Therapie

Vitamin-B_{12}-Mangel.

- Bei Fehlernährung: Cyanocobalamin 50 µg/d
- Sonst: parenterale Substitution mit initial 1 mg/d, dann 0,5 mg vierteljährlich.

Folsäuremangel. 1–5 mg i.m./d über 5 Tage, dann 2,5 mg p.o./d über 14 Tage.

Transitorische Erythroblastopenie des Kindesalters

Definition

Erworbene, selbstlimitierende, hypoplastische Anämie beim zuvor gesunden Kleinkind.

Ätiologie

Postviraler Prozess mit Bildung humoraler Inhibitoren gegen erythrozytäre Vorläufer.

Klinik

- Ausgeprägte **Blässe** beim Kleinkind
- I.d.R. gute Adaptation, da der Hb-Wert langsam über Wochen abfällt: Fehlen klinischer Symptome trotz ausgeprägter Anämie.

Diagnose

- **Normozytäre normochrome Anämie**
- Retikulozytopenie
- Leukozyten und Thrombozyten normal.

Therapie

Aufgrund des selbst limitierenden Charakters der Erkrankung: abwartende Haltung.
Bei klinischer Symptomatik und/oder Hb < 5 g/dl: Erythrozytentransfusion.

Parvovirus B19 induzierte akute und chronische hypoplastische Anämien

Definition

Erworbene, hypoplastische Anämien durch Infektion mit Parvovirus B19.

Klassifikation

Parvovirus B19 induzierte hypoplastische Anämie beim Gesunden. Aplasie der Erythropoese über maximal 10 Tage, die sich nicht auf den Hb-Wert auswirkt.

Parvovirus B19 induzierte aplastische Krise bei hämolytischen Anämien. Aplastische Krise über 10 bis 14 Tage mit deutlicher Anämie und Retikulozytopenie ohne Zeichen der Hämolyse bei Patienten mit hämolytischer Anämie.

Chronische Infektion mit Parvovirus B19. Protrahierte Aplasie der roten Reihe bei Patienten mit Immundefekten. Therapie: Immunglobuline.

Pränatale Infektion mit Parvovirus B19. Hydrops fetalis, Abort, Totgeburt möglich.

Anämie der chronischen Erkrankung

Definition

Anämie im Rahmen bakterieller und viraler Infektionen.

Klinik

Symptome abhängig von der Grunderkrankung.

Diagnose

- **Normochrome normozytäre Anämie:** MCV normal, Hb 6–9 g/dl
- Retikulozyten normal oder erniedrigt
- Leukozytose
- Serumeisen und Eisenbindungskapazität niedrig
- **Serumferritin erhöht**.

Therapie
Infektionsbekämpfung. Eisentherapie kontraindiziert!

Akute Blutungsanämie

Definition
Anämie durch akuten Blutverlust.

Ätiologie
- Verletzungen
- Thrombozytopenien
- Koagulopathien
- Iatrogen.

Klinik
Akutphase. Hypovolämischer Schock.

Kompensationsphase.
- Blässe
- Müdigkeit, Abgeschlagenheit
- Systolisches Herzgeräusch.

Diagnose
Akutphase. Blutbild unverändert.

Kompensationsphase. Normochrome Anämie.

Therapie
- Lokale Blutstillung
- Flüssigkeitssubstitution
- Erythrozytenkonzentrate oder Vollblut-Transfusion.

Chronische Blutungsanämie

Definition
Anämie durch chronischen Blutverlust.

Ätiologie
Gastrointestinale Blutungen:
- Polypen
- Ulkus
- Colitis ulcerosa
- Ösophagusvarizen
- Darmparasiten.

Klinik
Zeichen der Eisenmangelanämie:
- Blässe
- Müdigkeit
- Tachykardie
- Systolisches Herzgeräusch.

Diagnose
- Mikrozytäre hypochrome Anämie: MCV erniedrigt
- Blutausstrich: Hypochromie, Anulozyten, Aniso-, Poikilozytose
- Serumeisen erniedrigt
- Eisenbindungskapazität erhöht.

Therapie
Intestinale Blutungsquellen beseitigen. Wie Eisenmangelanämie therapieren.

Hereditäre Sphärozytose

Definition
Hämolytische Anämien. Anämien mit verkürzter Lebensdauer der Erythrozyten, die durch eine vermehrte Produktion roter Blutkörperchen kompensiert wird. Dafür gibt es unterschiedliche Ursachen:
- Membrandefekte
- Angeborene Enzymdefekte
- Hämoglobinopathien.

Hereditäre Sphärozytose. Autosomal-dominant vererbte Anämie durch Membrandefekt, der zu kugelzellartiger Deformierung der Erythrozyten mit verkürzter Lebensdauer führt.

Epidemiologie
1:5.000.

> Die hereditäre Sphärozytose ist mit Abstand die häufigste Ursache angeborener hämolytischer Anämien.

Klinik
- Schwerwiegende Hyperbilirubinämie: **Skleren-, Hautikterus**
- Chronische Anämie: **Blässe**
- Charakteristischer Wechsel zwischen Phasen mäßiger Anämie und schubweise auftretenden **aplastischen Krisen** im Rahmen fieberhafter Infekte
- Splenomegalie
- Gallensteine.

Diagnose
- Anämie
- Retikulozytose
- Leuko- und Thrombozytenzahl normal
- Blutausstrich: Sphärozyten mit vermindertem Durchmesser, hyperchrom, keine zentrale Aufhellung
- Indirekte Hyperbilirubinämie
- Osmotische Resistenz der Erythrozyten vermindert.

Therapie

- **Splenektomie:** möglichst nicht vor dem 5. Lebensjahr
- Präoperativ: Pneumokokken-, Meningokokken- und Haemophilus-influenzae-Typ-b-Impfung
- Postoperativ: mehrjährig antibiotische Prophylaxe mit Penicillin V.

Immunhämolytische Anämien

Definition

Verkürzung der Erythrozytenlebenszeit durch unterschiedliche immunologische Pathomechanismen: autoimmunhämolytisch, isoimmunhämolytisch, medikamentös.

Ätiologie

- **Autoimmunhämolytisch:** virale oder bakterielle Infekte oder andere Erkrankungen
- **Isoimmunhämolytisch:** passive Übertragung von antierythrozytären Antikörpern oder Antigenen gegen Blutgruppeneigenschaften des Empfängers.

Klinik

Autoimmunhämolytische Anämie (AA).

- Akute hämolytische Krise: beginnt dramatisch mit erheblicher Blässe, Hämoglobinurie, leichtem Ikterus, Erbrechen, abdominellen Schmerzen, Kopfschmerzen, kardialer Dekompensation, Splenomegalie
- Oder chronische Hämolyse: über Monate und Jahre, Splenomegalie.

Isoimmunhämolytische Anämie (IA). Innerhalb von Minuten bis Stunden schweres Krankheitsbild mit Fieber, Schüttelfrost, Urtikaria, Erbrechen, Dyspnoe, Lungenödem, allergischem Schock.

Diagnose

AA.

- Schwere Anämie
- Retikulozytose
- Erhebliche Anisozytose
- Kugelzellbildung
- Direkter Coombs-Test stark positiv
- Nachweis von Autoantikörpern.

IA.

- Anämie
- Hämoglobinurie
- Hyperbilirubinämie.

> Direkter Coombs-Test: Nachweis von Antikörpern auf der Erythrozytenoberfläche (Major-Test).
> Indirekter Coombs-Test: Nachweis von Antikörpern, die sich im Serum befinden (Minor-Test).

Therapie

- Transfusion nur bei vitaler Indikation
- Kortikosteroide
- Im akuten Notfall: Splenektomie.

Sichelzellenanämie

Definition

Qualitative Hämoglobinopathien: hämolytische Anämien durch genetisch bedingte Strukturanomalien der Polypeptidketten des Hämoglobinmoleküls.
Sichelzellanämie: autosomal-rezessiv vererbte Hämoglobinopathie mit chronischer hämolytischer Anämie durch Sichelzellbildung.

Klinik

Gefäßverschlusskrisen. Ausgelöst durch interkurrierende Infekte.

- Fieber
- Hypoxie
- Azidose.

Führen zu heftigen Schmerzen und Schwellung der betroffenen Gebiete.

Sequestrationskrisen. Erythrozyten werden in der Milz zurückgehalten. Können lebensbedrohlich sein.

Diagnose

- Hb 5–9 g/dl
- Leukozytose mit überwiegend neutrophilen Granulozyten
- Thrombozytose
- Sichelzellnachweis im Blutausstrich
- Hyperbilirubinämie, Hypergammaglobulinämie
- Knochenmarkpunktion
- Röntgen.

Differenzialdiagnose

- Rheumatisches Fieber
- Juvenile idiopathische Arthritis
- Osteomyelitis
- Leukämie.

Therapie

- Kausal: Stammzelltransplantation
- Alternative Therapie: Hydroxyharnstoff, Butyrate
- Symptomatisch: Flüssigkeitszufuhr, Schmerztherapie, antiinfektiöse Therapie, Austauschtransfusion.

β-Thalassämien

Definition

Quantitative Hämoglobinopathien, im Mittelmeerraum verbreitete, autosomal-rezessiv vererbte Defekte der quantitativen Synthese der Hämoglobinpolypeptidketten. Führen zu Anämien unterschiedlicher Schweregrade.

Pathogenese

Hb-Synthesestörung mit quantitativ ungenügender Produktion von β-Ketten des HbA_1 → Zunahme der Konzentration von HbF und HbA_2.

Klinik

Thalassaemia major. Homozygot. Manifestation im 3.–4. Lebensmonat.

- Blässe
- Ikterus
- Splenomegalie
- Später Kleinwuchs
- Skelettveränderungen: Bürstenschädel, veränderte Jochbeine und Oberkiefer
- Verzögerte Pubertätsentwicklung, Osteoporose: pathologische Frakturen
- Cholelithiasis
- Transfusionsbedingte Hämosiderose

Thalassaemia minor. Heterozygot. Keine klinisch relevanten Symptome.

Diagnose

- Hypochrome mikrozytäre Anämie: Hb < 8 g/dl, MCV niedrig
- Aniso-, Poikilozytose
- Mikrozyten
- Targetzellen
- Basophile Tüpfelung der Erythrozyten
- Erythroblasten in der Peripherie
- Retikulozytose
- Serumeisen und Serumferritin erhöht
- Hämoglobinelektrophorese.

Therapie

Stammzelltransplantation noch vor dem Schulalter, sonst regelmäßige Transfusionen und Deferoxamininfusion (Chelatbildner). Eine Therapie der Thalassaemia minor ist nicht nötig.

Glukose-6-Phosphat-Dehydrogenase-Mangel

Definition

X-chromosomal-rezessiv vererbter Defekt der G6PDH, der zu hämolytischer Anämie führt, wenn oxidative Noxen einwirken.

Pathogenese

Störung des Pentosephosphatzyklus → Veränderung erythrozytärer Proteine, wenn oxidative Noxen einwirken → Schädigung der Erythrozytenmembran → Hämolyse.

Klinik

Intermittierend auftretende hämolytische Anämie mit Ikterus ohne Splenomegalie. Im Intervall beschwerdefrei.

Diagnose

- Anämie
- Hämoglobinurie
- Heinz-Innenkörper
- G6PDH-Aktivität in Erythrozyten niedrig.

Therapie

Auslösende Substanzen meiden: Medikamente, Chemikalien, Nahrungsmittel.

Fanconi-Anämie

Definition

Aplastische Anämien: kongenitale (Fanconi-Anämie) oder erworbene Störung der Zellbildung auf Ebene der Stammzellen mit peripherer Panzytopenie und verminderter Zellzahl im Knochenmark.
Fanconi-Anämie: autosomal-rezessiv vererbte aplastische Anämie.

Klinik

- Beginn der Symptomatik im 4.–8. Lebensjahr
- Langsam progredientes **Knochenmarkversagen**
- **Fehlbildungen** von Skelett, ZNS, Urogenitaltrakt
- **Kleinwuchs** in ⅔ der Fälle
- Prädisposition für **Neoplasien**.

Diagnose

- Schwere **Panzytopenie** im peripheren Blut
- Knochenmark hypozellulär
- Chromosomale Instabilität
- Lymphozytenfragilitätstest.

Therapie

- Symptomatisch: **G-CSF** und GM-CSF bei schwerer Neutropenie, Erythrozyten- oder Thrombozytentransfusionen
- Kausal: hämatopoetische **Stammzelltransplantation**.

Erworbene aplastische Anämie

Definition

Schwere Erkrankung des Knochenmarks mit Reduktion der Zellularität und Panzytopenie im peripheren Blut.

Ätiologie

- 90 % idiopathisch
- 5 % zeitlicher Zusammenhang zu Hepatitis ohne Erregernachweis
- Andere Ursachen: Medikamente, ionisierende Strahlen, Chemikalien, Virusinfektionen.

Klinik

Zunächst v.a. **Blutungsneigung**. Im Verlauf **schwere bakterielle und mykotische Infektionen**.

Diagnose

- Schwere **Panzytopenie** im peripheren Blut
- Knochenmark hypozellulär.

Therapie

- Symptomatisch: Erythrozyten- oder Thrombozytentransfusionen
- Kausal:
  - **Immunsuppressive** Therapie: Cyclosporin A mit Antithymozytenglobulin
  - Hämatopoetische **Stammzelltransplantation**.

CHECK-UP

- ☐ Nennen Sie wichtige Ursachen des Eisenmangels.
- ☐ Nennen Sie die klinischen Symptome der Eisenmangelanämie.
- ☐ Welche Laborparameter sind bei Eisenmangelanämie verändert?
- ☐ Warum sollte die Eisenmangelanämie im Kindesalter frühzeitig behandelt werden?
- ☐ Wie behandeln Sie eine Eisenmangelanämie?
- ☐ Nennen Sie wichtige Ursachen des Vitamin-B_{12}- und Folsäuremangels.
- ☐ Nennen Sie die klinischen Symptome des Vitamin-B_{12}- und Folsäuremangels.
- ☐ Beschreiben Sie das Blutbild bei Vitamin-B_{12}- und Folsäuremangel.
- ☐ Wie behandeln Sie den Vitamin-B_{12}- und Folsäuremangel?
- ☐ Worum handelt es sich bei einer hämolytischen Anämie?
- ☐ Welche Blutbildveränderungen erwarten Sie bei einer hereditären Sphärozytose?
- ☐ Welche Formen der immunhämolytischen Anämie gibt es?
- ☐ Beschreiben Sie die klinischen Symptome einer Sichelzellanämie.
- ☐ Welche wegweisenden diagnostischen Befunde erwarten Sie bei einer β-Thalassämie?
- ☐ Beschreiben Sie die Pathogenese des Glukose-6-Phosphat-Dehydrogenase-Mangels!

Erkrankungen des weißen Blutsystems

Neutrophile Leukozytopenie

Definition

Verminderung der zirkulierenden neutrophilen Leukozyten (< 1500/µl) bei normalen Erythrozyten- und Thrombozytenzahlen.

Ätiologie

- **Verminderte Produktion:** z.B. kongenitale Neutropenie Kostmann, ineffektive Granulopoese
- **Verkürzte Lebensdauer:** Infektion, autoimmun, Medikamente, allergische Agranulozytose, Hypersplenismus.

Schweregrade der Neutrozytopenie:

- Milde Neutrozytopenie: 1.000–1.500/µl
- Mäßiggradige Neutrozytopenie: 500–1.000/µl
- Schwere Neutrozytopenie: < 500/µl.

Klinik

In Abhängigkeit vom Schweregrad:
- Infektionen: Hautabszesse, Furunkulose, Otitis, Pneumonie, Sepsis
- Schleimhautsymptome: Stomatitis, Gingivitis, Peridontitis
- Lebensbedrohliche pyogene Infektionen.

Bei allergischer Agranulozytose.
- Fieber, Schüttelfrost
- Kopfschmerzen
- Schleimhautnekrosen
- Bakteriämie, Sepsis.

Diagnose

- Hochgradige Neutrozytopenie
- Knochenmarkpunktion.

Therapie

Antibiotische Behandlung von Infektionen. Bei schweren Formen: G-CSF.

Granulozytenfunktiosstörungen

Definition

Angeborene und erworbene Funktionsstörung neutrophiler Granulozyten mit Beeinträchtigung von Chemotaxis, Phagozytose und Bakterienabtötung.

Reaktive Veränderungen des weißen Blutbilds

Definition

Reaktive Veränderungen des weißen Blutbilds, die im Rahmen von spezifischen Infektionen auftreten:
- Infektiöse Mononukleose: Leukozytose mit Nachweis atypischer Lymphomonozyten
- Pertussis: Leukozytose mit absoluter Lymphozytose
- Röteln: Leukozytopenie mit relativer Lymphozytose und Plasmazellvermehrung
- Exanthema subitum: Leukozytopenie mit Neutrozytopenie
- Infektiöse Lymphozytose: Lymphozytenvermehrung bei verschiedenen Virusinfektionen.

CHECK-UP

- ☐ Nennen Sie wichtige Ursachen einer neutrophilen Leukozytopenie.
- ☐ Wie ist eine schwere Neutrozytopenie definiert?
- ☐ Welche Symptome kann eine schwere Neutrozytopenie auslösen?
- ☐ Bei welchen Infektionserkrankungen treten typischerweise reaktive Veränderungen des weißen Blutbilds auf?

Erkrankungen der Milz

Asplenie

Definition

Anatomisches oder funktionelles Fehlen der Milz.

Ätiologie

- Splenektomie nach Trauma oder bei hämatologischen Erkrankungen
- Kongenital: Ivemark-Syndrom
- Funktionell: Sichelzellanämie.

Klinik

Erhebliche **Infektionsgefährdung**, v.a. durch Pneumokokken, Meningokokken und Haemophilus influenzae.

Diagnose

- Howell-Jolly-Körperchen im peripheren Blutbild
- Sonografie-Abdomen.

Therapie

- Frühzeitig und gezielt **antibiotisch behandeln**
- **Prophylaxe** durch Impfungen: Pneumokokken, Meningokokken, Hib
- Antibiotische Dauerprophylaxe mit Penicillin V bis zum Erwachsenenalter.

Splenomegalie

Definition

Vergrößerung der Milz.

Ätiologie

- **Hämolytische** Erkrankungen: Erythrozytenmembrandefekte
- Infektionen: Sepsis, Endokarditis, Viren
- **Maligne Erkrankungen:** Leukämien, Lymphome
- **Stauung:** Leberzirrhose, chronische Herzinsuffizienz
- Zysten
- Nichtmaligne Infiltration: Retikuloendotheliosen, Hämangiome
- **Rheumatische Erkrankungen:** Juvenile idiopathische Arthritis, Lupus erythematodes.

Hämostaseologie

Hämophilie A

Definition

X-chromosomal-rezessiv vererbte Koagulopathie auf der Grundlage einer verminderten Aktivität von Faktor VIII:C. Drei Schweregrade (→ Tab. 10.1).

Epidemiologie

1:10.000 ♂ Neugeborene (nur selten bei ♀).

Klinik

Neugeborene. Keine Blutungsneigung.

Manifestation beim jungen Kleinkind.

- Lippenbändchenriss
- Kniegelenkblutung
- Ausgeprägte Hämatome an Oberarmen, Ellenbogen, Brust
- Hämorrhagische Diathese oder hämophile Arthropathie.

Diagnose

- Familien- und Blutungsanamnese
- Gerinnung: **aPTT verlängert**, Quick und Fibrinogen normal
- Faktor-VIII:C-Aktivität niedrig
- Mutationsanalyse.

> Eine aPTT über 80 s ist nahezu beweisend für eine Hämophilie A oder B.

Tab. 10.1 Schweregrade der Hämophilie

Grad	Faktor-VIII-Aktivität
Schwer	< 1 %
Mittelschwer	1–5 %
Leicht	5–40 %

Therapie

- Blutungsprophylaxe
- Minirin
- Substitution von Faktor VIII i.v.: in Abhängigkeit von Ausmaß und Lokalisation der Blutung.

Hämophilie B

Definition

X-chromosomal-rezessiv vererbte Koagulopathie durch verminderte biologische Aktivität des Gerinnungsfaktors IX.

Epidemiologie

1:40.000 ♂ Neugeborene.

Klinik

Klinisch nicht von Hämophilie A zu unterscheiden.

Diagnose

- Familien- und Blutungsanamnese
- Gerinnung: **aPTT verlängert**, Quick und Fibrinogen normal
- Faktor-VIII-Aktivität niedrig
- Mutationsanalyse.

Therapie

- Blutungsprophylaxe
- Substitution von Faktor IX i.v.

Von-Willebrand-Syndrom

Definition

Autosomal-dominant, seltener autosomal-rezessiv, vererbte hämorrhagische Diathese. Auf der Grundlage quantitativer und qualitativer Defekte des Von-Willebrand-Faktors (VWF).

Epidemiologie
Häufigste hereditäre hämorrhagische Diathese: Prävalenz 1 %.

Klinik
Leitsymptom: profuse Schleimhautblutungen, v.a. des Nasen-Rachen-Raums und nach Operationen.

Diagnose
- Familien- und Blutungsanamnese
- Gerinnung: aPTT, Quick normal
- VWF-Antigen vermindert
- VWF:Ristocetin-Kofaktor
- Faktor-VIII:C-Aktivität meist erniedrigt
- VWF-Multimerenanalyse.

Therapie
- Lokale Blutung stillen
- Thrombozytenfunktionshemmern meiden
- Tranexamsäure 10–20 mg/kg KG
- In schweren Fällen Faktor-VIII-Konzentrat.

Koagulopathie durch Vitamin-K-Mangel

Definition
Hämorrhagische Diathese durch Aktivitätsminderung der Gerinnungsfaktoren II, VII, IX, X infolge Vitamin-K-Mangels.

Ätiologie
- Alimentär: z.B. ausschließliche Muttermilchernährung
- Intestinale Malabsorption: Zöliakie, zystische Fibrose, protrahierte Diarrhö
- Medikamente
- Biliäre Obstruktionen: Gallengangsatresie
- Morbus haemorrhagicus neonatorum.

Klinik
Haut-, Schleimhaut-, gastrointestinale Blutungen. Hirnblutungen beim Neugeborenen.

Diagnose
- Grunderkrankung klären
- Gerinnung: Quick erniedrigt, aPTT verlängert, Fibrinogen normal
- Aktivität der Faktoren II, VII, IX, X niedrig
- Thrombozytenzahl normal.

Therapie
Leichte Blutung. Vitamin K 1–5 mg p.o.

Schwere, lebensbedrohliche Blutung. Vitamin K 5 mg i.v., supportiv Prothrombinkomplex (PPSB) 30–50 IE/kg KG.

Koagulopathie durch Lebererkrankungen

Definition
Hämorrhagische Diathese durch Störung der Synthese von Gerinnungsfaktoren und Fibrinogen infolge primärer Lebererkrankungen.

Klinik
85 % der Patienten mit einer Lebererkrankung zeigen eine Verminderung der Vitamin-K-abhängigen Gerinnungsfaktoren.

Diagnose
- Zeichen der Lebererkrankung
- Gerinnung: aPTT verlängert, Quick vermindert
- Bei schweren Formen sind auch Fibrinogen und die Aktivitäten der Faktoren II, V, VII, IX, X erniedrigt.

Therapie
Häufig kein Ansprechen auf Vitamin K. Dann Substitution von Fresh-Frozen-Plasma (FFP) und PPSB.

Verbrauchskoagulopathien

Definition
Disseminierte intravasale Gerinnungsprozesse mit diffusen Fibrinablagerungen in kleinen Gefäßen, die zu hämorrhagischer Diathese, Gewebsnekrosen und Ischämie führen.

Ätiologie
- Geburtskomplikationen: vorzeitige Plazentalösung, perinatale Asphyxie
- Infektionen
- Zirkulationsstörungen: Schock, zyanotische Herzfehler
- Systemische Organerkrankungen: Verbrennungen, hämolytisch-urämisches Syndrom, akute myeloische Leukämie.

Klinik
- Nebeneinander von **Blutungen** (Petechien, flächige Haut- und Schleimhautblutungen) und **Gewebsthrombosen** (Infarkte großer Hautareale)
- Kreislaufschock
- Multiorganversagen.

Diagnose
- Thrombozytopenie
- Gerinnung: **aPTT verlängert, Quick vermindert**
- Antithrombin III und Plasminogen vermindert

- Fibrinogen niedrig, Fibrinspaltprodukte erhöht.

Therapie
- Grunderkrankung behandeln
- Volumenersatz
- Katecholamine
- Antithrombin III
- FFP.

CHECK-UP

- ☐ Wann manifestiert sich bei Hämophilie A die Blutungsneigung?
- ☐ Nennen Sie charakteristische Symptome bei Hämophilie A.
- ☐ Welcher ist der typischerweise veränderte Gerinnungsparameter bei Hämophilie A?
- ☐ Wie wird die Hämophilie A behandelt?
- ☐ Beschreiben Sie die Blutungsneigung beim Von-Willebrand-Syndrom.
- ☐ Welche Ergebnisse zeigen die Bestimmung von aPTT und Quick beim Von-Willebrand-Syndrom?
- ☐ Wie behandeln Sie das Von-Willebrand-Syndrom?

Thrombozytopenien

Definition
Hämorrhagische Diathese durch Thrombozytopenien. Jenseits der Neugeborenenperiode < 150.000/µl, bei Neugeborenen < 100.000/µl, Blutungen < 20.000/µl.

Klinik
- Petechien
- Haut-, Zahnfleisch- und Schleimhautblutungen
- Subkonjunktivale-, gastrointestinale-, Hirnblutungen
- Postoperative Nachblutungen
- Epistaxis
- Hämaturie.

Diagnose
- Blutbild: Plättchenzahl, -größe
- Gerinnung: plasmatische Gerinnungsstörung ausschließen
- Knochenmarkpunktion
- Antithrombozytäre Antikörper.

Immunthrombozytopenische Purpura

Synonym: Idiopathische thrombozytopenische Purpura (ITP).

Definition
Akut auftretende, meist benigne Autoimmunthrombozytopenie mit verkürzter Plättchenüberlebenszeit, die in eine chronische Form übergehen kann.

Epidemiologie
Häufigste Form der hämorrhagischen Diathese im Kindesalter. ♀ = ♂, Altersgipfel 2.–6. Lebensjahr.

Pathogenese
Virusinfekt → Autoantikörper kreuzreagieren gegen Thrombozytenantigene → Sequestrierung und Abbau IgG-beladener Thrombozyten in der Milz.

Klinik

Akute ITP.
- Flächige Hämatome
- Petechien
- Epistaxis
- Schleimhaut-, gastrointestinale Blutungen

Chronische ITP (Morbus Werlhof). ITP > 6 Monate, meist ältere ♀.

Diagnose
- Isolierte Thrombozytopenie: Werte bis unter 5.000/µl
- Anämie nur bei schwerer Blutung
- Gerinnung normal
- Nachweis freier, plättchenassoziierter Antikörper
- Knochenmarkpunktion nur bei chronischer ITP oder vor Steroidtherapie.

Therapie

Abhängig vom Stadium und von der Dynamik der Erkrankung.

Medikamentöse Therapie nur in Ausnahmefällen, da in der Mehrzahl der Fälle die ITP ohne Therapie innerhalb von 6 Monaten vollständig sistiert:

- Immunglobuline 0,8 g/kg i.v.
- Prednison 4 mg/kg KG/d p.o. oder i.v.
- Immunsuppressive Medikamente
- Thrombozytenkonzentrate nur bei lebensbedrohlicher Blutung, z.B. ZNS-Butung
- Splenektomie.

CHECK-UP

- ☐ Nennen Sie die klinischen Symptome einer Thrombozytopenie.
- ☐ Beschreiben Sie die Pathogenese der ITP.
- ☐ Welche Symptome treten bei der ITP auf?
- ☐ Wie therapieren Sie die ITP?

11 Onkologie

Tab. 11.1 Häufigkeitsverteilung und Prognose maligner Erkrankungen

Tumorart	Relative Häufigkeit	5-Jahres-Überlebensrate
Leukämien	32 %	70 %
ZNS-Tumoren	20 %	60 %
Non-Hodgkin-Lymphome	12 %	83 %
Neuroblastome	9 %	65 %
Weichteilsarkome	7 %	65 %
Wilms-Tumoren	6 %	86 %
Knochentumoren	4 %	65 %
Keimzelltumoren	3 %	88 %
Alle Tumoren		74 %
Daten des Kinderkrebsregisters Mainz, Juli 2002.		

In Deutschland erkranken jährlich 15 von 100.000 Kindern unter 15 Jahren an einem malignen Tumor (→ Tab. 11.1).

Leukämien

Definition
Maligne Erkrankungen des hämatopoetischen Systems durch fehlende Ausdifferenzierung und unregulierte Proliferation unreifer hämatopoetischer Vorläuferzellen.

Epidemiologie
Häufigste maligne Erkrankung beim Kind: 5:100.000 Kinder unter 15 Jahre.

Einteilung
Man unterscheidet **lymphatische** und **myeloische**, **akute** und **chronische** Leukämien.

Akute lymphatische Leukämie

Definition
Akute lymphatische Leukämie (ALL): Gruppe von malignen Erkrankungen des lymphatischen Systems, die sich in allen Geweben manifestieren können.

Epidemiologie
80 % der Leukämien, 27 % aller malignen Erkrankungen im Kindesalter. Vor allem im Alter zwischen 1 und 5 Jahren.

Ätiologie
- Spontane somatische Mutationen oder präexistierende Keimbahnmutationen
- Chromosomale Aberrationen, z.B. Trisomie 21, genetische Syndrome, neurokutane Syndrome, z.B. Neurofibromatose Typ 1
- Radioaktive Strahlung und mutagene Medikamente.

Klassifikation
- Nach **Morphologie;** French-American-British-(FAB-)Klassifikation: drei zytogenetisch unterschiedliche Typen von Blasten
- **Immunologie:** verschiedene Reifungsstufen von B- und T-Zellen
- **Zytogenetik und Molekulargenetik:** typische chromosomale Veränderungen.

> In 80 % der Fälle handelt es sich bei der ALL um eine monoklonale Proliferation von B-Vorläufer-Zellen unterschiedlicher Entwicklungsgrade.

Klinik
- **Unspezifische Symptome:** unklares Fieber, Abgeschlagenheit, Blässe, Appetitlosigkeit, Knochenschmerzen
- Schleichender Verlauf
- Hautblutungen
- Schwere **Infektionen**
- **Hepatosplenomegalie**

- Bauchschmerzen
- **Lymphadenopathie**, besonders zervikal und nuchal
- Meningeosis leucaemica → Kopfschmerzen, Erbrechen
- Tastbare Infiltration des Hodens.

Diagnose

- **Leukozytenzahl oft normal!** Gelegentlich Blastennachweis im peripheren Blutbild, Anämie, Thrombozytopenie, Hyperurikämie, LDH-Erhöhung
- **Knochenmarkpunktion**, Lumbalpunktion
- **Bildgebung:** Sonografie des Abdomens, Röntgen-Thorax, Sonografie der Hoden bei auffälligem Tastbefund
- Chromosomenanalyse
- Abschließend Einteilung in Risikogruppen.

Differenzialdiagnose

- Akute myeloische Leukämie
- Infektiöse Mononukleose
- Immunthrombozytopenische Purpura
- Viraler Infekt mit reaktiver Myelosuppression z.B. Parvovirus B19
- Juvenile idiopathische Arthritis.

Therapie

Die Therapie erfolgt in mehreren Phasen.

- Vorphase: Prednison und Methotrexat
- Induktionstherapie: 95%ige Reduktion der Leukämiezellen durch Kortikosteroide, L-Asparaginase, Vincristin, Daunorubicin i.v. und Methotrexat intrathekal
- Konsolidierung: Methotrexat
- Reintensivierung: Medikamente der Induktionstherapie plus Dexamethason und Doxorubicin
- Dauertherapie: Methotrexat und 6-Mercaptopurin
- Weitere Therapieoptionen: ZNS-Bestrahlung bei T-ALL, hämatopoetische Stammzelltransplantation.

Tab. 11.2 Prognosefaktoren bei akuter lymphatischer Leukämie (ALL) im Kindesalter

	Positive Faktoren	Negative Faktoren
Alter (Jahre)	2–5	‹ 1 oder › 9
Geschlecht	Weiblich	Männlich
Leukozyten (/µl)	‹ 20.000	› 50.000
Immunzytologie	c-ALL	T-ALL, pro-B-ALL
ZNS-Befall	Nein	Ja
Genetik	t (12; 21) Hyperdiploidie › 50	t (4; 11) oder t (9; 22)
Prednison-Response in Vorphase	Ja	Nein

> Das schlechte Ansprechen in der Vorphase der Therapie ist ein früher Indikator der Multiresistenz bei der ALL bei 10 % der Patienten.

Prognose

→ Tab. 11.2. Wahrscheinlichkeit eines rezidivfreien Überlebens: 81 %.

Akute myeloische Leukämie

Definition

Akute myeloische Leukämie (AML): akute Leukämie, deren Zellen sich von Vorläuferzellen der Granulo-, Monozyto-, Erythro- oder Thrombozytopoese ableiten.

Epidemiologie

15 % aller Leukämien im Kindesalter. Die Inzidenz ist in den ersten 2 Lebensjahren und in der Adoleszenz (12–16 Jahre) am höchsten.

Ätiologie

Das Risiko ist bei bestimmten kongenitalen Erkrankungen deutlich erhöht, z.B. Trisomie 21, Fanconi-Anämie. Auch als Zweiterkrankung nach anderen Krebserkrankungen.

Klassifikation

- Morphologie: acht unterschiedliche Untergruppen.
- Histochemie: Myeloperoxidase- oder Esterase-positiv
- Immunphänotypisierung
- Zytogenetik und Molekulargenetik: zytogenetische Aberrationen.

Klinik

- Anamnese kürzer und fulminanter als bei ALL
- Ausgeprägte Lymphadenopathie
- Disseminierte intravasale Gerinnung bei Erstmanifestation
- Meningealer Befall häufiger als bei ALL, in 15 % der Fälle.

Diagnose

- **Leukozytenzahl** typischerweise **stark erhöht**, Anämie, Thrombozytopenie, Hyperurikämie, LDH-Erhöhung, schwere Gerinnungsstörung
- **Knochenmarkpunktion:** hyperzelluläres Mark mit 30–100 % Blasten, Auer-Stäbchen, Lumbalpunktion
- **Bildgebung:** Sonografie des Abdomens, Röntgen-Thorax
- Chromosomenanalyse.

Therapie

- Induktionstherapie: Cytarabin über 7 Tage, Anthrazykline über 3 Tage
- Konsolidierung
- Intensivierung
- Dauertherapie
- Hämatopoetische Stammzelltransplantation.

Prognose

Wahrscheinlichkeit eines rezidivfreien Überlebens: 50–60 %.

> Die Anamnese ist bei der AML häufig kürzer und stürmischer als bei der ALL. Weitere Besonderheiten im Vergleich zur ALL: ausgeprägte Lymphadenopathie, hohe Inzidenz teilweise bedrohlicher Gerinnungsstörungen in der Initialphase, häufiger meningealer Befall.

Chronisch myeloische Leukämie

Definition

Chronisch myeloische Leukämie (CML): klonale maligne Erkrankung der hämatopoetischen Stammzelle.

Epidemiologie

3 % aller Leukämien im Kindesalter. 60 % der Patienten sind bei Diagnosestellung älter als 10 Jahre.

Ätiologie

Charakteristisches Merkmal der CML ist das **Philadelphia-Chromosom:** balancierte chromosomale Translokation t (9; 22).

Klinik

- Fieber
- Schwitzen
- Knochenschmerzen
- Schmerzen im linken Oberbauch: massive Splenomegalie
- Hyperleukozytose → Atemnot
- Sehstörungen
- Neurologische Ausfälle.

Zwei- oder dreiphasiger Verlauf, dann relativ plötzlich einsetzende terminale Blastenkrise.

Diagnose

- **Ausgeprägte Leukozytose**: mehr als 250.000/µl, Aktivität der **alkalischen Leukozytenphosphatase niedrig** (pathognomonisch), Anämie, Thrombozytose als Ausdruck der ebenfalls betroffenen Megakaryozytopoese; Blutausstrich: Zellen aller Reifungsstufen der Granulopoese, Basophilie, Eosinophilie. **Hyperurikämie**, LDH-Erhöhung
- **Knochenmarkpunktion:** hyperzelluläres Mark, massive Vermehrung der Granulopoese und der Megakaryozyten
- **Chromosomenanalyse:** Philadelphia-Chromosom
- **Bildgebung:** Sonografie des Abdomens, Röntgen-Thorax.

Differenzialdiagnose

- Leukämoide Reaktion bei schwerer Infektion
- Septische Granulomatose
- Juvenile myelomonozytäre Leukämie
- Myeloproliferative Erkrankung.

Therapie

In der chronischen Phase können klinische Symptome behandelt werden, der pathologische Klon lässt sich hierdurch jedoch nicht eliminieren. Interferon-α ermöglicht einen Überlebensvorteil von mehreren Jahren, Heilung kann nur durch die allogene hämatopoetische Stammzelltransplantation erzielt werden.

CHECK-UP

- ☐ Welche Altersgruppe ist von der ALL besonders betroffen?
- ☐ Was wissen Sie über ätiologische Faktoren der ALL?
- ☐ Welche diagnostisch wegweisenden Veränderungen erwarten Sie bei einer ALL im Blutbild?

- [ ] Beschreiben Sie das therapeutische Vorgehen bei einer ALL.
- [ ] Wie schätzen Sie die Prognose bei ALL ein?
- [ ] Wie unterscheidet sich die AML klinisch von der ALL?
- [ ] Wie sieht das Blutbild bei AML typischerweise aus?
- [ ] Welche weiteren Laborparameter sind häufig bei AML verändert?
- [ ] Wie ist die Prognose der AML im Vergleich zu der der ALL?
- [ ] Nennen Sie das charakteristische genetische Merkmal der CML.
- [ ] Wie verläuft die CML typischerweise?
- [ ] Nennen Sie einen kurativen Therapieansatz für die CML.

Non-Hodgkin-Lymphome

Definition

Non-Hodgkin-Lymphome (NHL): heterogene Gruppe maligner Tumoren verschiedener Subpopulationen des lymphatischen Systems.

Epidemiologie

7 % der kindlichen Tumoren, durchschnittliches Alter bei Diagnosestellung: 9 Jahre, ♂:♀= 2:1.

Ätiologie

- Immundefekte, z.B. Wiskott-Aldrich-Syndrom
- Organtransplantationen
- Infektionen: HIV, Hepatitis C, Heliobacter pylori.

Bei den meisten NHL-Subtypen des Kindesalters können spezifische chromosomale Translokationen in den Lymphomzellen nachgewiesen werden.

Klassifikation

Unterscheidung von drei Formen nach morphologischen, immunologischen und zytogenetischen Charakteristika:

- Kleinzellige Lymphome: Burkitt-Lymphome
- Lymphoblastische T-Zell-Lymphome
- Großzellig-anaplastische Lymphome.

Klinik

- **Zervikale schmerzlose Lymphknotenschwellung**
- Mediastinale Tumoren: Atemnot, Einflussstauung
- Abdominelle Tumoren: Resistenz, Schmerzen
- **Hepatosplenomegalie**
- Fieber unklarer Genese
- Gewichtsverlust
- Nachtschweiß
- Abgeschlagenheit, Müdigkeit.

Diagnose

- Labor: Harnsäure und LDH oft erhöht
- Knochenmarkpunktion, Zytogenetik
- Bildgebung: Sonografie, Röntgen, MRT
- Biopsie und histologische Untersuchung aus Lymphknoten oder Primärtumor
- Molekulargenetik.

Therapie

Lymphoblastische Lymphome. Wie bei ALL mit kontinuierlicher Zytostatikaexposition.

Nichtlymphoblastische Lymphome. Kurze, intensive Chemotherapiekurse: Kortikosteroide, Cyclophosphamid, Methotrexat.

Prognose

Wahrscheinlichkeit eines rezidivfreien Überlebens: 82 %.

Morbus Hodgkin

Definition

Maligne lymphatische Systemerkrankung mit charakteristischen Tumorzellen in inflammatorischem Begleitinfiltrat.

Epidemiologie

5 % aller malignen Erkrankungen im Kindes- und Jugendalter. Median: 13 Jahre.

Ätiologie

- Genetische Faktoren
- Gehäuftes Auftreten bei **Immundefekten**, bei autoimmunhämolytischer Anämie und nach Knochenmarktransplantation. Hängt mit vorausgehenden EBV-Infektionen zusammen.

Klassifikation

WHO-Klassifikation für Hodgkin-Lymphome:

- Noduläres lymphozytenprädominantes Hodgkin-Lymphom
- Klassisches Hodgkin-Lymphom
- Lymphozytenreiches Hodgkin-Lymphom
- Noduläre Sklerose
- Mischtyp
- Lymphozytenarmer Subtyp.
- Stadieneinteilung nach Ann-Arbor-Klassifikation: I–IV.

Klinik

- Bei 90 % persistierende **schmerzlose Lymphknotenschwellung**
- Husten und Atemnot bei Mediastinalbefall
- B-Symptome.

Diagnose

- **Labor:**
  - Blutbild: Leukozytose, Lymphopenie, Eosinophilie
  - BKS beschleunigt
  - LDH, Ferritin, Haptoglobin und Kupfer erhöht
- Röntgen-Thorax, Sonografie-Abdomen, CT-Thorax, MRT-Abdomen, PET
- Knochenmarkpunktion, Lumbalpunktion
- **Lymphknotenbiopsie:** neoplastische Zellen.

Differenzialdiagnose

- Lymphadenitis colli
- Infektiöse Mononukleose
- Toxoplasmose
- Zytomegalie
- Leukämie
- Infektion mit atypischen Mykobakterien
- Malignes Non-Hodgkin-Lymphom.

Therapie

- Hohe Empfindlichkeit gegenüber Zytostatika und ionisierenden Strahlen: **kombinierte Radiochemotherapie**
- Lange Nachbeobachtungszeit.

Prognose

Wahrscheinlichkeit eines rezidivfreien Überlebens: 95 %.

CHECK-UP

- ☐ Nennen Sie die wegweisenden klinischen Befunde bei Morbus Hodgkin.
- ☐ Welche Untersuchungen sind bei V.a. Morbus Hodgkin indiziert?
- ☐ Wie wird der Morbus Hodgkin behandelt?
- ☐ Wie ist die Prognose bei Morbus Hodgkin?

Histiozytosen

Definition

Erkrankungen, bei denen Histiozyten als spezialisierte Zellen des Immunsystems eine dominierende Rolle spielen.

Langerhans-Zell-Histiozytosen

Definition

Langerhans-Zell-Histiozytosen (LCH): monoklonale Proliferation der Langerhans-Zellen, also spezieller dendritischer Zellen der Haut.

Epidemiologie

0,4:100.000 Kinder unter 15 Jahren. Häufigkeitsgipfel 1.–3. Lebensjahr. ♂ > ♀.

Klinik

Sehr variabel.

- **Knochenläsionen** begleitet von schmerzhafter **Weichteilschwellung**
- Bei Säuglingen **Befall der Haut**: seborrhoische, schuppende oder xanthomatöse Papeln
- **Hepatomegalie** mit Hepatopathie → Ikterus, Ödeme, Aszites

- Rezidivierendes Fieber
- Diabetes insipidus.

Diagnose

- Histologische Diagnosestellung
- Immunhistologischer Nachweis des CD1a-Antigens auf der Zelloberfläche
- Birbeck-Granula im Zytoplasma der Zellen der Läsion.

Pathohistologisch zeigen die Läsionen ein Infiltrat typischer Langerhans-Zellen, begleitet von Makrophagen, Lymphozyten, eosinophilen Granulomen und Riesenzellen.

Therapie

- Bei isoliertem Hautbefall spontane Regression möglich
- Kürettage bei Befall eines Knochens
- Steroide
- Vinblastin
- Niedrig dosierte Strahlentherapie
- Zytostatische Kombinationstherapie.

Prognose

Bei Befall nur eines Organs beträgt die Überlebenswahrscheinlichkeit 100 %.

Familiäre hämophagozytische Lymphohistiozytose

Definition

Hämophagozytische Lymphohistiozytosen: Reaktive, oft tödlich verlaufende Histiozytosen durch primären oder sekundären Immundefekt.

Ätiologie

Unterschiedliche Gendefekte z.B. Perforin-Gen → unkontrollierte Aktivierung von Histiozyten und Lymphozyten → ineffektive Immunantwort → Ausschüttung inflammatorischer Zytokine.

Epidemiologie

1:50.000.

Klinik

- **Fieber**
- **Hepatosplenomegalie**
- **Lymphknotenschwellung**
- Ikterus
- Ödeme
- Exantheme
- Neurologische Symptome: epileptische Anfälle, Hirnnervenlähmungen
- Schwere Infektionen.

Diagnose

- **Panzytopenie**, **Hypertriglyzeridämie**, Aminotransferasen i.S. erhöht, **Ferritin i.S. erhöht**, Fibrinogen niedrig, CRP mäßig erhöht, verminderte natürliche Killerzellen-Aktivität
- **Knochenmarkpunktion:** lymphohistiozytäre Infiltration, Hämophagozytose
- **Lumbalpunktion:** mäßige Pleozytose, Eiweißerhöhung
- **cMRT:** Demyelinisierungsherde.

Therapie

- Etoposid, Steroide
- Ciclosporin A, Antithymozytenglobulin
- Intrathekal Methotrexat
- Knochenmarktransplantation.

Prognose

Bei Knochenmarktransplantation Heilungschancen 50–70 %.

Wilms-Tumor

Synonym: Nephroblastom.

Definition

Von der Niere ausgehender maligner Tumor aus embryonalem Mischgewebe.

Epidemiologie

1:9.000, 80 % der Kinder erkranken vor dem 5. Lebensjahr, 3–4 % erkranken bilateral.

Ätiologie

Das Risiko ist bei verschiedenen Syndromen erhöht:

- WAGR-Syndrom
- Denys-Drash-Syndrom
- Beckwith-Wiedemann-Syndrom.

Klinik

Vorgewölbtes Adomen mit palpablem **Abdominaltumor** ist meist das einzige Symptom. Bauchschmerzen, Erbrechen, Fieber, arterielle Hypertonie.

Metastasierung des Wilms-Tumors.
- Lunge: früh, in 80 % der Fälle
- Leber: in 20 % der Fälle
- Knochen und ZNS: bei Klarzelltyp.

Diagnose
- Vorsichtige Bauchpalpation!
- Sonografie- und MRT-Abdomen
- Röntgen- und CT-Thorax
- PET bei Klarzelltyp.

Differenzialdiagnose
- Neuroblastom
- Nebennierenrindenkarzinom
- Polyzystische Nieren
- Teratom
- Nierenabszess.

Therapie
- Präoperative Chemotherapie: Vincristin, Actinomycin D
- Operation: Tumor entfernen. Intraoperativ Stadienfestlegung (Tumorausdehnung) und Probengewinnung für die histologische Klassifikation
- Postoperative Chemotherapie
- Bestrahlung: in Einzelfällen.

Durch die präoperative Chemotherapie gelingt bei über der Hälfte der Patienten mit Wilms-Tumor eine Rückführung in Stadium I, wodurch die gute Prognose der Erkrankung zusätzlich verbessert wird.

Prognose
Wahrscheinlichkeit eines rezidivfreien Überlebens: 90 %.

CHECK-UP
- ☐ In welcher Altersgruppe erwarten Sie gehäuft das Auftreten eines Wilms-Tumors?
- ☐ Welches ist das klinische Leitsymptom des Wilms-Tumors?
- ☐ Nennen Sie die häufigste Lokalisation von Metastasen beim Wilms-Tumor.
- ☐ Wie ist die zu erwartende Prognose bei Wilms-Tumor?

Neuroblastom

Definition
Maligner embryonaler Tumor, der vom Nebennierenmark, vom Grenzstrang des Sympathikus oder von sonstigen sympathischen Ganglien ausgeht.

Epidemiologie
1:7.000, Durchschnittsalter bei Diagnosestellung 2 Jahre.

Ätiologie
Entstehung pränatal. In 20 % der Fälle Amplifikation des n-myc-Onkogens.

Klinik
Von der Tumorlokalisation abhängig. Mehr als 70 % befinden sich abdominal.
- Bauch- oder Halsschmerzen
- Erbrechen, Obstipation, Diarrhö
- Knochenschmerzen
- Fieber
- **Horner-Syndrom**
- Husten, Stridor, Dysphagie
- Rückenmarkskompression
- **Opsoklonus-Ataxie-Syndrom**
- Brillenhämatom durch retrobulbäre Infiltration.

Bei 50 % der Patienten mit Neuroblastom bestehen bereits bei Diagnosestellung Metastasen, vor allem in Lymphknoten, Leber, Skelett und Knochenmark.

Diagnose
- Labor:
  - Anämie, LDH und Ferritin erhöht
  - Aktivität der neuronenspezifischen Enolase i.S. erhöht
  - Katecholamine im 24-h-Urin erhöht
- Lumbalpunktion bei neurologischer Symptomatik, Knochenmarkpunktion
- Sonografie- und MRT-Abdomen, CT-Thorax

- Metha-Jod-Benzylguanidin-(MIBG-)Szintigrafie
- Amplifikation des n-myc-Protoonkogens im Tumorgewebe als prognostischer Faktor.

Therapie

Operativ, anschließend je nach Risikogruppe:
- Beobachten
- **Chemotherapie**
- Zweitoperation
- Autologe **Stammzelltransplantation**.

Prognose

5-Jahres-Überlebensrate für alle Stadien: 74 %.

CHECK-UP

- ☐ Von welchen Zellen leitet sich das Neuroblastom ab?
- ☐ Nennen Sie besonders charakteristische Symptome des Neuroblastoms.
- ☐ Welche Laborveränderungen finden sich typischerweise bei Neuroblastom?
- ☐ Welche spezifische bildgebende Diagnostik kennen Sie zur Diagnosesicherung eines Neuroblastoms?

Rhabdomyosarkom

Definition

Hochmaligner Weichteiltumor aus embryonalem Mesenchym.

Epidemiologie

4 % der malignen Erkrankungen im Kindesalter, zwei Altersgipfel: 1–5 und 15–19 Jahre.

Ätiologie

Genetische Faktoren und Tumorsuppressorgene z.B. p53-Gen.

Klinik

Abhängig von der Tumorlokalisation:
- Orbitabefall: Protrusio bulbi, Lidschwellung
- Nasennebenhöhlenbefall: Behinderung der Nasenatmung
- Extremitätenbefall: schmerzlose Weichteilschwellung
- Blasenbefall: Dysurie, Harnverhalt, Hämaturie.

Diagnose

- Labor: Anämie, Leukozytose im fortgeschrittenen Stadium
- Knochenmarkpunktion, Lumbalpunktion
- Bildgebung: Sonografie, MRT, Röntgen-Thorax, PET obligat → Knochenmetastasen?
- Probebiopsie
- Je nach betroffener Region HNO-Untersuchung
- Zystoskopie.

Therapie

Chemotherapie, Standard- und Hochrisikopatienten bestrahlen.

Prognose

5-Jahres-Überlebensrate: 60 %.

Retinoblastom

Definition

Von der Netzhaut ausgehender Tumor des Kindesalters.

Epidemiologie

2 % der malignen Tumoren im Kindesalter, meist unter 4 Jahren, 60 % einseitig.

Ätiologie

Verlust beider Allele des Retinoblastomgens RB_1 in einer Retinazelle.

Klinik

- **Amaurotisches Katzenauge:** heller, weißlich gelber Fleck in der Pupille
- Visusverlust
- Protrusio bulbi und Schmerz durch Sekundärglaukom.

Diagnose

- Ophthalmologische Untersuchung
- Orbitasonografie

- MRT-Orbita und MRT-Schädel
- Knochenmarkpunktion, Lumbalpunktion
- Skelettszintigrafie
- Biopsie kontraindiziert wegen Tumorzellverschleppung!

Therapie

- Kryotherapie
- Fotokoagulation
- Strahlentherapie
- Chemotherapie
- Enukleation
- Autologe Stammzelltransplantation.

Prognose

5-Jahres-Überlebensrate 97 %. Häufig Zweittumor, z.B. Osteosarkom.

> Das Retinoblastom hat unter den bösartigen Tumoren im Kindesalter die beste Prognose.

CHECK-UP

- ☐ Wie entsteht das Retinoblastom?
- ☐ Welche klinischen Befunde lassen Sie an ein Retinoblastom denken?
- ☐ Wie ist die Prognose der Erkrankung?

Osteosarkom

Definition

Hochmaligner spindelzelliger Tumor, ausgehend von der knochenbildenden Matrix.

Epidemiologie

Häufigster maligner Knochentumor des Kindesalters, v.a. Metaphysen der langen Röhrenknochen, 50 % kniegelenknah, Altersgipfel 10 Jahre, ♂ > ♀.

Ätiologie

- Genetische Prädisposition: Inaktivierung des Tumorsuppressorgens RB_1
- Ionisierende Strahlen
- Alkylierende Substanzen.

Klinik

- **Schwellung**, **Schmerzen** auch in Ruhe, Bewegungseinschränkung
- **Rötung, Überwärmung**
- 20 % der Tumoren bei Diagnosestellung bereits metastasiert, v.a. in Lunge und Skelett.

Diagnose

- Bildgebung:
  - Röntgen: Osteolysen neben Knochenneubildung, Periostabhebungen (Codman-Dreieck), Spiculae
  - MRT
  - Initial Skelettszintigrafie, im Verlauf PET
  - Röntgen- und CT-Thorax.
- **Biopsie** des Tumors
- Zyto- und Molekulargenetik.

Differenzialdiagnose

- Ewing-Sarkom
- Gestörte Heilung einer Knochenverletzung
- Aneurysmatische Knochenzyste
- Chronische hämatogene Osteomyelitis.

> Eine wichtige Differenzialdiagnose zum Osteosarkom ist wegen der häufig begleitend bestehenden Rötung und Überwärmung die Osteomyelitis.

Therapie

- Präoperative **Chemotherapie:** Isofosfamid, Adriamycin, Methotrexat, Cisplatin
- **Operation:** Amputation, Gelenkentfernung, Endoprothesen, Umkehrplastik → Sprunggelenk wird Kniegelenk.

Prognose

5-Jahres-Überlebensrate: 70 %.

> Eine initiale Metastasierung beim Osteosarkom ist nicht gleichbedeutend mit infauster Prognose!

CHECK-UP

- ☐ Welche Altersgruppe ist besonders gefährdet, an einem Osteosarkom zu erkranken?
- ☐ Beschreiben Sie die klinische Symptomatik eines Osteosarkoms.
- ☐ Welche Befunde erwarten Sie bei einem Osteosarkom im konventionellen Röntgen?
- ☐ Worin bestehen die therapeutischen Maßnahmen bei einem Osteosarkom?

Ewing-Sarkom

Definition

Hochmalignes Knochenendotheliom.

Epidemiologie

Zweithäufigster Knochentumor des Kindesalters. Altersgipfel 15 Jahre, ♂ > ♀.

Pathogenese

Genfusion → Bildung eines Transkriptionsfaktors mit starkem Transaktivierungspotenzial.

Klinik

- Häufigste Primärlokalisation: **Diaphysen langer Röhrenknochen**
- **Schwellung, Schmerzen** und Bewegungseinschränkung der betroffenen Extremität
- **Rötung**
- 25 % bei Diagnosestellung bereits metastasiert v.a. Lunge, Skelett
- **Fieber und Leukozytose** lassen an Osteomyelitis denken.

25 % der Patienten mit Ewing-Sarkom haben bereits bei Diagnosestellung Metastasen. Die Metastasierung erfolgt häufig in Lunge und Skelett, seltener in Leber und Lymphknoten.

Diagnose

- Blutbild: Anämie, Leukozytose
- BKS erhöht
- Knochenmarkpunktion, Lumbalpunktion
- Bildgebung:
  - Röntgen: Abhebung des Periosts, „Zwiebelschalen“
  - CT
  - MRT
  - Initial Skelettszintigrafie, im Verlauf PET
- Biopsie
- Zyto- und Molekulargenetik.

Differenzialdiagnose

- Osteosarkom
- Osteomyelitis.

Therapie

- Präoperative Chemotherapie: Isofosfamid, Doxorubicin, Vincristin, Etoposid
- Radikale Operation
- Postoperative Chemotherapiezyklen
- Radiotherapie.

Prognose

5-Jahres-Überlebensrate: 63 %.

CHECK-UP

- ☐ Wo liegt der Altersgipfel des Ewing-Sarkoms?
- ☐ Welche Lokalisation erwarten Sie beim Ewing-Sarkom?
- ☐ Welcher charakteristische Befund ist beim Ewing-Sarkom in der konventionellen Röntgenaufnahme zu sehen?
- ☐ Beschreiben Sie die Therapie des Ewing-Sarkoms.

Keimzelltumoren

Definition
Heterogene Gruppe von Tumoren, die sich von der totipotenten primordialen Keimzelle ableiten.

Epidemiologie
4 % aller malignen Tumoren im Kindesalter.

Klinik
Ubiquitäres Vorkommen:
- Hodentumor → schmerzlose Schwellung
- Steißbeinteratom
- Ovarialtumoren → Zunahme des Bauchumfangs, Schmerzen
- Mediastinale Tumoren → chronischer Reizhusten.

Diagnose
- Tumormarker: **β-hCG, α-Fetoprotein** in Tumor und Serum, auch als Verlaufsparameter
- Bildgebung: Sonografie, MRT, Röntgen, CT.

Therapie
- **Operation**
- Postoperative Chemotherapie
- Selten Bestrahlung.

Prognose
5-Jahres-Überlebensrate: 87 %, 100 % in Stadium I.

Hirntumoren

Epidemiologie
Zweithäufigste maligne Neoplasie im Kindesalter, ♂ > ♀, Altersgipfel 6 Jahre.

Ätiologie
Ionisierende Strahlen und Schädelbestrahlungen erhöhen das Risiko zu erkranken.

Klinik
- **Kopfschmerzen**
- Erbrechen, v.a. **Nüchternerbrechen**
- **Wesensveränderung**
- Stauungspapille
- Abduzensparese
- Fokal-neurologische Befunde: Ataxie, Hemiparese, Hirnnervenlähmungen
- Epileptische Anfälle
- Sehstörungen
- Zwangshaltung des Kopfs
- Kleinwuchs
- Diabetes insipidus.

Diagnose
- MRT-Schädel und MRT-Spinalkanal **mit Kontrastmittel**
- Liquorpunktion nach Ausschluss eines erhöhten Hirndrucks, Knochenmarkpunktion
- PET: Metastasensuche
- Augenarzt: Fundusspiegelung, Visus- und Gesichtsfeldprüfung
- EEG
- Endokrinologische Diagnostik bei Sellatumoren.

> Die Durchführung einer Liquorpunktion ist bei einem Hirntumor mit erhöhtem Hirndruck wegen der Einklemmungsgefahr streng kontraindiziert!

Kleinhirnastrozytom

Definition
Häufigster gutartiger Hirntumor mit bevorzugter Lokalisation in den Hemisphären.

Klinik
- Hydrozephalus
- Hirndrucksymptome.

Therapie
- **Operationsmikroskopische Resektion**
- Nur bei ausgedehnten Hirnstamminfiltrationen oder mehreren Rezidivoperationen bestrahlen.

Prognose
5-Jahres-Überlebensrate: 90 %. Beste Prognose unter den kindlichen Hirntumoren.

Nervus-opticus-Gliom

Definition
Langsam wachsendes, niedrig malignes Astrozytom des Sehnervs.

Klinik

- In 25 % der Fälle assoziiert mit Neurofibromatose Recklinghausen
- **Sehverlust**
- Bei Infiltration von Chiasma opticum und Hypothalamus **dienzephales Syndrom:** Anorexie, Verminderung des subkutanen Fettgewebes bei normalem Längenwachstum
- Euphorie
- Horizontaler Nystagmus.

Therapie

- Resektion exophytischer Tumoranteile
- Lokal bestrahlen.

Prognose

5-Jahres-Überlebensrate: 74 %.

Primitive neuroektodermale Tumoren

Definition

Primitive neuroektodermale Tumoren (PNET): embryonale Tumoren, die zumeist vom Kleinhirn ausgehen (Medulloblastom).

Epidemiologie

Medulloblastom: häufigster Hirntumor bei Kindern unter 7 Jahren, Altersgipfel 4–8 Jahre, ♂ > ♀.

Ätiologie

Entsteht aus gemeinsamer Progenitorzelle des ZNS.

Klinik

- Kopfschmerzen
- Hydrozephalus
- Hirndrucksymptome
- Einklemmungsgefahr.

Diagnose

MRT-Schädel und MRT-Spinalkanal mit Kontrastmittel. Obligat zum Nachweis von Abtropfmetastasen.

Therapie

- Primäre Resektion
- Intraventrikuläre Chemotherapie durch Ommaya-Reservoir
- Bei Resttumor Bestrahlung und Chemotherapie.

Prognose

5-Jahres-Überlebensrate: 52 %.

Kraniopharyngeom

Definition

Gutartiger epithelialer Tumor der Sellaregion mit ausgeprägter Verkalkungstendenz.

Epidemiologie

Häufigster supratentorieller Tumor des Kindesalters.

Ätiologie

Entsteht aus Resten der Rathke-Tasche, dem Vorläufer des Hypophysenvorderlappens → vorwiegend supraselläres Wachstum.

Klinik

- Sehstörungen, v.a. **bitemporale Hemianopsie**
- Neuroendokrinologische Ausfälle, z.B. **Kleinwuchs**
- Diabetes insipidus.

Diagnose

- MRT-Schädel mit Kontrastmittel
- Endokrinologische Diagnostik.

Therapie

- **Operative Resektion** über transsphenoidalen Zugang
- Perioperativ Hydrokortison und strenge Flüssigkeitsbilanzierung
- Vasopressin bei Diabetes insipidus
- Bei unvollständiger Resektion Strahlentherapie.

Prognose

Bei kompletter Tumorentfernung 80 % Rezidivfreiheit.

CHECK-UP

- ☐ Nennen Sie häufige allgemeine Symptome, die bei Vorliegen eines Hirntumors auftreten.
- ☐ Welche Untersuchungen veranlassen Sie bei V.a. Hirntumor?
- ☐ Welcher ist der häufigste Hirntumor bei Kindern < 7 Jahre?
- ☐ Welche Untersuchung muss zum Nachweis dieser Tumorart zwingend erfolgen?
- ☐ Welcher ist der häufigste supratentorielle Tumor im Kindesalter?
- ☐ Nennen Sie die charakteristischen Symptome dieses Tumors.

Tumoren des Rückenmarks

Definition
Intramedulläre, extramedullär intradurale und extramedullär extradurale Tumoren des Rückenmarks.

Epidemiologie
2 % aller ZNS-Tumoren.

Klinik
- Kombination von **Gangstörung** und **Rückenschmerzen**
- Sphinkterinsuffizienzen
- Sensibilitätsstörungen
- Muskelschwäche.

Brown-Séquard-Syndrom:
- Ipsilaterale Muskelschwäche
- Spastik
- Ataxie
- Kontralateraler Verlust der Schmerz- und Temperaturempfindung.

Zusätzliche, spezifische neurologische Symptome treten abhängig von der Tumorlokalisation auf, also der Höhe des betroffenen Rückenmarks.

Diagnose
- Röntgen-Wirbelsäule
- MRT-Spinalkanal.

Therapie
- Frühzeitige operative Intervention vor Auftreten irreversibler Schäden
- Bestrahlung selten erfolgreich
- Chemotherapie.

Prognose
5-Jahres-Überlebensrate: 70 %.

CHECK-UP
- ☐ Welche Symptomkonstellation spricht für das Vorliegen eines Rückenmarktumors?
- ☐ Was versteht man unter einem Brown-Séquard-Syndrom?

12 Kardiologie

Tab. 12.1 Typische Auskultations- und Untersuchungsbefunde bei den wichtigsten angeborenen Herzfehlern

Befund	Diagnose
• Schwirren im Jugulum tastbar • Systolikum Maximum 2. ICR rechts • Fortleitung in die Karotiden	Aortenstenose
• Pulse an unteren Extremitäten nicht tastbar • RR an oberen Extremitäten erhöht • Uncharakteristisches Systolikum	Aortenisthmusstenose
• Systolikum Maximum 2. ICR links • 2. Herzton gespalten und leise	Pulmonalstenose
• Präkordiales Schwirren tastbar • Systolikum Maximum 3.–4. ICR links • Pressstrahlgeräusch	Ventrikelseptumdefekt
• Systolikum Maximum 2. ICR links • 2. Herzton gespalten	Vorhofseptumdefekt
• Pulsus celer et altus • Maschinengeräusch Maximum 2. ICR links	Persistierender Ductus arteriosus

Angeborene Herzfehler

Angeborene Herzfehler gehören zu den häufigsten konnatalen Fehlbildungen. Die Symptomatik ist oft unspezifisch, charakteristische Auskultationsbefunde können richtungsweisend sein (→ Tab. 12.1). Das EKG des Kindes durchläuft in den ersten Lebensjahren eine physiologische Wandlung.

Epidemiologie

1 % der Neugeborenen zeigt eine angeborene Herz- oder Gefäßanomalie. Der häufigste angeborene Herzfehler ist der Ventrikelseptumdefekt (→ Tab. 12.2).

Ätiologie

- Chromosomenanomalien: Trisomie 21, 18, 13, Ullrich-Turner-Syndrom
- Teratogene Einflüsse: Diabetes mellitus, Alkoholembryopathie, Rötelnembryopathie
- Defekte einzelner Gene, z.B. hypertrophe Kardiomyopathien.

Einteilung

- Kongenitale Ausflussbehinderungen des linken Ventrikels: Aortenstenose, Aortenisthmusstenose
- Kongenitale Ausflussbehinderungen des rechten Ventrikels: Pulmonalstenose

Tab. 12.2 Relative Häufigkeit angeborener Herz- und Gefäßanomalien

Angeborene Herzfehler	Relative Häufigkeit
Ventrikelseptumdefekt	30 %
Vorhofseptumdefekt	10 %
Pulmonalstenose	7 %
Persistierender Ductus arteriosus	7 %
Fallot-Tetralogie	7 %
Aortenstenose	6 %
Aortenisthmusstenose	6 %
Atrioventrikulärer Septumdefekt	6 %
Transposition der großen Arterien	5 %
Hypoplastisches Linksherz	3 %
Truncus arteriosus communis	3 %
Totale Lungenvenenfehlmündung	1 %
Andere	9 %

- Angeborene Herzfehler mit Links-rechts-Shunt: Ventrikelseptumdefekt, persistierender Ductus arteriosus Botalli, Vorhofseptumdefekt, atrioventrikulärer Septumdefekt
- Angeborene Herzfehler mit Rechts-links-Shunt: Fallot-Tetralogie, Transposition der großen Arterien.

Aortenstenose

Definition
Kongenitale Ausflussbehinderung des linken Ventrikels durch eine Stenose im Bereich der Aorta.

Epidemiologie
6 % der angeborenen Herzfehler, ♂:♀ = 5:1.

Einteilung und Hämodynamik
Einteilung. Nach Lokalisation:
- **Valvulär** in 75 % der Fälle
- **Subvalvulär in 22 % der Fälle**
- **Supravalvulär: sehr selten**.

Hämodynamik. Abflussbehinderung → Druckbelastung des linken Ventrikels → Hypertrophie. Körperliche Belastung → Druck in der Aorta sinkt ab → Missverhältnis zwischen Sauerstoffbedarf des hypertrophierten Myokards und Koronardurchblutung → akuter Myokardinfarkt oder plötzlicher Herztod.

Klinik
- Tastbares Schwirren im Jugulum charakteristisch
- Systolisches Austreibungsgeräusch im 2.–3. ICR rechts
- Fortleitung in die Karotiden.

Hochgradige Stenose.
- Symptome bereits im Neugeborenenalter
- Linksventrikuläre Dekompensation, Kardiomegalie, Lungenödem, kardiogener Schock.

Weniger ausgeprägte Stenose. Nur körperliche Belastbarkeit ist eingeschränkt.

Bei Jugendlichen.
- **Synkope** bei körperlicher Belastung
- Akutes Kammerflimmern, plötzlicher Herztod.

Diagnose
- Blutdruckamplitude vermindert
- EKG: Linkshypertrophie, ST-Senkungen in V_5, V_6
- Röntgen-Thorax: abgerundete Herzspitze, prominenter Aortenknopf, poststenotische Dilatation der Aorta
- Echokardiografie, Angiokardiografie.

Therapie
Kritische Aortenstenose des Neugeborenen. Prostaglandininfusion, um den Kreislauf über den Duktus aufrechtzuerhalten.

Ältere Kinder. Interventionelle Therapie bei Druckgradient über 70 mmHg in Ruhe, Synkopen oder Zeichen der Hypertrophieschädigung im EKG.
- Perkutane transluminale Ballondilatation
- Operative Klappensprengung
- Klappenersatz.

> Kein Wettkampfsport bei Aortenstenose.

Aortenisthmusstenose

Definition
Einengung des Aortenlumens am Übergang von Aortenbogen zur Aorta descendens: **prä-, juxta- oder postduktal**.

Epidemiologie
6 % der angeborenen Herzfehler, ♂ > ♀.

Hämodynamik
Präduktale Stenose. Aortenisthmusstenose hochgradig → Aorta descendens wird fast ausschließlich aus der A. pulmonalis über den offenen Duktus mit venösem Blut versorgt → Zyanose der unteren Körperhälfte.

Postduktale Stenose. Bei verschlossenem Duktus → Druckbelastung linker Ventrikel → Hypertonie in der Aorta ascendens und in den abgehenden Gefäßen → jenseits der Stenose Hypotonie und Minderdurchblutung.

Klinik
Pulse an der unteren Extremität nicht oder abgeschwächt tastbar, Blutdruck an oberer Extremität erhöht, uncharakteristisches Systolikum.

Präduktale Stenose.
- Hypoxie
- Herzinsuffizienz: Zyanose, Trinkschwäche, Gedeihstörung, Hepatosplenomegalie
- Bei Verschluss des Ductus arteriosus lebensbedrohliche Symptomatik.

Postduktale Stenose.
- Kopfschmerzen
- Nasenbluten
- Kalte Füße
- Wadenschmerzen bei körperlicher Belastung
- Claudicatio intermittens
- Arterieller Hypertonus
- Apoplex.

Das sichere Tasten der Fußpulse ist bei den Vorsorgeuntersuchungen des Neugeborenen und des Säuglings obligatorisch.

Diagnose
- EKG: Rechtsherzbelastung bei präduktaler, Linksherzbelastung bei postduktaler Stenose
- Röntgen-Thorax
- Echokardiografie
- Angiokardiografie
- MRT.

Therapie
- Neugeborene: Prostaglandininfusion, um den Kreislauf über den Duktus aufrechtzuerhalten
- Operative Korrektur: Resektion, plastische Überbrückung, Ballondilatation.

Pulmonalstenose

Definition
Einengung der Ausflussbahn des rechten Ventrikels bzw. der Pulmonalarterie:
- Valvulär
- Subvalvulär
- Supravalvulär
- Peripher.

Epidemiologie
7 % der angeborenen Herzfehler.

Hämodynamik
Rechtsventrikuläre Drucksteigerung und Hypertrophie des rechten Ventrikels → Rückstau von Blut in den rechten Ventrikel und Vorhof → Dilatation der rechten Herzhöhlen → sekundäre Trikuspidalinsuffizienz und Hepatomegalie. Bei offenem Foramen ovale → Rechts-links-Shunt → Zyanose.

Klinik
Systolikum im 2. ICR links mit präkordialem Schwirren. 2. Herzton gespalten, leise oder fehlend.

Kritische Pulmonalstenose des Neugeborenen.
- Nach Duktusverschluss schwere Herzinsuffizienz
- Rechts-links-Shunt, Zyanose
- Dyspnoe
- Tachydyspnoe
- Hepatomegalie.

Wenig ausgeprägte Stenose. Nur Einschränkung der körperlichen Belastbarkeit.

Diagnose
- EKG: rechtsventrikuläre Hypertrophie
- Röntgen-Thorax: rechter Ventrikel bildet linke Herzkontur, prominentes Pulmonalsegment, hilusnah vermehrte, peripher verminderte Lungengefäßzeichnung
- Echokardiografie, Angiografie.

Therapie
Kritische Pulmonalstenose des Neugeborenen.
- Prostaglandininfusion
- Rasche Ballondilatation.

Ältere Kinder. Interventionelle Therapie bei Druckgradient über 60 mmHg.
- Ballondilatation ist Therapie der Wahl
- Operation in Ausnahmefällen: Klappenresektion, transanulärer Patch.

Ventrikelseptumdefekt

Definition
Ventrikelseptumdefekt (VSD): Öffnung in der Scheidewand zwischen rechtem und linkem Ventrikel, die einen Übertritt arteriellen Bluts vom linken zum rechten Herzen verursacht.
- Perimembranöser oder muskulärer VSD
- Druckangleichender oder drucktrennender VSD.

Epidemiologie
Mit 30 % der häufigste angeborene Herzfehler.

Hämodynamik
VSD → Links-rechts-Shunt → vermehrte Lungendurchblutung. Bei großem VSD → Druckangleichung zwischen linkem und rechtem Ventrikel → Herzinsuffizienz. Bei persistierender Lungenüberperfusion → progredienter Anstieg des Widerstands im kleinen Kreislauf → Umkehr der Shunt-Richtung → Rechts-links-Shunt (Eisenmenger-Reaktion).

Klinik
Systolikum im 3.–4. ICR links, 2. Herzton betont.

Großer VSD. Progrediente Herzinsuffizienz mit Schwitzen, Dyspnoe, Trinkschwäche, Hepatomegalie, Gedeihstörung in den ersten Lebenswochen.

Kleiner VSD. Infektneigung, vermehrtes Schwitzen.

Sehr kleiner VSD. Asymptomatisch bei sehr lautem Herzgeräusch.

> Je größer der VSD, desto leiser ist das Herzgeräusch.

Diagnose
- EKG: Linksachse charakteristisch, initial Linksherzhypertrophiezeichen, später Rechtsherzhypertrophiezeichen
- Röntgen-Thorax: vermehrte Lungengefäßzeichnung, vergrößerter linker Vorhof, bei Eisenmenger-Reaktion Kalibersprung der Lungengefäße
- Echokardiografie, Angiokardiografie.

> Bei kleinerem VSD kommt es in 42 % der Fälle innerhalb eines Jahrs, in 75 % bis zu einem Alter von 9 Jahren zum Spontanverschluss.

Therapie
- Therapie der **Herzinsuffizienz**: Digitalis, Diuretika, ACE-Hemmer
- **Operativer** Verschluss
- Katheterinterventioneller VSD-Verschluss.

Persistierender Ductus arteriosus Botalli

Definition
Persistierender Ductus arteriosus Botalli (PDA): persistierende, ehemals fetale Verbindung zwischen Arteria pulmonalis und Aorta.

Epidemiologie
7 % der angeborenen Herzfehler, ♀ > ♂.

Hämodynamik
Im Normalfall schließt sich der Duktus nach der Geburt spontan. Bleibt der Verschluss aus, z.B. bei Frühgeborenen, Neugeboreneninfektion, respiratorischer Anpassungsstörung → Blut fließt weiter aus der Aorta über die Pulmonalarterie in den Lungenkreislauf → Links-rechts-Shunt.

Klinik
- Systolisch-diastolisches Maschinengeräusch im 2. ICR links
- Pulsus celer et altus
- Blässe
- Tachydyspnoe
- Einziehungen
- Trinkschwäche
- Rezidivierende spastische Bronchitiden.

Diagnose
- EKG: linksventrikuläre Belastung, P-sinistroatriale
- Röntgen-Thorax: vermehrte Lungengefäßzeichnung
- Echokardiografie.

Therapie
Kleiner PDA. Gute Chance auf Spontanverschluss im 1. Lebensjahr. Bei hämodynamischer Wirksamkeit interventioneller Verschluss durch Stahlspiralen oder Doppelschirme.

Großer PDA. Durchtrennung, Ligatur.

Vorhofseptumdefekt

Definition
Vorhofseptumdefekt (ASD): pathologische Öffnung im Vorhofseptum, die zu einem vermehrten Blutfluss vom linken zum rechten Vorhof führt.

Epidemiologie
10 % der angeborenen Herzfehler.

Einteilung und Hämodynamik
Einteilung.
- Ostium-secundum-Defekt (zentral) **ASD II**
- **Sinus-venosus-Defekt** (hoch dorsal)
- Septum-primum-Defekt **ASD I** (tief)
- **Offenes Foramen ovale**.

Hämodynamik. Arterialisiertes Blut fließt aus dem linken Vorhof in den rechten Vorhof (Links-rechts-Shunt) → Volumenbelastung des linken und rechten Vorhofs, des rechten Ventrikels und der A. pulmonalis.

Klinik
Systolikum im 2.–3. ICR links, weit und fixiert gespaltener 2. Herzton.

Im Säuglingsalter sehr selten Symptome, meist im Schulalter verminderte körperliche Belastbarkeit, Rhythmusstörungen.

Diagnose

- Auskultationsbefund
- EKG: rechtsventrikuläre Hypertrophie, Rechtsschenkelblock
- Röntgen-Thorax: häufig normal, verstärkte Lungengefäßzeichnung, prominentes Pulmonalsegment, Herzvergrößerung
- Echokardiografie.

Therapie

Bei hämodynamisch relevantem ASD ist der **interventionelle Verschluss** die Therapie der Wahl. Nur selten – bei ungünstiger Morphologie – operativer Verschluss erforderlich.

Atrioventrikulärer Septumdefekt

Definition

Atrioventrikulärer Septumdefekt (AVSD): Hemmungsfehlbildung des Vorhof- und Ventrikelseptums einschließlich der AV-Klappen, die frühzeitig zu fixierter pulmonaler Hypertonie führt.

Epidemiologie

6 % der angeborenen Herzfehler, besonders häufig bei Trisomie 21.

Hämodynamik

Alle vier Herzhöhlen sind miteinander verbunden → großer Links-rechts-Shunt auf Vorhof- und Ventrikelebene → pulmonale Hypertonie in den 1. Lebensmonaten → früh Druckanhebung im kleinen Kreislauf → schnelle Entwicklung eines Rechts-links-Shunts.

Klinik

Lautes VSD-Geräusch, zusätzlich Mitralinsuffizienzgeräusch über der Herzspitze.
Manifestation einer ausgeprägten **Herzinsuffizienz** in der **1. Lebenswoche:**

- Tachydyspnoe, Einziehungen
- Trinkschwäche
- Rezidivierende pulmonale Infekte
- Gedeihstörung
- Erhebliche Hepatomegalie.

Diagnose

- EKG: **überdrehter Linkstyp** pathognomonisch, AV-Block I
- Röntgen-Thorax: Herzvergrößerung, liegende Eiform, prominentes Pulmonalsegment, vermehrte Hilus- und Lungengefäßzeichnung, nach Entwicklung pulmonaler Hypertonie verminderte Lungengefäßzeichnung
- Echokardiografie.

> Der überdrehte Linkstyp ist für den AVSD pathognomonisch.

Therapie

- Behandlung der **Herzinsuffizienz:** Digitalis, Diuretika
- Operative Korrektur im 3. Lebensmonat: ASD- und VSD-Verschluss, AV-Klappen-Rekonstruktion.

Fallot-Tetralogie

Definition

Zyanotisches Herzvitium, bestehend aus:

- Pulmonalstenose
- Hoch sitzendem großem VSD
- „Reitender Aorta“
- Rechtsherzhypertrophie.

Epidemiologie

7 % der angeborenen Herzfehler, häufigstes zyanotisches Vitium.

Hämodynamik

Hochgradige Pulmonalstenose → verminderte Lungendurchblutung → Abstrom des venösen Bluts aus dem rechten Ventrikel → über den VSD → Aorta.
Verminderte Lungendurchblutung → nur eine geringe Menge arteriellen Bluts aus den Lungenvenen → linker Vorhof → linker Ventrikel → Aorta → Aorta ist mit **arteriovenösem Mischblut** gefüllt → niedrige arterielle Sauerstoffsättigung → Zyanose → reaktive Polyglobulie mit Gefahr von Thrombosen und Embolien → kompensatorische Thrombozytopenie.

Klinik

Die Auskultation wird v.a. durch die Pulmonalstenose bestimmt: singulärer 2. Herzton, denn verdickte Pulmonalklappe produziert keinen Pulmonalschlusston, lautes Sytolikum im 4. ICR links (VSD-Geräusch).

- **Zyanose**, Tachydyspnoe
- Trinkschwäche, Dystrophie
- **Hypoxämische Anfälle**: Unruhe, Dyspnoe, Zunahme der Zyanose, Hockstellung zur Erhöhung des Widerstands, Bewusstlosigkeit
- Uhrglasnägel, Trommelschlägelfinger
- Injektion der Konjunktivalgefäße.

Diagnose

- EKG: Rechtstyp, rechtsventrikuläre Hypertrophie
- Röntgen-Thorax: angehobene Herzspitze, prominenter Aortenknopf, transparente Lungenfelder
- Echokardiografie
- Herzkatheter.

Therapie

- Neugeborene mit duktusabhängiger Lungenperfusion: Prostaglandininfusion
- Therapie des **hypoxämischen Anfalls**:
  - Sedierung mit z.B. Morphin
  - Sauerstoffzufuhr
  - Volumengabe i.v.
  - Knie gegen die Brust pressen, um den Widerstand im Systemkreislauf zu erhöhen
  - Rezidivprophylaxe: β-Rezeptorenblocker
- Operation:
  - Ballondilatation der Pulmonalklappe
  - Patch zum VSD-Verschluss
  - Pulmonalklappenerweiterung
  - Bei Pulmonalhypoplasie und Hypoplasie von linkem Vorhof und Ventrikel: Anastomosenoperation: Ausflussbahn erweitern, dabei ASD belassen oder VSD verkleinern
- Endokarditisprophylaxe.

Bei Fallot-Tetralogie sind Digitalis und Diuretika **kontraindiziert**, weil sie die infundibuläre Pulmonalstenose verstärken.

Transposition der großen Arterien

Definition

Zyanotischer Herzfehler, bei dem die Aorta aus dem rechten und die Pulmonalarterie aus dem linken Ventrikel entspringt.

Epidemiologie

5 % der angeborenen Herzfehler, häufig Begleitfehlbildungen: VSD, Pulmonalstenose, extrakardiale Fehlbildungen.

Hämodynamik

Bei kompletter Transposition der Gefäße ohne zusätzliche Begleitfehlbildung liegt eine komplette Trennung von System- und Lungenkreislauf vor, die nicht mit dem Leben vereinbar ist. Kurz nach der Geburt verbinden sich die Kreisläufe über das Foramen ovale und den Duktus. Bei Verschluss → extreme Hypoxie und Tod des Kindes.

Klinik

- Am 1.–4. Lebenstag **lebensbedrohliche Zyanose** nach Verschluss des Duktus
- Trinkschwäche
- Tachydyspnoe
- Unbehandelt schwere Herzinsuffizienz mit tödlichem Ausgang.

Diagnose

- EKG: weitgehend normal, positives T in V_1
- Röntgen-Thorax: eiförmiges Herz, vermehrte Lungengefäßzeichnung
- Echokardiografie
- Herzkatheter, nicht obligat.

Therapie

- Prostaglandingabe bei drohendem Duktusverschluss lebensrettend
- Ballonatrioseptostomie
- Arterielle Switch-Operation.

CHECK-UP

- ☐ Beschreiben Sie die klinischen Symptome einer Aortenisthmusstenose.
- ☐ Wie unterscheiden Sie die prä- und die postduktale Aortenisthmusstenose?
- ☐ Wie wird die Aortenisthmusstenose therapiert?
- ☐ Welche Form der Aortenstenose ist am häufigsten?
- ☐ Wie manifestiert sich eine hochgradige Aortenstenose beim Neugeborenen?
- ☐ Welche Maßnahme ist in diesem Fall lebensrettend?
- ☐ Beschreiben Sie die hämodynamischen Vorgänge beim VSD.
- ☐ Welche klinischen Symptome erwarten Sie bei einem ausgeprägten VSD?
- ☐ Wann ist der Auskultationsbefund beim VSD am auffälligsten?
- ☐ Welche Therapieoptionen haben Sie bei einem VSD?

- ☐ Worum handelt es sich beim PDA?
- ☐ Beschreiben Sie die klinischen Symptome des PDA.
- ☐ Wie sichern Sie die Diagnose eines PDA?
- ☐ Wie wird der PDA behandelt?
- ☐ Was sind die Elemente einer Fallot-Tetralogie?
- ☐ Beschreiben Sie die Hämodynamik der Fallot-Tetralogie.
- ☐ Nennen Sie die wegweisenden klinischen Symptome bei Fallot-Tetralogie.
- ☐ Welche Therapieoptionen bestehen bei der Fallot-Tetralogie?

Erworbene Herz- und Gefäßerkrankungen

Bakterielle Endokarditis

Definition

Akute oder subakute Erkrankung des Herzens im Anschluss an eine bakterielle Infektion, im Rahmen einer bakteriellen Sepsis oder nach operativen Eingriffen in bakteriell infizierten Gebieten. Kann zur Zerstörung der Herzklappen führen. Fast ausschließlich bei Kindern mit vorgeschädigtem Herzen.

Erreger

- Subakute Endokarditis: Enterokokken oder Viridansstreptokokken: Staphylococcus sanguis, Staphylococcus bovis, Staphylococcus mutans, Staphylococcus mitis
- Akute Endokarditis: Staphylococcus aureus.

Pathogenese

Initiales Ereignis:

- Turbulenter Blutfluss: Engstelle oder endotheliale Läsion
- Verletzungen der Mukosa: zahnärztlicher Eingriff oder Eingriff am Respirationstrakt.

→ Transitorische Bakteriämie mit endokarditistypischen Erregern → Adhäsion und Kolonisation der thrombotischen Auflagerungen. Anlagerung von Fibrin und Thrombin → Vegetationen → Besiedelung mit Mikroorganismen.

Risikofaktoren

- Angeborene Herzfehler in 90 % der Fälle
- Hypertrophe Kardiomyopathie (→ Tab. 12.3).

Tab. 12.3 Patienten mit der höchsten Wahrscheinlichkeit eines schweren oder letalen Verlaufs einer infektiösen Endokarditis

Patienten mit Klappenersatz: mechanische und biologische Prothesen Patienten mit rekonstruierten Klappen unter Verwendung von alloprothetischem Material in den ersten 6 Monaten postoperativ
Patienten mit überstandener Endokarditis
Patienten mit angeborenen Herzfehlern: – Zyanotische Herzfehler, die nicht oder palliativ mit systemisch-pulmonalem Shunt operiert sind – Operierte Herzfehler mit Implantation von Conduits (mit oder ohne Klappe) oder residuellen Defekten, d.h. turbulenter Blutströmung im Bereich des prothetischen Materials
Alle operativ oder interventionell unter Verwendung von prothetischem Material behandelten Herzfehler in den ersten 6 Monaten postoperativ
Herztransplantierte Patienten, die eine kardiale Valvulopathie entwickeln
Aus: Naber CK et al. Kardiologe 2007, 1:243–250. Prophylaxe der infektiösen Endokarditis (Positionspapier).

Klinik

Akute Endokarditis.

- Plötzliche Verschlechterung des Allgemeinzustands
- Septisch intermittierendes Fieber
- Tachykardie
- Dyspnoe
- Neu auftretendes Herzgeräusch
- Splenomegalie
- Bakterielle Embolien mit Abszessbildung
- Herzinsuffizienz
- Nierenversagen
- Koma bis Tod.

Subakute Endokarditis.

- Krankheit beginnt schleichend
- Müdigkeit
- Appetitlosigkeit, Gewichtsabnahme

- Nächtliches Schwitzen bei subfebrilen Temperaturen
- Splenomegalie
- Petechiale Hautblutungen
- Neurologische Symptome: Paresen, Verwirrtheit, Krampfanfälle
- Osler-Knötchen.

Diagnose

Labor.

- Normozytäre, normochrome Anämie
- Leukozytose
- Linksverschiebung
- BKS beschleunigt
- Blutkulturen aerob und anaerob: Erregernachweis und Bestimmung der minimalen Hemmkonzentration
- Mikrohämaturie bei Glomerulonephritis.

Transösophageale Echokardiografie.

- **Vegetationen**
- Klappenperforationen und -insuffizienzen.

> Wichtigste diagnostische Kriterien der Endokarditis: klinische Symptomatik, Erregernachweis, positiver Echokardiografie-Befund.

Differenzialdiagnose

- Akutes rheumatisches Fieber
- Morbus Still
- Systemischer Lupus erythematodes (Libman-Sacks-Endokarditis)
- Kardiales Myxom.

Therapie

- Supportiv: Bettruhe, Antipyrese
- Antibiotische Therapie nach Antibiogramm
- Chirurgische Therapie: Klappenersatz.

Komplikationen

Bei 50 % der Patienten dauerhafte Folgeschäden:

- Klappenzerstörung
- Mykotisches Aneurysma
- Extrakardiale embolische Komplikationen: zerebrale Embolie, Lungenembolie, Glomerulonephritis.

> Bei 50 % der Patienten mit bakterieller Endokarditis treten dauerhafte Folgeschäden auf.

Tab. 12.4 Empfohlene Prophylaxe vor zahnärztlichen Eingriffen, bei Tonsillektomie, Adenotomie oder Mukosainzision

Situation	Antibiotikum	Einzeldosis [mg/kg KG]
Orale Einnahme	Amoxicillin Alternativ Penicillin V	50 p.o.
Orale Einnahme nicht möglich	Ampicillin Alternativ Cefazolin, Ceftriaxon 50 mg/kg KG i.v.	50 i.v.
Penicillin- oder Ampicillinallergie: orale Einnahme	Clindamycin Alternativ Cefalexin 50 mg/kg KG oder Clarithromycin 15 mg/kg KG p.o.	20 p.o.
Penicillin- oder Ampicillinallergie: orale Einnahme nicht möglich	Clindamycin Alternativ Cefazolin oder Ceftriaxon 50 mg/kg KG i.v.	20 i.v.

Aus: Naber CK et al. Kardiologe 2007, 1:243–250. Prophylaxe der infektiösen Endokarditis (Positionspapier).

Prophylaxe

Neue Empfehlungen in Bezug auf eine medikamentöse Endokarditisprophylaxe sind deutlich restriktiver als frühere Empfehlungen. Sie wird nur noch bei Hochrisikopatienten durchgeführt (→ Tab. 12.4), bei denen Manipulationen an der Mukosa vorgenommen werden. Eine generelle Prophylaxe bei Eingriffen am Urogenital- oder Gastrointestinaltrakt wird nicht mehr empfohlen. Die Prophylaxe sollte 30–60 min vor dem Eingriff verabreicht werden.

■ Myokarditis

Definition

Entzündliche Erkrankung des Myokards mit familiärer Disposition.

Epidemiologie

Häufig im Anschluss an Viruserkrankungen. In allen Altersgruppen selten.

Erreger

- In 95 % der Fälle Viren: Influenza-, Coxsackie-, ECHO-Viren
- Seltener Pilze, Bakterien oder Parasiten.

Klinik

- Nach vorausgegangenem Virusinfekt anhaltendes **Krankheitsgefühl:** Schwäche, Tachykardie, Dyspnoe, Blässe
- Hepatomegalie
- Obere Einflussstauung
- **Galopprhythmen**.

Diagnose

- Auskultation: leises Systolikum: relative Klappeninsuffizienz bei Herzdilatation, Perikardreiben
- Labor: CK und CK-MB, Troponin T erhöht, Virusserologie, Lyme-Borreliose ausschließen
- EKG: multifokale ventrikuläre Extrasystolen, AV-Überleitungsstörungen
- Röntgen-Thorax: großes Herz
- Echokardiografie: verminderte Kontraktilität, Dilatation des linken Ventrikels.

Therapie

- Symptomatisch: Bettruhe, Sauerstoffzufuhr, Diuretika, Antiarrhythmika
- Operation in schweren Fällen: Assist device, Transplantation.

Perikarditis

Definition

Entzündliche Erkrankung des Perikards: Pericarditis sicca oder exsudativa.

Ätiologie

- **Hämatogen:** Viruserkrankung, Sepsis
- **Fortgeleitet:** Lunge, Mediastinum, Pleura, Myokard
- Tuberkulose
- Rheumatisches Fieber
- Autoimmunerkrankungen
- Postkardiotomiesyndrom nach Herzoperationen.

Klinik

- Abgeschlagenheit
- Fieber
- Thoraxschmerzen
- Zyanose
- Tachykardie, Tachydyspnoe
- Obere Einflussstauung
- Hepatomegalie
- Aszites
- Periphere Ödeme.

Initial besteht eine Pericarditis sicca, bei Auftreten eines Ergusses: Pericarditis exsudativa.

Komplikationen.

- Tamponade
- Panzerherz: Verkalkung des Perikards
- Kreislaufversagen
- Tod.

> Klinische Leitsymptome der Perikarditis sind Fieber und Thoraxschmerzen bei beeinträchtigtem Allgemeinzustand.

Diagnose

- Auskultation: Perikardreiben, leise Herztöne
- Labor: Blutbild, BKS, Blutkulturen, Virusserologie
- EKG: wechselnd lokalisierte Repolarisationsstörungen, Niedervoltage
- Röntgen-Thorax: Bocksbeutelform des Herzens
- Echokardiografie: Erguss.

Therapie

Symptomatisch:

- Bettruhe, Sedierung
- Antibiotika
- Nichtsteroidale Antiphlogistika
- Kortikosteroide
- Ergussentlastung.

Herzinsuffizienz

Definition

Unfähigkeit des Herzens, ein für den Bedarf des Organismus ausreichendes Herzminutenvolumen zu fördern.

Ätiologie

- Angeborene Herzfehler
- Seltener primäre Kardiomyopathie
- Bakterielle Endokarditis
- Myokarditis
- Schwere Herzrhythmusstörungen
- Schwere Allgemeinerkrankungen
- Toxische Myokardschädigungen.

Klinik

Neugeborene, Säuglinge.

  - Trinkschwäche
  - Schwitzen in Ruhe
  - Zyanose
  - Gewichtszunahme durch Ödeme
  - Tachydyspnoe
  - Einziehungen
  - Tachykardie bei schwachem Puls
  - Gedeihstörung

Ältere Kinder.
- Halsvenenstauung
- Pleura- oder Perikarderguss
- Hepatosplenomegalie
- Aszites
- Periphere Ödeme
- Lungenödem.

Diagnose
- Röntgen-Thorax: verbreiteter Herzschatten, vermehrte Hilus- und Lungengefäßzeichnung
- EKG: Kammerhypertrophie und Vorhofbelastung, Repolarisationsstörungen
- Echokardiografie.

Therapie
- Symptomatisch: körperliche Belastung reduzieren, Nahrungssondierung oder parenterale Ernährung, Oberkörper hochlagern, Flüssigkeitsbilanzierung, Sauerstoffzufuhr, Bluttransfusion
- Kausal: zugrunde liegende Erkrankungen behandeln, Assist device zur Überbrückung bis Herztransplantation
- Medikamentös: Diuretika, ACE-Hemmer, Digitalisglykoside, β-Blocker.

CHECK-UP
- ☐ Definieren Sie das Krankheitsbild der bakteriellen Endokarditis.
- ☐ Nennen Sie Risikofaktoren für die Entwicklung einer bakteriellen Endokarditis.
- ☐ Grenzen Sie anhand der klinischen Symptomatik die akute von der subakuten Endokarditis ab.
- ☐ Welche Komplikationen können bei einer bakteriellen Endokarditis auftreten?
- ☐ Wie wird eine bakterielle Endokarditis behandelt?
- ☐ Welche Patienten erhalten nach aktuellen Empfehlungen eine medikamentöse Endokarditisprophylaxe?
- ☐ In welcher Situation erhalten diese Patienten eine antibiotische Endokarditisprophylaxe?
- ☐ Welche Antibiotika werden zur oralen Endokarditisprophylaxe verwendet?
- ☐ Beschreiben Sie die Symptome der Herzinsuffizienz beim Säugling.

Kardiomyopathien

Hypertrophe Kardiomyopathie

Definition
Kardiomyopathien. Erkrankungen des Myokards, die mit einer kardialen Dysfunktion einhergehen. Einteilung nach WHO.

Hypertrophe Kardiomyopathie (HCM). Genetisch determinierte Hypertrophie des Myokards. Mit oder ohne Obstruktion der linksventrikulären Ausflussbahn.

Ätiologie
Familiär und sporadisch, Mutationen verschiedener Gene, z.B. β-Myosin-Heavy-Chain (MHC-)Gen. Sekundär bei diabetischer Fetopathie und Steroidtherapie.

Klinik
Bei Kindern selten klinische Symptome, daher ohne Vorwarnung plötzlicher Herztod. Typische Auslöser sind supraventrikuläre Tachykardien, Überleitungsstörungen oder eine myokardiale Ischämie.

Diagnose
- Auskultation: Systolikum im 3.–4. ICR links und im 2. ICR rechts
- EKG: Linksherzhypertrophie, spitzwinklig negatives T
- Echokardiografie: Septum-, Ventrikeldicke, Auswurfleistung.

Therapie
- β-Blocker, z.B. Propranolol 2 mg/kg KG/d, oder Kalziumantagonisten, z.B. Verapamil 2–5 mg/kg KG/d
- Amiodaron
- Bei Therapieresistenz Operation: Myektomie im Septumbereich.

Dilatative Kardiomyopathie

Definition
Dilatative Kardiomyopathie (DCM): Dilatation des linken Ventrikels und der anderen Herzhöhlen mit mäßiger Wandhypertrophie.

Epidemiologie
Sie tritt selten auf, ist jedoch die häufigste Indikation zur Herztransplantation im Kindesalter.

Ätiologie
- Nach abgelaufener Myokarditis
- Familiär
- Nach Doxorubicintherapie.

Klinik
- **Kardiomegalie**
- Abgeschlagenheit
- Gedeihstörung
- Tachydyspnoe
- Hartnäckiger Husten
- Ödemneigung.

Diagnose
- Auskultation: feinblasige Rasselgeräusche über basalen Lungenabschnitten, Systolikum der Mitralinsuffizienz
- EKG: Linksherzhypertrophie, Repolarisationsstörungen
- Echokardiografie
- Herzkatheter.

Therapie
Symptomatisch.
- Flüssigkeitsrestriktion
- Sauerstoffzufuhr
- ACE-Hemmer
- Diuretika
- Digitalis.

Kausal. Herztransplantation oder Assist device.

Herzrhythmusstörungen

Einteilung
Störungen der Erregungsbildung.
- Extrasystolie
- Paroxysmale Reentrytachykardie
- Vorhofflattern und Vorhofflimmern
- Kammerflattern und Kammerflimmern
- Long-QT-Syndrom.

Störungen der Erregungsleitung.
- Sinuatriale Überleitungsstörung
- Atrioventrikuläre Überleitungsstörung.

Extrasystolie

Definition
Herzaktionen außerhalb des normalen Herzrhythmus.

Epidemiologie
Häufigste Herzrhythmusstörung im Kindes- und Jugendalter.

Klinik
Asymptomatisch, evtl. Gefühl des „Herzstolperns".

Diagnose
EKG:
- Supraventrikuläre Extrasystolen: vorzeitig einfallende P-Wellen, QRS-Komplexe nicht deformiert
- Ventrikuläre Extrasystolen: vorzeitig einfallende Kammererregung mit QRS-Deformierung, veränderter Lagetyp.

Therapie
Erforderlich bei höhergradigen Extrasystolen nach Herzoperation, bei Myokarditis, bei Kammermyopathie:
- Amiodaron
- Propafenon
- Sotalol
- Verapamil.

Paroxysmale Reentrytachykardie

Definition
Der Reentrymechanismus führt zu anfallsartiger Steigerung der Herzfrequenz über 200/min.

Ätiologie
Supraventrikuläre paroxysmale Tachykardie: Reentry im AV-Knoten oder über akzessorische Leitungsbahn, Wolff-Parkinson-White-Syndrom.

Die ventrikuläre paroxysmale Tachykardie ist selten.

Klinik

Plötzlicher Herzfrequenzanstieg auf über 150–300/min. Je jünger das Kind, desto höher die Frequenz.

- Fetus: Hydrops fetalis
- Säugling: bei lang anhaltender Tachykardie Blässe, vermehrtes Schwitzen, Tachydyspnoe, Trinkschwäche
- Älteres Kind: Tachykardie wird oft gut toleriert. Schwäche, Schwindel, Angstgefühle möglich. Selten Herzinsuffizienz.

Diagnose

EKG:

- PQ-Zeit verkürzt
- Bei WPW-Syndrom Verbreiterung der Kammerkomplexe, δ-Welle.

Therapie

Paroxysmale Tachykardie des Säuglings.

- Vagusstimulation: Eisbeutel auf Gesicht
- Bei fortbestehender Tachykardie Adenosin 0,1 mg/kg KG als Bolus schnell i.v.
- Bei ausbleibendem Erfolg Dosis steigern, dann EKG-synchrone Kardioversion.

Paroxysmale Tachykardie des älteren Kindes.

- Vagusstimulation: Valsalva, Eiswasser trinken
- Bei fortbestehender Tachykardie Adenosin 0,1 mg/kg KG als Bolus schnell i.v.
- Bei ausbleibendem Erfolg Dosis steigern
- Kinder > 12 Jahre: Amiodaron oder Propafenon.

Prophylaxe. Propafenon oder β-Blocker, evtl. Hochfrequenzkatheterablation bei Kindern > 12 Jahre.

> Die paroxysmale Tachykardie des Säuglings sollte stets unterbrochen werden. Bei älteren Kindern endet der Anfall oft spontan.

Vorhofflattern und Vorhofflimmern

Definition

- Vorhofflattern: hochfrequente regelmäßige Vorhofaktionen
- Vorhofflimmern: völlig unregelmäßige Vorhofaktionen.

Ätiologie

Chronische Überdehnung der Vorhöfe:

- Mitralklappenfehler
- Nach Herzoperationen oder Myokarditis
- Kardiomyopathie.

Klinik

- Dyspnoe
- Angst
- Pulsdefizit
- Herzklopfen
- Schwindelgefühl
- Bei Kindern Synkope, evtl. plötzlicher Herztod.

Diagnose

EKG.

Vorhofflattern.

- Sägezahnartiges Bild, Vorhoffrequenz 250–300/min
- Meist 2:1- oder 3:1-Überleitung.

Vorhofflimmern.

- Flache Vorhoferregungskurve, Vorhoffrequenz 350–600/min
- Absolute Kammerarrhythmie.

Therapie

Vorhofflattern. Schnelles Eingreifen erforderlich.

- Transösophageale atriale Überstimulation oder externe Kardioversion
- Amiodaron.

Vorhofflimmern.

- Digitalis
- Antitachykarder Schrittmacher
- Adäquate Thromboseprophylaxe.

Kammerflattern und Kammerflimmern

Definition

- Kammerflattern: hochfrequente, regelmäßige Kammeraktionen
- Kammerflimmern: völlig unregelmäßige Kammeraktionen.

Ätiologie

- Hypoxie
- Intoxikationen: u.a. Digitalis, Adrenalin
- Elektrolytstörungen: Hypokaliämie, Hyperkalzämie
- Traumata
- Elektrounfälle
- Long-QT-Syndrom.

Klinik
Kreislaufstillstand.

Therapie
- Kardiopulmonale Reanimation
- Asynchrone Defibrillation: 4 J/kg KG.

Long-QT-Syndrom

Definition
Angeborene Erkrankung mit charakteristischer Verlängerung der QT-Zeit.

Klassifikation und Epidemiologie
- Romano-Ward-Syndrom (**RWS**): 1:7.000
- Jervell-Lange-Nielsen-Syndrom (**JNLS**): 1, 6–6:1.000.000 Kinder zwischen 4 und 15 Jahren.

Ätiologie
Acht Long-QT-Gene auf sieben Chromosomen.
- RWS: autosomal-dominant
- JLNS: autosomal-rezessiv, mit Taubheit.

Klinik
Bevorzugt in Kindheit/Jugend rezidivierende **Synkopen** mit Triggern:
- Emotionaler Stress
- Körperliche Anstrengung
- Intensive auditorische Stimuli.

Vorausgehend **auraähnliche Symptome:**
- Blässe
- Schweißausbrüche
- Unwohlsein
- Schwindel
- Übelkeit.

Diagnose
- Anamnese, klinische Symptomatik
- EKG: verlängerte QT-Zeit, Torsade de pointes
- Molekulargenetik
- EEG: Epilepsie ausschließen.

Therapie
Torsade-de-pointes-Tachykardie.
- Externe Kardioversion, um plötzlichen Herztod zu verhindern
- Unmittelbares Rezidiv: Magnesium i. v., β-Blocker, Lidocain, Kalziumantagonist.

Langzeitbehandlung.
- β-Blocker
- Magnesium und Kalium in der oberen Norm halten
- Bei Therapieresistenz: Kardioverter-Defibrillator implantieren
- Kein Wettkampfsport.

Bei Long-QT-Syndrom sollten Familienmitglieder unbedingt ebenfalls untersucht werden.

Sinuatriale Überleitungsstörung

Definition
Sinuatriale Verzögerung oder Blockade der Erregungsüberleitung.

Ätiologie
- Sick-Sinus-Syndrom
- Digitalis- oder Antiarrhythmikaüberdosierung
- Entzündliche Herzerkrankung.

Klinik
- Bradykardie
- Schwindel
- Bewusstlosigkeit
- Synkopale Anfälle.

Diagnose
EKG:
- Schwere Sinusbradykardie
- Permanenter junktionaler Ersatzrhythmus
- Ausgeprägte sinuatriale Leitungsstörung
- Episoden von Sinusarrest.

Therapie
Implantation eines atrialen Schrittmachers. Im akuten Notfall Atropin.

Atrioventrikuläre Überleitungsstörung

Definition
Verzögerung oder Blockade der Erregungswelle am AV-Übergang. Einteilung:
- AV-Block I
- AV-Block II: Typ Wenckebach oder Typ Mobitz
- AV-Block III.

Ätiologie
- Erhöhter Vagotonus
- Digitalisüberdosierung
- Verapamil
- β-Blocker
- Angeborene Herzfehler
- Entzündliche Herzerkrankungen.

Klinik
Häufig **symptomlos. Synkopale Anfälle** bei komplettem AV-Block: AV-Block III und intermittierend bei AV-Block II.

Diagnose

EKG:

- AV-Block I: Verlängerung des PQ-Intervalls
- AV-Block II, Typ Wenckebach: progressive Verlängerung des PQ-Intervalls bis Überleitung einer P-Welle ausfällt
- AV-Block II Typ Mobitz: meist festes Muster der Überleitung, z.B. 2:1, 3:1, etc.
- AV-Block III: vollständige Dissoziation zwischen P-Wellen und QRS-Komplexen.

Therapie

- Bei AV-Block I und II nicht erforderlich
- AV-Block II, Typ Mobitz evtl. und AV-Block III: **Schrittmacherimplantation** bei möglichst großen Kindern.

CHECK-UP

- ☐ Nennen Sie die Ursachen der supraventrikulären paroxysmalen Tachykardie.
- ☐ Beschreiben Sie die Symptome der paroxysmalen Tachykardie des Feten, des Säuglings und des älteren Kinds.
- ☐ Welche EKG-Veränderungen erwarten Sie bei supraventrikulärer paroxysmaler Tachykardie?
- ☐ Beschreiben Sie die Stufentherapie bei paroxysmaler Tachykardie des Säuglings.
- ☐ Was ist die Ursache des Long-QT-Syndroms?
- ☐ Wie manifestiert sich ein Long-QT-Syndrom klinisch?
- ☐ Nennen Sie die charakteristischen EKG-Veränderungen beim Long-QT-Syndrom.
- ☐ Welche Therapiemaßnahmen stehen Ihnen bei akuter Torsade-de-pointes-Tachykardie zur Verfügung?
- ☐ Worin besteht die Langzeitbehandlung beim Long-QT-Syndrom?

Akzidentelle Herzgeräusche

Definition

Herzgeräusch ohne Krankheitswert.

Epidemiologie

80 % der Kinder zwischen 2 und 14 Jahren.

Ätiologie

Turbulenter Blutstrom an Klappenunstetigkeiten bei normaler Herzanatomie. Ohne Krankheitswert.

Klinik

Kriterien, die für das Vorliegen eines **akzidentellen Herzgeräuschs** sprechen:

- Lautstärke < 3/6
- Lokalisation 2.–3. oder 3.–4. ICR links ohne Fortleitung
- Geräuschänderung bei Lagewechsel
- Normale Herztöne
- Verstärkung des Geräuschs bei erhöhtem Herzzeitvolumen z.B. bei Fieber.

> Diastolische Geräusche sollten stets kardiologisch abgeklärt werden.

Diagnose

- Sorgfältige Anamneseerhebung
- Komplette körperliche Untersuchung
- Umfassende Auskultation
- EKG und Echokardiografie sollten durchgeführt werden.

CHECK-UP

- ☐ Nennen Sie die Kriterien, die dafür sprechen, dass es sich bei einem Herzgeräusch um ein akzidentelles Herzgeräusch ohne Krankheitswert handelt.
- ☐ Welche diagnostischen Maßnahmen leiten Sie ein, wenn Sie ein akzidentelles Herzgeräusch vermuten?

13 Erkrankungen des Respirationstrakts

Angeborene Fehlbildungen

Choanalatresie

Definition

Knöchernes oder membranöses Septum zwischen Nase und Pharynx.

> Die Choanalatresie ist die häufigste angeborene Fehlbildung der Nase.

Ätiologie

In 80 % der Fälle CHARGE-Syndrom:

- **C**oloboma
- **H**eart disease
- **A**tresia choanae
- **R**etarded growth or development
- **G**enital anomalies
- **E**ar anomalies.

Klinik

Einseitige Choanalatresie.

- Atembehinderung
- Schleimig-eitrige Absonderungen
- Trinkprobleme.

Beidseitige Choanalatresie.

- Vor allem bei Anstrengung und Trinken gefährliche Ateminsuffizienz mit Dyspnoe, Einziehungen, Stridor, Zyanose
- Rezidivierende Aspirationspneumonien
- Gedeihstörung.

Diagnose

- Nasensondierung: nach etwa 5 cm kein weiteres Vorschieben möglich
- Nasenendoskopie.

Therapie

- Sofortmaßnahmen: Mund offenhalten, Guedel-Tubus, Intubation
- Operative Korrektur: Septumperforation, Kunststoffröhrchen einlegen, Rebougierung.

Pierre-Robin-Sequenz

Definition

Autosomal-rezessiv vererbtes Fehlbildungssyndrom mit Mikroretrognathie.

Klinik

- Leitsymptome: mandibuläre **Retrognathie**, **hoher Gaumen** oder **mediane Gaumenspalte**
- Glossoptose (Zunge sinkt zurück) → inspiratorischer Stridor, Zyanose, respiratorische Insuffizienz
- Trinkschwäche
- Begleitende Fehlbildungen häufig, insbesondere kongenitale Herzvitien.

Therapie

- Zunge instrumentell vorziehen
- Tracheostomie
- Gaumen- bzw. Trinkplatte anpassen.

Kongenitale Laryngo- oder Tracheomalazie

Definition

Angeborener Stridor, der zumeist auf angeborener Instabilität der Epiglottis und des Kehlkopfknorpels beruht.

Epidemiologie

Häufigste angeborene Larynxfehlbildung, ♂:♀ = 2:1.

Klinik

- Nach der Geburt lageabhängiger inspiratorischer Stridor, der sich in Bauchlage bessert
- „Juchzendes“, schnarchendes Atemgeräusch
- Einziehungen
- Bei Infekten verschlechtert sich die Symptomatik.

> Bei Laryngomalazie besteht ein postnataler Stridor, der sich in Bauchlage bessert. Ein bedrohlicher klinischer Verlauf und eine Progression der Symptome sprechen gegen die Diagnose.

Diagnose

Indirekte Laryngo-, Bronchoskopie.

Differenzialdiagnose

- Hämangiome
- Lymphangiome
- Anomalien mediastinaler Gefäße
- Konnatale Struma
- Geburtstraumatische Rekurrensparese.

Therapie

Eine Behandlung ist meist nicht erforderlich, bei Infekten abschwellende Inhalationstherapie.

Angeborene Tracheal- und Bronchusstenosen

Definition

Sekundäre Stenose von Trachea oder Bronchus.

Ätiologie

Häufig Gefäßfehlbildungen (doppelter Aortenbogen, Fehlabgang des Truncus brachiocephalicus): „Druck von außen".

Klinik

- Inspiratorischer **Stridor**
- Dyspnoe
- Trinkschwäche
- Gedeihstörung
- Bei Infekten: Zyanose.

Diagnose

- Röntgen: Kontrastmittelfüllung des Ösophagus
- MR-Angiografie
- Bronchoskopie.

CHECK-UP

- ☐ Welche ist die häufigste angeborene Fehlbildung der Nase?
- ☐ Im Rahmen welches Syndroms tritt sie gehäuft auf?
- ☐ Welche Symptome treten bei einer beidseitigen Choanalatresie bereits im Neugeborenenalter auf?
- ☐ Nennen Sie die klinischen Leitsymptome bei Pierre-Robin-Sequenz.
- ☐ Zu welchem Leitsymptom führen angeborene Tracheal- und Bronchusstenosen?

Erkrankungen von Nase, Ohren und Rachen

Epistaxis

Definition

Vorübergehende Blutung im Bereich der Nasenschleimhaut.

Ätiologie

- Traumatische Ereignisse
- Tumoren
- Fremdkörper
- Akute oder chronische Rhinitis
- Adenoide
- Schwere Hustenattacken
- Erkrankungen mit hämorrhagischer Diathese.

Therapie

Bei starken Blutungen: Tamponade, Hämostypika.

Akute Rhinopharyngitis

Definition

Infektion der oberen Luftwege durch Viren oder Bakterien.

Erreger

Meist primär viral mit Tendenz zur bakteriellen Superinfektion.

Klinik

- Irritabilität, Müdigkeit
- Appetitlosigkeit
- Rhinitis, Husten, Heiserkeit
- Muskelschmerzen
- Übelkeit, Erbrechen.

Komplikationen:

- Rezidivierende Otitiden
- Sinusitis
- Mastoiditis
- Peritonsillarabszess
- Periorbitalphlegmone.

Diagnose

- Racheninspektion: Rötung und Granulierung der Rachenhinterwand
- Leukozytose, Lymphozytose
- CRP bei viraler Infektion kaum erhöht
- Bakteriologischer Rachenabstrich.

Therapie

Symptomatisch.

„Banaler" Infekt der oberen Luftwege

Definition

Viral verursachter Atemwegsinfekt.

Epidemiologie

Je jünger das Kind und je stärker die Exposition, desto häufiger (durchschnittlich 6–8 pro Jahr).

Erreger

- Influenza-, Parainfluenzaviren
- RS-Viren
- Rhinoviren
- Adenoviren.

Klinik

- Fieber
- Schnupfen
- Husten
- Heiserkeit.

Therapie

Symptomatisch:
- Wadenwickel
- Medikamentöse Antipyrese
- NaCl-Nasentropfen
- N-Azetylzystein
- Inhalationen.

Retropharyngealer Abszess

Definition

Von den retropharyngealen Lymphknoten ausgehendes akutes Krankheitsbild bei Säuglingen und Kleinkindern.

Erreger

Staphylokokken, Streptokokken.

Klinik

Besonders im Anschluss an Rhinopharyngitis **plötzliche Verschlechterung** mit:
- Fieber
- Halsschmerzen, Schluckstörung
- Speichelfluss
- Rassel- und Schnorchelatmung
- Steife Kopfhaltung.

Diagnose

- Inspektion: fluktuierende Schwellung und Vorwölbung der Rachenhinterwand
- Neutrophile Leukozytose
- CRP erhöht
- MRT.

Differenzialdiagnose

- Pseudokrupp
- Meningitis
- Tuberkulose
- Prävertebrale Tumoren.

Therapie

- Abszessinzision und Drainage
- Antibiotische Therapie.

Sinusitis

Definition

Akute oder chronische Entzündung der Nasennebenhöhlen.

Erreger

Im Rahmen einer katarrhalischen Atemwegsinfektion Infektion mit Streptokokken oder Staphylokokken.

Klinik

Einfache akute Sinusitis.
- Fieber
- Eitriger Schnupfen
- Schleimstraße an Rachenhinterwand
- Husten
- Kopfschmerzen.

Akute eitrige Sinusitis.
- Wangenschwellung
- Nasenrückenschwellung
- Periorbitalödem
- Fieber.

Akute eitrige Siebbeinentzündung des Säuglings. Rötung und Schwellung des inneren Lidwinkels.

Chronische Sinusitis. Meist im Rahmen einer anderen Grunderkrankung, z.B. Allergie, zystische Fibrose, Immundefekt, Ziliendyskinesie.

Komplikationen.
- Subdurales Empyem
- Hirnabszess, Periorbitalabszess
- Sinusvenenthrombose
- Osteomyelitis.

Diagnose

Sonografie, Röntgen, CT, MRT.

Therapie

- Abschwellende Nasentropfen
- Inhalation
- Lokale Wärmeanwendung
- Bei akut eitriger Sinusitis: Antibiotika i.v.
- Je nach Lokalbefund Kieferhöhlendrainage und -spülung.

Erkrankungen der Rachenmandel

Definition

Hyperplasie durch chronisch-rezidivierende Entzündungen der Rachenmandel.

Klinik

Angina retronasalis. Akute Entzündung der Rachenmandel.
- Mundatmung
- Nasale Sprache
- Schleimstraße an der Rachenhinterwand
- Schmerzhafte Nackenlymphknotenvergrößerung.

Rachenmandelhyperplasie, Adenoide. Nach rezidivierenden Entzündungen. Begleitend:
- Hyperplasie der Gaumenmandel
- Dauerschnupfen
- Rezidivierende Otitiden und Bronchitiden
- Nächtliches Schnarchen
- Näselnde Sprache.

Facies adenoida.
- Geöffneter Mund
- Hypotonie der mimischen Muskulatur
- Konzentrationsschwäche, Leistungsknick
- Ermüdbarkeit
- Appetitlosigkeit.

Therapie

Adenotomie bei relevanten klinischen Sekundärsymptomen.

> Indikationen zur Adenotomie:
> - Behinderung der Nasenatmung
> - Rezidivierende und/oder chronische Entzündungen der Rachenmandel
> - Rezidivierende oder chronische Otitiden, Rhinitiden, Sinusitiden und Bronchitiden bei Rachenmandelhyperplasie
> - Obstruktive Schlafapnoen.

Obstruktive Schlafapnoen

Definition

Obstruktive Schlafapnoen (OSA): prolongierte partielle und intermittierend komplette nächtliche Obstruktion der oberen Atemwege, die zu Schlafunterbrechungen und zu pathologischem Atemmuster führt.

Epidemiologie

Habituelles Schnarchen bei 10 % aller Kinder, OSA bei 1 %.

Ätiologie

Adenotonsilläre Hyperplasie.

Klinik

Klinisches Spektrum.
- Habituelles Schnarchen
- Obstruktive Hyperventilation
- Obstruktive Schlafapnoe.

Symptome.
- Mundatmung
- Unruhiger Schlaf: häufiges Aufwachen
- Chronische Hypoxämie → Müdigkeit während des Tags, Leistungsabfall, Verhaltensauffälligkeiten, Gedeihstörung, Entwicklungsretardierung
- In sehr schweren Fällen: Rechtsherzinsuffizienz, Kreislaufstillstand.

Diagnose

Polysomnografie: nächtliche Aufzeichnung von
- EKG
- EEG
- Atemexkursionen
- Sauerstoffsättigung und -partialdruck.

Therapie

Kombinierte Adeno-Tonsillektomie.

Angina tonsillaris

Definition

Bakterielle oder virale Entzündung der Gaumenmandeln.

Klinik

Tonsillitis catarrhalis. Meist viral bedingt.
- Rötung und Schwellung der Tonsillen
- Eitrige Pharyngitis **ohne Stippchen**.

Eitrige Angina tonsillaris. Durch β-hämolysierende Streptokokken der Gruppe A.
- Rötung und Schwellung der Tonsillen **mit Stippchen** und eitrigen Belägen
- Fieber
- Zervikale Lymphknotenschwellung
- Erbrechen
- Bauchschmerzen intraabdominelle Lymphknotenschwellung.

Angina ulceromembranosa (Plaut-Vincent). Durch Fusobacterium Plaut-Vincenti.
- Einseitige Ulkusbildung einer Tonsille
- Schluckbeschwerden
- Unangenehmer Foetor ex ore.

Seitenstrangangina. Miterkrankung der lymphatischen Seitenstränge bei Pharyngitis.
- Schluckbeschwerden
- Ohrenschmerzen
- Kopfschmerzen.

Herpangina. Durch Coxsackie-Virus.
- Bläschen
- Flache Ulzera mit dunklem Hof auf gesamter Mundschleimhaut.

Therapie

Eitrige Angina tonsillaris und Angina ulceromembranosa (Plaut-Vincent).
- Penicillin V 100.000 IE/kg KG/d p.o. über 10 Tage
- Bei Therapieversagen: Cephalosporine, Amoxicillin plus Clavulansäure oder Makrolide.

Seitenstrangangina.
- Bettruhe
- Antibiotische Therapie fraglich wirksam.

Virale Tonsillitiden. Symptomatische Maßnahmen:
- Mundspülungen
- Pinselungen
- Antipyrese.

Otitis media acuta

Definition

Bakterielle Entzündung des Mittelohrs.

Erreger

Meist Sekundärinfektion mit Haemophilus influenzae, Staphylokokken, Pneumokokken im Rahmen eines katarrhalischen Virusinfekts.

Klinik

- Ohrenschmerzen
- Fieber
- Eitrige Otorrhö nach Perforation.

Komplikationen:
- Mastoiditis
- Meningitis, Hirnabszess
- Fazialisparese
- Hörverlust.

Diagnose

- Trommelfellbefund: Rötung, Vorwölbung, Lichtreflexverlust, Tragusdruckschmerz
- Leukozytose
- CRP erhöht
- Bei Säuglingen Blutkultur.

Therapie

- Amoxicillin, Makrolide oder Cephalosporine p.o.
- Abschwellende Nasentropfen
- N-Azetylzystein
- Paracetamol.

Mastoiditis

Definition

Eitrige Einschmelzung der Zellsepten im pneumatisierten Warzenfortsatz.

Ätiologie

- Hohe Erregervirulenz
- Schlechte Abwehrlage
- Insuffiziente antibiotische Behandlung einer Otitis media.

Diagnose

CT!

Klinik

- Vermehrte Ohrenschmerzen
- Wiederauftreten von Fieber
- Druckschmerz
- Rötung über dem Mastoid
- Abstehendes Ohr.

Ist eine akute Otitis media nach **2 Wochen** nicht abgeheilt, ist mit einer Mastoiditis zu rechnen.

Therapie

- **Operative Ausräumung** des erkrankten Zellsystems
- Bei leichten Formen: **antibiotische Therapie.**

Seromukotympanon

Definition

Chronische Otitis exsudativa mit langfristig bestehendem Mittelohrerguss.

Ätiologie

Steriler Erguss von gallertartig-muköser Konsistenz in der Paukenhöhle.

Klinik

Rasch auftretende Schallleitungsschwerhörigkeit mit Unaufmerksamkeit und Schulleistungsknick.

Diagnose

- Impedanzaudiometrie
- Tympanometrie.

Therapie

Parazentese mit Sekretabsaugung und Implantation von Paukenröhrchen.

CHECK-UP

- ☐ Nennen Sie die Folgen von obstruktiven Schlafapnoen.
- ☐ Welche klinischen Folgesymptome werden hierdurch verursacht?
- ☐ Wie sichert man die Diagnose obstruktiver Schlafapnoen?
- ☐ Worum handelt es sich bei einer Mastoiditis?
- ☐ Wann kommt es zu einer Mastoiditis?
- ☐ Nennen Sie die charakteristischen Symptome einer Mastoiditis.
- ☐ Wie sichern Sie die Diagnose einer Mastoiditis?
- ☐ Wie therapieren Sie eine Mastoiditis?

Erkrankungen von Kehlkopf, Trachea und Bronchien

Subglottische Laryngitis

Synonym: Pseudokrupp, stenosierende Laryngotracheitis.

Definition
Meist viral bedingte subglottische Entzündung.

Erreger
Meist viral bedingte Infektion der Larynx- und Trachealschleimhaut durch Parainfluenza-, RS- oder Adenoviren.

Klinik
Tritt gehäuft auf in Herbst und Winter. Zunächst leichter Infekt der oberen Luftwege, dann plötzlich:

- **Bellender Husten,** nächtliche Hustenattacken
- Schnupfen, Heiserkeit
- Fieber
- **Inspiratorischer Stridor,** Dyspnoe
- Juguläre, inter- und subkostale Einziehungen
- Zyanose
- Agitiertheit.

Klinische Stadieneinteilung der subglottischen Laryngitis:
- Stadium I: bellender Husten
- Stadium II: Stridor, juguläre und gastrale Einziehungen
- Stadium III: zusätzlich Einziehungen am seitlichen Thorax, Atemnot, Tachykardie, Blässe, Unruhe, Angst
- Stadium IV: Stridor, maximale Einziehungen, schwerste Atemnot, Puls klein und schnell, Zyanose, Sopor.

Diagnose
Keine Racheninspektion!

Differenzialdiagnose
Epiglottitis (→ Tab. 13.1).

Therapie
Kind beruhigen, am besten durch eine enge Bezugsperson.

Leichte Form mit Belastungsstridor. Luft befeuchten mit Kaltvernebler und Sekretverflüssigung mit NaCl-Inhalationen.

Mittelschwere Form mit inspiratorischem Stridor und Eupnoe.
- Luft befeuchten
- Prednison Supp. 100 mg
- Inhalation: Adrenalin 1:1.000, 1–3 ml.

Schwere Verlaufsform mit Dyspnoe.
- Rektale oder intravenöse Verabreichung von Steroiden
- Adrenalininhalation
- Ausreichende Sauerstoffzufuhr
- Bei ausbleibender Besserung Intubation.

Supraglottische Laryngitis

Synonym: akute Epiglottitis.

Definition
Akutes, schweres Krankheitsbild mit Fieber und Atemnot.

Epidemiologie
Seit Einführung der **Hib-Impfung** selten.

Erreger
Hib, seltener Staphylokokken, Streptokokken.

Klinik

Dramatisches, akut lebensbedrohliches Krankheitsbild nach dem 2. Lebensjahr:

- **Hohes Fieber**
- Akute **Atemnot,** inspiratorischer **Stridor**
- Halsschmerzen, Schluckstörung
- **Speichelfluss**
- Kloßige Sprache
- Bevorzugt sitzende Position mit nach hinten gebeugtem Kopf
- Deutliche zervikale Lymphadenopathie
- Zunehmende **Apathie**
- Eintrübung.

Komplikationen:

- Akute obstruktive Ateminsuffizienz und Hypoxie
- Zervikale Lymphadenitis
- Meningitis
- Septische Arthritis, septischer Schock.

> Bei der akuten Epiglottitis handelt es sich um einen pädiatrischen Notfall!

Diagnose

- **Keine Racheninspektion**
- Invasive diagnostische Maßnahmen erst nach Intubation, um eine akute respiratorische Verschlechterung zu vermeiden
- Leukozytose, Linksverschiebung
- CRP erhöht
- Blutkulturen: Nachweis von Hib.

Differenzialdiagnose

Pseudokrupp (→ Tab. 13.1).

> Bei Verdacht auf supraglottische Laryngitis darf auf keinen Fall eine Racheninspektion durchgeführt werden. Sie kann zum reflektorischen Atemstillstand führen und ist lebensbedrohlich!

Therapie

- Respiration:
  - Intubation nach Maskennarkose mit Halothan und kleinem Tubus
  - Falls Intubation nicht gelingt, Konisation
  - Die alleinige Sauerstoffgabe ist ausreichend, keine Beatmung erforderlich
- Antibiotika: Cefotaxim i. v., Resistenztestung
- Umgebungsprophylaxe: Rifampicin.

Tab. 13.1 Checkliste: Differenzialdiagnose Pseudokrupp und Epiglottitis

	Pseudokrupp	Epiglottis
Alter	1–3 Jahre	2–6 Jahre
Ätiologie	Virus	Hib
Häufigkeit	Häufig	Selten
Fieber	Mäßig	Sehr hoch
Stimme	Heiser	Kloßig
Husten	Bellend	Selten
Dysphagie	Fehlt	Häufig
Verlauf	Subakut	Hochakut
Leukozyten	Normal	Stark erhöht

Fremdkörperaspiration

Definition

Aspiration fester Partikel.

Epidemiologie

Häufig im Säuglings- und Kleinkindalter.

Ätiologie

Obstruktion der Atemwege meist des rechten Hauptbronchus mit Ventilstenose.

Klinik

Unmittelbar nach Aspiration:

- **Heftige Hustenattacke:** pertussiforme Hustenanfälle
- In- oder exspiratorischer **Stridor**
- **Abgeschwächtes Atemgeräusch** auf der betroffenen Seite
- Verlängertes Exspirium
- Giemen, Brummen, grobblasige Rasselgeräusche.

Diagnose

Röntgen-Thorax in Exspiration: Überblähung der ipsilateralen Lunge und Mediastinalverlagerung zur Gegenseite, entzündliche Infiltration bei älterer Aspiration.

Differenzialdiagnose

- Obstruktive Bronchitis
- Pseudokrupp
- Asthma bronchiale.

Therapie

- Bronchoskopische Fremdkörperentfernung
- Perioperative Antibiotikatherapie.

Akute Bronchitis

Definition
Durch Viren ausgelöste, meist selbst limitierende Erkrankung.

Erreger
Influenza-, Parainfluenza-, Adeno-, RS-Viren, Mycoplasma pneumoniae.

Klinik
- Fieber
- Allgemeines Krankheitsgefühl
- Zunächst trockener, später zunehmend produktiver Husten.

Therapie
Symptomatisch:
- Antipyrese
- Ausreichende Flüssigkeitszufuhr
- Sekretolytika
- Inhalation.

Bei bakterieller Infektion: antibiotische Therapie.

Obstruktive Bronchitis und Bronchiolitis

Definition
Obstruktive Erkrankungen des Respirationstrakts durch Virusinfektionen.

Epidemiologie
Eine der häufigsten Erkrankungen im Säuglings- und frühen Kindesalter.

Ätiologie
90 % Virusinfektionen z. B.:
- Rhinoviren in 50 % der Fälle
- RS-Viren
- Parainfluenzaviren
- Adenoviren
- Influenzaviren.

Klinik
Akute obstruktive Bronchitis. Säuglinge und Kleinkinder bis zum Grundschulalter.
- Tachydyspnoe
- Einziehungen
- Verlängertes Exspirium.

Akute Bronchiolitis. Säuglinge im 3.–4. Lebensmonat.
- Tachydyspnoe
- Einziehungen
- Oft abgeschwächtes Atemgeräusch
- Bei RS-Viren-Infektion zentrale Apnoen.

Bei rezidivierenden obstruktiven Bronchitiden ist die Abgrenzung zum Asthma bronchiale im Säuglings- und Kleinkindalter schwierig.

Diagnose
- Klinische Untersuchung
- Atemmuster beobachten
- Auskultation: exspiratorisches Giemen, Pfeifen, Brummen, trockene oder feuchte Rasselgeräusche
- **Röntgen-Thorax:** Überblähung, Mikroatelektasen
- RS-Virus-, Adenovirusantigen i.S.
- **Schweißtest:** zystische Fibrose ausschließen.

Therapie
- Adjuvante Maßnahme: Sauerstoffzufuhr, ausreichende Flüssigkeitssubstitution, abschwellende Nasentropfen, Physiotherapie
- Bronchodilatatoren (kurz wirksame β-Sympathomimetika): bei obstruktiver Bronchitis etabliert, bei Bronchiolitis umstritten
- Steroide: nicht fester Bestandteil der Therapie. Bei schwerer Obstruktion versuchsweise 100 mg Prednison rektal.

> Steroide sind bei Bronchiolitis meist wirkungslos.

Primäre ziliäre Dyskinesie

Definition
Fehlen oder Verminderung der Zilientätigkeit von Bronchial- und Trachealschleimhaut. Autosomal-rezessiv vererbt.

Epidemiologie
1:15.000.

Klinik
Neugeborene. Atemnotsyndrom.

Ältere Kinder.
- Husten
- Rezidivierende obstruktive Bronchitiden
- Persistierende Rhinitis
- Rezidivierende Otitiden
- Lobäre Atelektasen
- Primäre Sterilität.

Kartagener-Syndrom.
- Syndrom der immotilen Zilien
- Situs inversus visceralis
- Chronische Sinusbronchitis
- Bronchiektasen.

Diagnose
Zilienfunktionsdiagnostik.

Therapie
- Intensive Physiotherapie
- Langfristige Antibiotikatherapie
- Resektion einzelner Lungenabschnitte bei großen Bronchiektasen.

Bronchiektasen

Definition
Erweiterung einzelner Bronchien durch irreversible Zerstörung der Bronchialwand und des peribronchialen Gewebes bei beeinträchtigter Immunabwehr.

Ätiologie
Angeborene Fehlbildung oder als Folge chronisch-rezidivierender Bronchitiden.

Klinik
- **Chronischer Husten**
- Morgendlicher eitriger **Auswurf**
- Rezidivierende Pneumonien konstanter Lokalisation.

Diagnose
- **Auskultation:** feuchte Rasselgeräusche
- **Röntgen-Thorax:** Verdichtungen und wabige Strukturen, v.a. in Lungenunterfeldern
- CT-Thorax
- Bronchografie, -skopie
- Bakteriologische Sputumuntersuchungen.

Therapie
- Sekretmobilisation: hohe Flüssigkeitszufuhr, Bewegung, Feuchtinhalation, Physiotherapie
- Antibiotische Therapie
- Resektion.

Asthma bronchiale

Definition
Chronische Atemwegserkrankung mit reversibler Obstruktion der Atemwege, Atemwegsödem und vermehrter Sekretproduktion im Rahmen einer chronischen Entzündungsreaktion.

Epidemiologie
Häufigste chronische Erkrankung im Kindesalter. Etwa alle 10 Jahre verdoppelt sich die Asthma-Prävalenz. Derzeit sind ca. 10 % aller Kinder betroffen.

> Das Asthma bronchiale ist eine genetisch mitdeterminierte Erkrankung. Kinder, deren Eltern an einer atopischen Erkrankung leiden, haben ein erhöhtes Risiko, an einem Asthma bronchiale zu erkranken.

Ätiologie
- Genetische Faktoren
- Umweltfaktoren: Schadstoffe, Passivrauchen, respiratorische Infekte.

Klinik
Leitsymptome: **verlängertes Exspirium** mit Pfeifen, Giemen, Brummen, **Dyspnoe, Husten.**

Akuter Asthmaanfall.
- Deutliche Thoraxüberblähung
- Orthopnoe
- Kraftloser trockener Reizhusten
- Atemnot, Einsatz der Atemhilfsmuskulatur
- Lippenbremse
- Zyanose
- Angstzustände, Tachypnoe.

Status asthmaticus Asthmaanfall, der über längere Zeit andauert und sich durch Anwendung der üblichen Therapiemaßnahmen nicht beheben lässt.

Komplikationen.
- Pneumothorax
- Pneumomediastinum
- Segment-, Lobär-, Lungenkollaps
- Emphysem.

Diagnose
- Anamnese
- **Röntgen-Thorax:** Lungenüberblähung, Zwerchfelltiefstand, schmale Herzsilhouette
- Gesamt-IgE i.S. erhöht, Eosinophilie
- RAST: spezifische IgE-Antikörper
- Pricktest: Expositionsprüfung
- **Lungenfunktionsprüfung:** intrathorakales Gasvolumen, Atemwiderstand, Nachweis der reversiblen Bronchialobstruktion (Broncholyse).

> Lungenfunktionsprüfungen sind sowohl für die Diagnostik als auch für die Therapiekontrolle besonders wichtig.

Kriterien für die Diagnose Asthma bronchiale im Säuglings- und Kleinkindalter:
- Drei obstruktive Episoden
- Atopiemanifestation
- Familiäre Atopie- und Asthmabelastung
- Hospitalisierung wegen bronchialer Obstruktion
- Rinorrhö ohne Infekt
- Sensibilisierungsnachweis.

Schweregradeinteilung

Nach den neuen Versorgungsleitlinien wird eine Klassifikation verwendet, die die Asthmakontrolle zur Grundlage hat (→ Tab. 13.2).

Therapie

Allgemeine Maßnahmen.
- Expositionsprophylaxe mit Allergenkarenz
- Physiotherapie
- Psychosoziale Betreuung.

Medikamentöse Akuttherapie.
- Bronchodilatatoren (schnelle Wirkung):
  - β-Sympathomimetika: kurz wirksame (Short acting beta agonist, SABA) und lang wirksame (Long acting beta agonist LABA)
  - Anticholinergika
  - Theophyllin
- Entzündungshemmer mit verzögerter Wirkung: Kortikosteroide und Leukotrien-Rezeptor-Antagonisten.

Langzeittherapie.
- Bedarfsmedikamente: kurz wirksame β-Sympathomimetika, Anticholinergika
- Dauertherapeutika: inhalative Kortikosteroide, Leukotrien-Rezeptor-Antagonisten, lang wirksame β-Sympathomimetika, Retard-Theophyllin.

Spezifische Immuntherapie.
- Hyposensibilisierung: subkutane Applikation von Allergenen
- Anti-IgE-Antikörper.

Einteilung von Antiasthmatika
- Nach **Wirkungsweise:** Bronchodilatatoren und Entzündungshemmer
- Nach **Dauer bis zum Wirkungsbeginn:** Bedarfsmedikamente (Reliever) und Langzeittherapeutika (Controller).

Eine konsequente Elimination häuslicher Allergene kann das Ausmaß der erforderlichen medikamentösen Therapie in vielen Fällen erheblich reduzieren.

Zystische Fibrose

Synonyme: Mukoviszidose, CF.

Definition

Häufigste autosomal-rezessiv vererbte Stoffwechselstörung, bei der es zu einer abnormen Zusammensetzung der Sekrete exokriner Drüsen kommt.

Epidemiologie

1:2.000.

Ätiologie

Mutationen im Cystic-fibrosis-transmembrane-conductance-regulator-(CFTR-)Gen. 70 % der Patienten tragen die Mutation ΔF508.

Tab. 13.2 Kriterien zur Bestimmung der Asthmakontrolle bei Kindern ≤ 5 Jahre

Kriterien	Kontrolliert	Teilweise kontrolliert	Unkontrolliert
	Alle Kriterien müssen erfüllt sein	Eines der Anzeichen in einer beliebigen Woche	Drei oder mehr Kriterien von „teilweise kontrolliert“ in einer beliebigen Woche
Symptome tagsüber: Giemen, Husten, Atemnot	Keine	≥ 1×/Woche	≥ 2×/Woche
Einschränkung der körperlichen Aktivität	Keine	Gelegentlich	Gelegentlich
Nächtliche Symptome, nächtliches Erwachen	Keine	Gelegentlich	Gelegentlich
Erfordernis von Bedarfsmedikation/Notfallbehandlung	Keine	1–2 Tage/Woche	› 2 Tage/Woche

Pathogenese

CFTR-Gendefekt → Defekt des Chloridkanals CFTR in der Apikalmembran submuköser Drüsen → gestörte Chloridsekretion und verstärkte Natriumresorption → Dehydratation intraluminaler Sekrete → gestörte mukoziliäre Clearance → Präzipitation des hochviskösen Sekrets in den Ausführungsgängen der Drüsen betroffener Organe → Ausweitung und Obstruktion der Drüsengänge.

Klinik

Alle Organe mit exokrinen Drüsen sind betroffen.

Respirationstrakt. Manifestation meist im 1. Lebensjahr

- Lockerer, therapieresistenter Husten, im Verlauf: chronisch **produktiver Husten** mit gelblich-grünem Sputum
- Obstruktive Symptomatik
- Hämoptysen
- Tachydyspnoe
- Rezidivierende Infektionen
- Verlängertes Exspirium
- Giemen, Brummen, grobblasige Rasselgeräusche
- Chronische Überblähung
- Atelektasen, Zysten, **Bronchiektasen**
- Chronische Infektion mit **Pseudomonas aeruginosa**
- Allergische bronchopulmonale **Aspergillose (ABPA).**

Gastrointestinaltrakt.

- Erstsymptom Mekoniumileus in 10–15 % der Fälle
- Chronische exokrine Pankreasinsuffizienz in 80 % der Fälle: Maldigestionssyndrom, Gedeihstörung, voluminöse, fettglänzende übel riechende Stühle
- **Rektumprolaps pathognomonisch**
- Geblähtes ausladendes Abdomen
- Distales intestinales Obstruktionssyndrom (DIOS).

Hepatobiliäres System.

- Postnatal **Icterus prolongatus** mit direkter Hyperbilirubinämie
- **Hepatomegalie**
- Später fokale biliäre Zirrhose
- Portale Hypertonie
- Splenomegalie
- Cholezystolithiasis.

Genitaltrakt.

- Infertilität bei 98 % der Männer: Azoospermie, geringes Samenvolumen
- Gering verminderte Fertilität bei Frauen, Amenorrhö, Dysmenorrhö.

HNO.

- Rezidivierende Mittelohrentzündungen
- Sekundäre Hörminderung
- Ödem und Hyperplasie der Nasenschleimhäute
- Nasennebenhöhlenpolypen
- **Chronische Sinusitis**.

Skelettsystem.

- **Trommelschlägelfinger, Uhrglasnägel**
- Fassthorax
- Skoliose
- Kyphose
- Rezidivierende Entzündungen großer Gelenke.

Komplikationen.

- Pneumothorax
- Emphysem
- Pleuraergüsse
- Rezidivierende Pankreatitiden
- Diabetes mellitus
- Respiratorische und kardiale Insuffizienz.

Diagnose

- **Schweißtest:** Cl oder Na > 60 mmol/l bei ausreichender Schweißmenge und korrekt durchgeführter Untersuchung beweisend für CF. Bei Werten über 30 mmol/l sollte der Test wiederholt werden
- Pankreaselastase im Stuhl niedrig
- Röntgen-Thorax: Lungenüberblähung, Verdickung und Obstruktion von Bronchien, Infiltrate, Atelektasen
- Lungenfunktionsprüfung: Obstruktion
- Bakteriologie: Sputum
- Mutationsanalyse CFTR-Gen
- Pränatale Diagnostik.

> Bei positivem Testergebnis sollte der Schweißtest zur Bestätigung in jedem Fall wiederholt werden. Bei negativem Testergebnis sollte er wiederholt werden, wenn weiterhin der klinische Verdacht auf eine CF besteht.

Therapie

Physiotherapie, Inhalationstherapie.

- Kochsalz
- Bronchodilatatoren

- Antibiotika
- DNAse.

Antibiotische Therapie. Intermittierend, kontinuierlich, prophylaktisch nach Antibiogramm.

Antiinflammatorische Therapie. Hochdosiert Ibuprofen.

Therapie der ABPA.
- Prednisolon systemisch
- Itraconazol
- Inhalative Steroide.

Therapie der Maldigestion.
- Hyperkalorische Ernährung
- Pankreasenzyme substituieren
- Ursodesoxycholsäure bei Cholestase.

Therapie des Mekoniumileus.
- Bei unkomplizierten Formen ohne Perforation: Kolonkontrasteinlauf
- Bei komplizierten Formen mit Perforation: Operation.

Therapie des DIOS.
- Zufuhr von Pankreasenzymen erhöhen
- Laxanzien, z.B. Polyethylenglycol
- N-Azetylzystein p.o.
- Klysmen und Einläufe mit wasserlöslichem Kontrastmittel
- Operative Maßnahmen unbedingt vermeiden!

Kurative Therapieansätze.
- Lungentransplantation
- Gentherapie (experimentell).

Prognose

Der Verlauf hängt entscheidend ab von der zugrunde liegenden **Mutation**, vom Ausmaß der **Lungenbeteiligung** und vom **Ernährungszustand**. 90 % der Patienten sterben an Komplikationen der Lungenerkrankung, die mittlere Überlebensdauer hat sich in den letzten Jahrzehnten jedoch dramatisch verbessert. Ein heute geborener Patient mit CF kann bei optimaler Therapie das 5. Lebensjahrzehnt erreichen. Entscheidend hierfür sind die Supplementation von Pankreasenzymen, die Entwicklung einer effektiven Inhalations- und physiotherapeutischen Behandlung und der frühzeitige Einsatz von Antibiotika.

> Entscheidend für die Verbesserung der Prognose eines Patienten mit CF sind eine ausreichende Energiezufuhr, konsequente Physiotherapie und Inhalation, der rechtzeitige Einsatz von Antibiotika und die Betreuung in spezialisierten Zentren.

CHECK-UP

- ☐ Beschreiben Sie den typischen Verlauf einer Pseudokrupperkrankung.
- ☐ Wie erkennen Sie den typischen Pseudokruppanfall?
- ☐ Welche Stadien der subglottischen Laryngitis kennen Sie?
- ☐ Wie wird der akute, schwere Pseudokruppanfall therapiert?
- ☐ Durch welchen Erreger wird die akute Epiglottitis häufig verursacht?
- ☐ Beschreiben Sie die klinische Symptomatik der supraglottischen Laryngitis.
- ☐ Welche Komplikationen können sich bei einer Epiglottitis ergeben?
- ☐ Wie wird die akute Epiglottitis therapiert?
- ☐ Wie lautet eine Anamnese, die auf eine Fremdkörperaspiration hinweist?
- ☐ Welche Untersuchung veranlassen Sie bei V.a. Fremdkörperaspiration?
- ☐ Welche Therapie leiten Sie bei V.a. Fremdkörperaspiration ein?
- ☐ Nennen Sie Faktoren, die die Entstehung des allergischen Asthma bronchiale begünstigen.
- ☐ Welche Manifestationsformen des Asthma bronchiale kennen Sie?
- ☐ Nennen Sie die Leitsymptome des akuten Asthmaanfalls.
- ☐ Welche diagnostischen Maßnahmen sind bei V.a. Asthma bronchiale indiziert?
- ☐ Worin besteht die Langzeittherapie des Asthma bronchiale?
- ☐ Erklären Sie die Pathogenese der CF.
- ☐ Welche klinischen Symptome weisen auf die Diagnose CF hin, wie wird sie gesichert?
- ☐ Beschreiben Sie die Grundpfeiler der CF-Therapie.

Erkrankungen der Lunge

Pneumonie

Definition
Akute oder chronische Entzündung des Lungenparenchyms durch infektiöse, allergische, physikalische oder chemische Reize.

Epidemiologie
Im Vorschulalter 40:1.000, im Alter von 9–14 Jahren 9:1.000.

Ätiologie
Vorwiegend infektiös bedingt mit altersabhängigen Erregerspektren.
- 1.–2. Lebenswoche: B-Streptokokken, Escherichia coli, RS-Viren, Chlamydien
- 1.–3. Lebensmonat: RS-Viren, Adenoviren, Chlamydien
- 3–12 Monate: Haemophilus influenzae, Staphylococcus pneumoniae, RS-Viren, Mykobakterien
- 1–14 Jahre: Staphylococcus pneumoniae, Staphylococcus aureus, Mykoplasmen.

> Bei Pneumonien älterer Kinder handelt es sich häufig um atypische, durch Mykoplasmen ausgelöste Pneumonien.

Klinik
Neugeborene, Säuglinge.
- Trinkschwäche
- Husten
- Temperaturinstabilität.

Ältere Kinder.
- Husten
- Fieber
- Tachykardie
- Blässe, ausgeprägtes Krankheitsgefühl
- Tachydyspnoe
- Nasenflügeln
- Einziehungen
- Zyanose.

Komplikationen.
- Pleuritis
- Empyeme
- Lungenabszesse.

> Akute Bauchschmerzen können auf eine basale Pneumonie hinweisen!

Diagnose
- Pulsoxymetrie
- Leukozytose mit Linksverschiebung
- CRP erhöht
- Röntgen-Thorax
- Erregernachweis: Rachensekret, Blutkultur.

> Bei Säuglingen und Kleinkindern sollte bei V.a. Pneumonie stets eine Blutkultur angelegt werden.

Therapie

Altersgruppe	Antibiotikum
Säuglinge und Kleinkinder bis 3 Jahre	Cephalosporine i.v.
Kinder 3–6 Jahre	Cephalosporine i.v. oder p.o. Amoxicillin i.v. oder p.o.
Schulkinder und Jugendliche	Makrolide p.o.

Lungenabszess

Definition
Umschriebener Einschmelzungsprozess im Lungengewebe.

Ätiologie
- Staphylokokkenpneumonien des Säuglings und Kleinkindes
- Unzureichend behandelte Pneumonie bei Immunsuppression
- Bronchogen bei Aspiration.

Klinik
- Fieber, Unwohlsein
- Übelkeit, Erbrechen
- Husten
- Purulentes Sputum.

Diagnose
- **Röntgen-Thorax:** abgekapselter Hohlraum mit Spiegelbildung
- CT-Thorax
- Punktion: Bakteriologie.

Therapie
- Antibiotische Therapie nach Antibiogramm i.v.
- Endobronchiale Drainage
- Chirurgische Segmentresektion oder Lobektomie.

Lungenatelektase

Definition
Lungenbezirke mit minder- oder unbelüfteten Alveolen bei sonst normaler Parenchymstruktur.

Ätiologie
- Surfactantmangel
- Obstruktion
- Verminderte Atemtätigkeit
- Skelettdeformitäten
- Zwerchfellparese
- Mittellappensyndrom (Atelektase des Mittellappens).

Klinik
- **Abgeschwächtes** oder aufgehobenes **Atemgeräusch**
- Klopfschalldämpfung
- Verminderte Thoraxexkursionen
- Tachypnoe
- Zyanose
- Bronchialatmen.

Diagnose
- **Röntgen-Thorax:** homogene, scharf begrenzte Verschattung, dem Verlauf eines Segments oder Lungenlappens folgend
- Sonografie, CT, MRT, Bronchoskopie.

Differenzialdiagnose
- Pneumonische Infiltrate
- Pleuraerguss
- Intrathorakale Tumoren
- Gefäßmalformation
- Thymusbedingte Verschattung
- Lungenagenesie beim Neugeborenen.

Therapie
- **Physiotherapie**
- Antibiotische Therapie
- Bei Fremdkörperaspiration bronchoskopische Fremdkörperentfernung
- Sekretolyse
- Bronchiallavage.

Exogen allergische Alveolitis

Definition
Generalisierte Entzündung des Lungeninterstitiums und der Alveolen.

Ätiologie
Chronische Inhalation organischer Partikel: Vogelantigene, Schimmelpilze, Klimaanlagen, feuchtes Mauerwerk.

Klinik
Chronische Verlaufsform. Dominiert im Kindesalter.
- Räusperhusten, leichte Ermüdbarkeit
- Gewichtsabnahme
- Weinerlich-depressive Grundstimmung
- Im Verlauf Belastungsdyspnoe, Trommelschlägelfinger.

Akute Verlaufsform.
- Antibiotikaresistenter Husten
- Tachydyspnoe
- Zyanose
- Fieber.

Komplikation. Lungenfibrose.

> Die Lungenfibrose ist eine gefürchtete Komplikation der exogen-allergischen Alveolitis, die limitierend sein kann.

Diagnose
- Labor:
  - Leukozytose und Eosinophilie bestehen nur in der Frühphase der Erkrankung
  - BKS beschleunigt
  - Rheumafaktor und Azetylcholinesterase erhöht
  - γ-Globulin erhöht
  - Nachweis spezifischer IgG-Antikörper
  - Bronchoalveoläre Lavage: lymphozytäre Alveolitis, CD4/CD8-Ratio niedrig
- Röntgen-Thorax: feinfleckige Zeichnung, milchglasartige Verschattung
- Hochauflösendes CT-Thorax
- Lungenfunktionsprüfung: restriktive Ventilationsstörung.

> Die exogen allergische Alveolitis führt typischerweise zu einer restriktiven Lungenfunktionsstörung.

Therapie
Strengste Allergenkarenz. Bis zur klinischen Normalisierung **Prednison 2 mg/kg KG/d**, dann in niedriger Dosierung fortführen bis sich die Lungenfunktion normalisiert hat. Später inhalative Steroidtherapie.

Lungenemphysem

Definition

Abnorme permanente Erweiterung der Lufträume distal der terminalen Bronchioli ohne signifikante Fibrose.

Ätiologie

- Akut: Obstruktionsmechanismus (Fremdkörper, Asthma bronchiale)
- Primär chronisch: homozygoter α1-Antitrypsin-Mangel
- Sekundär chronisch: Asthma bronchiale, zystische Fibrose.

Klinik

Stark von der Grunderkrankung abhängig.

- Tachydyspnoe
- Zyanose
- Trommelschlägelfinger
- Fassthorax.

Diagnose

- Auskultation: vermindertes Atemgeräusch bei hypersonorem Klopfschall über betroffenem Areal
- Röntgen-Thorax: vermehrte Strahlentransparenz, tief stehendes Zwerchfell, Erweiterung der Interkostalräume.

Therapie

Abhängig von der Grunderkrankung: **Physiotherapie,** konsequente Infektionsprophylaxe.

CHECK-UP

- ☐ Nennen Sie die jeweils unterschiedlichen altersspezifischen Erregergruppen einer Pneumonie.
- ☐ Welche sind die diagnostischen Maßnahmen, die bei Verdacht auf Pneumonie erforderlich sind?
- ☐ Welche Komplikationen können bei einer Pneumonie auftreten?
- ☐ Nennen Sie die Therapie der Wahl bei Schulkindern mit Pneumonie.
- ☐ Beschreiben Sie die Ätiologie der exogen-allergischen Alveolitis.
- ☐ Welche Verlaufsformen der exogen-allergischen Alveolitis kennen Sie?
- ☐ Wie sichern Sie die Diagnose einer exogen-allergischen Alveolitis?
- ☐ Wie wird die exogen-allergische Alveolitis behandelt?

Erkrankungen der Pleura

Pleuritis und Pleuraempyem

Definition

Entzündung und Adhäsion der Pleurablätter ohne wesentliche Flüssigkeitsansammlung.

Ätiologie

Mitreaktion bei Erkrankungen anderer Organe: bakterielle Pneumonie, akute Virusinfektion, rheumatisches Fieber.

Klinik

- **Atemabhängige Thoraxschmerzen**, verstärkt bei Husten, Inspiration
- Ausstrahlung der Schmerzen in Rücken, Schulterregion
- Abnahme der Schmerzen mit Zunahme des Exsudats
- Dyspnoe
- Schmerzbedingte Schonhaltung mit Skoliose.

Komplikationen:

- Pyopneumothorax
- Perikarditis
- Lungenabszess
- Rippenosteomyelitis
- Peritonitis
- Sepsis.

Diagnose

- Auskultation: Pleurareiben, -knarren, später Klopfschalldämpfung, vermindertes Atemgeräusch
- Röntgen-Thorax
- Sonografie
- CT-Thorax
- Pleurapunktion.

Therapie

- Antibiotikatherapie i.v.
- Punktion und Drainage
- Chirurgische Intervention.

Pneumothorax und Pneumomediastinum

Definition

Luft im Pleuraspalt.

Ätiologie

- Neugeborene: durch ungleichmäßige Entfaltung der Lunge überdehnen sich einzelne Lungenabschnitte
- Ältere Kinder: heftiger Husten bei Lungenerkrankung
- Schulkinder: idiopathisch
- Iatrogen: Tracheotomie, Intubation, hohe Beatmungsdrücke, Punktionen.

Klinik

Schmerzen und Dyspnoe. Schockgefahr!

Diagnose

Auskultation: abgeschwächtes Atemgeräusch, hypersonorer Klopfschall.

Therapie

- Spontanresorptionsrate hoch
- Pleuradrainage
- Entlastungspunktion.

14 Gastroenterologie

Erkrankungen des Ösophagus

Ösophagusatresie

Definition

Fehlbildung der Speiseröhre mit blind endendem Ösophagus.

Epidemiologie

1:2.000–1:4.000, 85 % der Fälle gehen mit ösophagotrachealer Fistelbildung einher.

Ätiologie

- Differenzierungsstörung des primären Vorderdarms in Ösophagus, Trachea und Lunge
- 50 % der Patienten zeigen zusätzliche Fehlbildungen
- **VACTERL-Assoziation:** Fehlbildungen von Vertebrae, Anorektalbereich, Herz, Trachea, Ösophagus, Extremitäten.

Einteilung

Nach Vogt (→ Abb. 14.1). Am häufigsten ist Typ IIIB.

Klinik

Pränatal.

- Polyhydramnion
- Risiko der Frühgeburt.

Postnatal.

- Vermehrte Schaumbildung vor dem Mund
- Bei ersten Trinkversuchen Husten
- Zyanose
- Aspiration
- Magensonde lässt sich nicht vorschieben.

Diagnose

Versuch der **Magensondierung** postnatal. Nach Platzierung einer dünnen Magensonde, soweit es geht: **Röntgen-Thorax** und -**Abdomen** mit wasserlöslichem Kontrastmittel zur Fisteldarstellung.

Therapie

Möglichst früh operative Versorgung mit Fistelverschluss.

Gastroösophagealer Reflux

Definition

Reflux von Mageninhalt in den unteren Ösophagus über den nicht vollständig schließbaren unteren Ösophagussphinkter.

Epidemiologie

40 % aller reifen Neugeborenen. Der Übergang von physiologischem zu pathologischem Reflux ist fließend.

> Ein gastroösophagealer Reflux ist im frühen Säuglingsalter extrem häufig und nur selten behandlungsbedürftig.

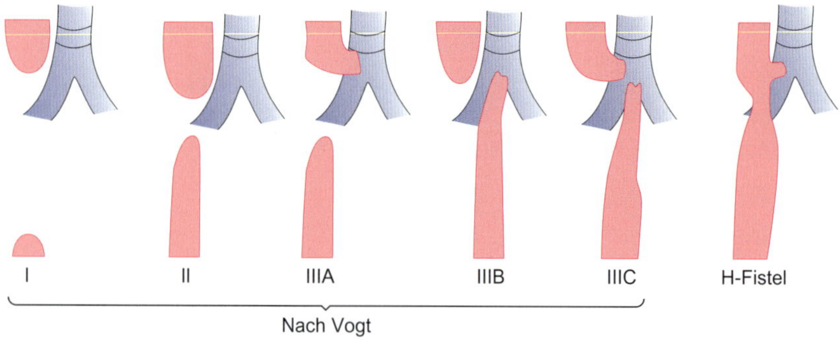

Abb. 14.1 Formen der Ösophagusatresie:
Typ I: kurzes oberes und unteres Ösophagussegment, die blind enden
Typ II: oberer und unterer Ösophagusblindsack ohne ösophagotracheale Fistel
Typ IIIA: oberer und unterer Ösophagusblindsack mit isolierter oberer ösophagotrachealer Fistel
Typ IIIB: häufigste Form (90 %); ösophagotracheale Fistel des unteren Ösophagusblindsacks
Typ IIIC: obere und untere ösophagotracheale Fistel
H-Fistel: durchgängiger Ösophagus, ösophagotracheale Fistel

Ätiologie
- Erhöhter intraabdominaler Druck
- Verminderter Sphinktertonus
- Klaffende Kardia
- Stumpfer His-Winkel
- Hiatushernie
- Kuhmilchproteinallergie.

Pathogenese
Transiente oder inadäquate Sphinkterrelaxation → saurer Reflux → Ösophagitis.

Klinik
Beschwerden treten erst bei zu häufigen oder zu lang dauernden Refluxepisoden auf.

Säuglinge.
- Unruhe, häufiges Schreien
- Rezidivierendes Erbrechen v.a. liegend, Hämatinbeimengung
- Rezidivierende Aspirationspneumonien, Stridor, Heiserkeit, Apnoe.

Ältere Kinder.
- Sodbrennen
- Epigastrische Schmerzen.

Komplikationen.
- Rezidivierende Aspirationspneumonien und obstruktive Bronchitiden
- Hämorrhagische Ösophagitis
- Eisenmangelanämie bei chronischer Blutung
- Dysphagie.

Diagnose
- Sonografie
- Langzeit-pH-Metrie
- Impedanzmessung
- Ösophagogastroduodenoskopie mit Schleimhautbiopsie
- Obere Magen-Darm-Passage
- Gastroösophageale Szintigrafie.

> Wegen der hohen Selbstheilungsrate im 1. Lebensjahr verhält man sich beim sonst gesunden Säugling mit gastroösophagealem Reflux bezüglich invasiver diagnostischer Verfahren eher abwartend.

Therapie
- Allgemeinmaßnahmen: auf schräger Ebene lagern, kuhmilchfrei ernähren
- Prokinetika: Erythromycin
- Säuresuppression: Omeprazol oder H_2-Rezeptorantagonisten, z.B. Ranitidin
- Operation: Fundoplikatio nach Nissen, Hemifundoplikatio nach Thal, Hiatusplastik mit Gastropexie. Alle Operationen: hohe Komplikationsrate.

Hiatushernie

Definition
Magenanteile treten durch den Ösophagusspalt des Zwerchfells aus dem Bauch in die Brusthöhle. Zwei Formen: Gleithernie und paraösophageale Hernie.

Klinik
Symptome des gastroösophagealen Refluxes.

Diagnose
- Obere Magen-Darm-Passage
- Ösophagogastrodudenoskopie mit Schleimhautbiopsie.

Therapie
Operativ: Retroösophageale Hiatusplastik mit Gastropexie.

Ösophagusachalasie

Definition
Fehlende oder unvollständige Entspannung des unteren Ösophagussphinkters durch funktionelle Stenose.

Ätiologie
Störung der neuronalen Innervation im Plexus myentericus des Ösophagus.

Klinik
- Progrediente Dysphagie mit Regurgitationen und Erbrechen unverdauter Nahrung
- Gewichtsverlust
- Gedeihstörung
- Retrosternale Schmerzen
- Nächtliche Hustenattacken.

Komplikationen.
- Rezidivierende Aspirationspneumonien
- Bronchiektasen
- Stenosierende Narben.

Diagnose
- **Röntgen-Thorax:** Megaösophagus mit Flüssigkeitsspiegel
- Ösophagogastroduodenoskopie
- Manometrie
- Ösophagusbreischluck: Sektglasform.

Therapie
- Nifedipin
- Interventionell: Ballondilatation, bei Erfolglosigkeit Ösophagosphinkteromyotomie nach Heller.

Ösophagitis

Definition
Entzündliche Schleimhautveränderungen. Meist unteres Ösophagusdrittel.

Ätiologie
- Chemisch: Säure- oder Laugenverätzung
- Immunologisch: Nahrungsmittelallergie
- Infektiös
- Traumatisch
- Systemisch: Morbus Crohn
- Idiopathisch: eosinophile Ösophagitis.

Klinik
Dysphagie, retrosternale Schmerzen, Hämatinerbrechen.

Diagnose
Ösophagogastroduodenoskopie mit Schleimhautbiopsie.

Therapie
Therapie der Grunderkrankung.

Ösophagusverätzungen

Definition
Schwerste entzündliche Veränderungen des Ösophagus durch Ätzstoffe.

Ätiologie
Akzidentielle Ingestion von Säuren oder Laugen, meist Kleinkinder (1–4 Jahre).

Pathogenese
- **Laugenverätzung:** perforationsgefährdete Kolliquationsnekrose
- **Säureverätzung:** Koagulationsnekrose.

Klinik
- Häufig im Bereich der Mundschleimhaut glasige, schmerzhafte Schleimhautschwellungen
- Dysphagie, vermehrter Speichelfluss
- Retrosternale Schmerzen
- Erbrechen
- Rezidivierende Hustenanfälle, Larynx- und Trachealödem, Stridor.

Frühkomplikationen. Aspirationspneumonie, Perforation mit Mediastinitis, Sepsis.

Spätkomplikationen. Tracheoösophageale Fistel, Strikturen, Stenosen, Karzinom.

Diagnose
Ösophagogastrodudenoskopie.

Therapie
- Unverzügliche **Intubation**, Magenentleerung und Spülung über eine großlumige Sonde
- Methylprednisolon 1.000 mg/1,73 m^2 KOF i. v., antibiotische Therapie, H_2-Rezeptorantagonisten
- Analgesie, Flüssigkeitssubstitution.

Ösophagusfremdkörper

Definition
Ingestion unterschiedlichster Gegenstände, meist im Alter von 6 Monaten bis 4 Jahren.

Klinik
Häufig asymptomatisch.
- Schluckstörung
- Vermehrtes Speicheln
- Essensverweigerung
- Retrosternale Schmerzen.

Diagnose
Röntgen-Thorax, Röntgen-Abdomen.

Differenzialdiagnose
- Eosinophile Ösophagitis
- Achalasie.

Therapie
- Stuhl auf Fremdkörperpassage inspizieren
- Endoskopisch entfernen.

CHECK-UP
- ☐ Welcher pränatale Befund weist auf eine Ösophagusatresie hin?
- ☐ Welche Symptome zeigt das Neugeborene mit Ösophagusatresie?
- ☐ Welche diagnostischen Maßnahmen leiten Sie bei V.a. Ösophagusatresie ein?
- ☐ Worin besteht die Therapie der gesicherten Ösophagusatresie?
- ☐ Nennen Sie die klinischen Symptome des gastroösophagealen Refluxes beim Kleinkind.

- ☐ Welche Komplikationen können sich ergeben?
- ☐ Wie sichern Sie die Diagnose einer Refluxkrankheit beim Kind?
- ☐ Wie wird ein schwerer gastroösophagealer Reflux behandelt?
- ☐ Welche Formen der Ösophagusverätzungen kommen vor?
- ☐ Beschreiben Sie das therapeutische Vorgehen bei Ösophagusverätzung.
- ☐ Welche Früh- und Spätkomplikationen können nach Ösophagusverätzungen auftreten?

Erkrankungen des Magens

Gastritis

Definition
Akut oder chronisch auftretende entzündliche Zellinfiltration der Magenschleimhaut, die im Kindesalter häufig durch Helicobacter (H.) pylori verursacht wird.

Epidemiologie
Bei der Einschulung sind 6 % der deutschen und 45 % der türkischen Kinder in Deutschland mit H. pylori infiziert.

Klinik
- Oberbauchbeschwerden
- Übelkeit
- Vorübergehende Anazidität des Magens
- Chronische Infektion meist asymptomatisch.

Diagnose
- ^{13}C-Harnstoff-Atemtest
- Heliobacter-pylori-Antigennachweis im Stuhl
- Serologie: IgA- und IgG-Antikörper gegen H. pylori
- Ösophagogastroduodenoskopie mit Schleimhautbiopsien und kultureller Anzüchtung des Keims.

Therapie
Ziel: **Eradikation** des Keims.
- Omeprazol: 1 mg/kg KG/d
- Zwei Antibiotika nach Antibiogramm, z.B. Amoxicillin 50 mg/kg KG/d und Clarithromycin 20 mg/kg KG/d über 1 Woche.

> Behandelt wird nur die symptomatische Infektion mit H. pylori. Mit einer Dreifachtherapie gelingt in 90 % der Fälle eine Eradikation des Keims.

Hypertrophe Pylorusstenose

Definition
Postnatal entstehende Hypertrophie der zirkulären Muskulatur des Pylorus.

Epidemiologie
1:500, ♂:♀ = 4:1.

Ätiologie
- Genetische Disposition
- Verminderung inhibitorischer Nervenzellen.

Klinik
Manifestation in der 2.–6. Lebenswoche:
- **Schwallartiges Erbrechen**
- Gieriges Trinken
- Sichtbare Magenperistaltik
- Pylorus als Olive tastbar
- Schwere **Gedeihstörung** und **Dehydratation**.

Diagnose
- **Hypochlorämische, hypokaliämische Alkalose**
- Sonografie des Pylorus.

Differenzialdiagnose
- Gastroösophagealer Reflux
- Gastroenteritis
- Hiatushernie
- Duodenalatresie
- Duodenal- oder hohe Jejunalstenose
- Adrenogenitales Syndrom mit Salzverlust
- Zerebrale Erkrankungen mit Hirndruckerhöhung
- Nahrungsmittelunverträglichkeiten
- Organische Azidurie.

Therapie
- Rehydratation und Elektrolytausgleich
- Pyloromyotomie nach Weber-Ramstedt.

CHECK-UP

- ☐ Wie hoch ist die Infektionsrate mit H. pylori bei Schulkindern in Deutschland?
- ☐ Welche Symptome kann eine Gastritis im Rahmen einer Infektion mit H. pylori hervorrufen?
- ☐ Beschreiben Sie das diagnostische Programm bei V.a. Infektion mit H. pylori.
- ☐ Worin besteht das Therapieziel bei Infektion mit H. pylori?
- ☐ Nennen Sie die Therapiemaßnahmen der Wahl, um dieses Ziel zu erreichen.
- ☐ In welchem Alter manifestiert sich typischerweise eine hypertrophe Pylorusstenose?
- ☐ Welche Symptome zeigt der Säugling mit hypertropher Pylorusstenose?
- ☐ Wie ist die typische Blutgas- und Elektrolytkonstellation bei hypertropher Pylorusstenose?
- ☐ Wie sichern Sie die Diagnose einer hypertrophen Pylorusstenose?
- ☐ Welche therapeutischen Maßnahmen leiten Sie bei gesicherter hypertropher Pylorusstenose ein?

Erkrankungen des Darms

Duodenalatresie und Duodenalstenose

Definition
Geringe oder fehlende Lumenausbildung des Duodenums.

Epidemiologie
1:5.000.

Ätiologie
Bei ⅓ der Patienten mit Duodenalatresie besteht eine Trisomie 21.

Klinik
Pränatal. **Bei 50 %** der Schwangerschaften **Polyhydramnion.**

Postnatal. Innerhalb von 24 h entwickelt sich das klinische Bild eines **hohen Ileus** mit schwallartigem, galligem Erbrechen bei fehlendem Mekoniumabgang. Epigastrium vorgewölbt, Peristaltik sichtbar.

Diagnose
- Pränatale Sonografie
- Röntgen-Abdomen: Double-bubble-Phänomen.

Therapie
Operative Duodenoduodenostomie, so früh wie möglich.

Atresien und Stenosen von Jejunum und Ileum

Definition
Geringe oder fehlende Lumenausbildung von Jejunum und Ileum.

Epidemiologie
1:15.000.

Klinik
Pränatal. **Bei 25 %** der Schwangerschaften besteht ein **Polyhydramnion.**

Postnatal. Innerhalb von 36 h entwickelt sich das klinische Bild eines **mittelhohen Ileus** mit galligem Erbrechen bei fehlendem Mekoniumabgang. Geblähtes Abdomen, Dyspnoe infolge Zwerchfellhochstands, schwere Dehydratation, Gewichtsabnahme.

Diagnose
- Pränatale Sonografie
- Hypochlorämie
- Röntgen-Abdomen.

Therapie
Resektion atretischer und stenotischer Darmanteile, End-zu-End-Anastomose.

Anal- und Rektumatresie

Definition
Angeborener Verschluss des Enddarms.

Epidemiologie
1:1.500, häufig Begleitfehlbildungen:
- Ösophagusatresie
- Urogenitalfehlbildungen
- Fehlbildung der Wirbel.

Klinik
- **Fehlender Anus**
- Verstrichene Analfalte

- Fisteln → Stuhlentleerung aus Vagina/Urethra
- Schwere Harnwegsinfektionen.

Diagnose
Columbia-Technik: Röntgen-Abdomen, Leeraufnahme im seitlichen Strahlengang in Bauchhängelage.

Therapie
Bei tiefen Atresien operative transanale Anoproktoplastik, bei hohen Atresien zunächst Anus-praeter-Anlage.

Morbus Hirschsprung

Definition
Darmtransportstörung durch teils vererbte, teils sporadisch auftretende Entwicklungsstörung der parasympathischen Innervation der Darmwand.

Epidemiologie
1:5.000, ♂:♀= 4:1.

Ätiologie
Vollständiges Fehlen von Ganglienzellen im Plexus submucosus Meißner und im Plexus myentericus Auerbach. Tritt gehäuft auf bei Trisomie 21.

Klinik
- **Leitsymptom: chronische Obstipation**
- 90 % verspäteter Mekoniumabgang
- Wechsel von Stuhlverhalt mit explosionsartigen fötiden Stuhlentleerungen, Bleistiftstühle
- Aufgetriebenes Abdomen
- Galliges Erbrechen
- Gedeihstörung.

Diagnose
- Anorektale **Manometrie:** fehlende Relaxation
- **Kolonkontrasteinlauf**
- **Rektumbiopsie** zur Diagnosestellung obligat: Ganglienzellen fehlen.

Differenzialdiagnose
- Chronisch-habituelle Obstipation
- Zystische Fibrose
- Hypothyreose
- Kongenitales Mikrokolon oder Megakolon durch Stenosen
- Neuronale intestinale Dysplasie
- Andere Ileusursachen.

Therapie
Unmittelbar nach Diagnosestellung operative Entlastung durch Anlage eines **Anus praeter**. Nach 6 Monaten **Resektion** des aganglionären Segments und Anastomosierung mit dem Anorektum.

Meckel-Divertikel

Definition
Persistierender Teil des Ductus omphaloentericus.

Epidemiologie
1–2 % der Gesamtbevölkerung, ♂ > ♀.

Ätiologie
Das Divertikel enthält Magen-, Duodenal- und Kolonschleimhaut.

Klinik
Meist asymptomatisch, bei Ulkus gastrointestinale Blutung und Peritonitis. Es kommt gehäuft zu Invaginationen.

Differenzialdiagnose
Appendizitis.

Therapie
Resektion des symptomatischen Divertikels.

Invagination

Definition
Einstülpung des proximalen in den distalen Darmanteil, meist ileozäkal lokalisiert.

Epidemiologie
Neben inkarzerierten Hernien häufigste Ursache einer Darmobstruktion im Kindesalter, v.a. ab 3. Monat bis 2. Lebensjahr, ♂:♀ = 3:1.

Ätiologie
90 % idiopathisch.

Veränderungen oder Verengungen am proximalen Darmanteil begünstigen die Invagination:
- Adeno-, Rotavirusinfektion
- Meckel-Divertikel
- Polypen
- Zystische Fibrose.

Klinik
- **Leitsymptom: Wechsel** von schmerzhafter **Erregung** und auffallender **Lethargie** in 15- bis 20-minütigen Abständen
- Stuhl: schleimige Blutbeimengung
- Bei protrahiertem Verlauf Ileus mit galligem Erbrechen
- Peritonitis.

Diagnose
- **Rektale Untersuchung:** blutiger Schleim; nicht obligat, Spätsymptom
- **Sonografie:** Invaginat als Kokarde
- Röntgen-Abdomen
- **Kolon-Kontrasteinlauf**: Abbruch der Kontrastmittel-Säule (Krebsscherenphänomen).

Therapie

- **Hydrostatische Reposition** mittels Röntgenkontrastfüllung des Kolons, alternativ mit NaCl 0,9 % unter sonografischer Kontrolle
- Bei erfolglosem Desinvaginationsversuch **Laparotomie:** manuelle Desinvagination, Resektion nekrotischer Darmabschnitte.

CHECK-UP

- ☐ Bei welcher Erkrankung tritt eine Duodenalatresie besonders häufig auf?
- ☐ Welches pränatale Symptom besteht häufig bei Duodenalatresie und wie kommt es dazu?
- ☐ Beschreiben Sie die klinische Symptomatik der Duodenalatresie am 1. Lebenstag.
- ☐ Was ist die Ursache des Morbus Hirschsprung?
- ☐ Nennen Sie die Symptome des Morbus Hirschsprung.
- ☐ Wie sichern Sie die Diagnose des Morbus Hirschsprung?
- ☐ Wie behandeln Sie den gesicherten Morbus Hirschsprung?
- ☐ Welche Altersgruppe ist typischerweise von einer Invagination betroffen?
- ☐ Nennen Sie die charakteristischen klinischen Symptome einer Invagination.
- ☐ Welche Komplikationen einer Invagination kennen Sie?
- ☐ Wie sichern Sie die Diagnose einer Invagination?
- ☐ Welche therapeutischen Maßnahmen stehen Ihnen bei gesicherter Invagination zur Verfügung?

Akute infektiöse Gastroenteritis

Definition

Akute Erkrankung mit Erbrechen und Diarrhö. Viral, bakteriell oder parasitär.

Epidemiologie

Durchschnittlich drei Episoden pro Jahr in den ersten 3 Lebensjahren.

Erreger

- **Viren:** 40 %, Rota-, Adeno-, Entero-, Noroviren
- **Bakterien:** 20 %, Campylobacter jejuni, Yersinien, Salmonellen, Shigellen, Escherichia coli, Clostridium difficile, Vibrio cholerae
- **Parasiten:** 5 %, Giardia lamblia, Kryptosporidien, Entamoeba histolytica.

In 35 % der Fälle gelingt der Erregernachweis nicht.

Klinik

- Fieber
- Erbrechen
- Diarrhö
- Dehydratation (→ Tab. 14.1)
- Gewichtsabnahme
- Halonierte Augen
- Verminderter Hautturgor
- Oligo-/Anurie.

Tab. 14.1 Klinische Schweregrade der Dehydratation

Keine Dehydratation: < 3 % Gewichtsverlust	Leichte bis mittelgradige Dehydratation: 3–8 % Gewichtsverlust	Schwere Dehydratation: ≥9 % Gewichtsverlust
Keine Zeichen	• Trockene Schleimhäute • Eingesunkene Augen • Geringer oder fehlender Tränenfluss • Herabgesetzter Hautturgor • Veränderter Neurostatus: schläfrig, irritabel • Tiefe Azidoseatmung	Zunehmende Zeichen wie bei mäßiger Dehydratation plus herabgesetzte periphere Perfusion: kühle, blasse Akren, kapilläre Füllungszeit > 2 s, Kreislaufschock

Diagnose

- **Blutentnahme** nur bei schwerer Dehydratation: Elektrolyte, Harnstoff, Kreatinin, Eiweiß, Blutgasanalyse
- **Stuhluntersuchung:** Antigenbestimmung, Kultur.

Therapie

- Orale oder intravenöse **Rehydratation**
- Frühzeitige orale **Realimentation**
- Keine motilitätshemmenden Medikamente
- Racecadotril: hemmt intestinale Sekretion
- Probiotika
- Infektion mit Salmonella typhi, Amöben, Giardia lamblia oder Nachweis von Clostridium-difficile-Toxin bei Kindern, die älter als 1 Jahr sind: Antibiotikatherapie.

CHECK-UP

- ☐ Nennen Sie häufige Erreger der infektiösen Gastroenteritis.
- ☐ Beschreiben Sie die klinischen Zeichen einer mittelgradigen Dehydratation.
- ☐ Welche diagnostischen Maßnahmen sind bei infektiöser Gastroenteritis erforderlich?
- ☐ Nennen Sie die wichtigsten Pfeiler der Therapie.

Idiopathische chronisch-entzündliche Darmerkrankungen

Morbus Crohn

Definition

Chronisch-entzündliche Erkrankung, die den gesamten Magen-Darm-Trakt befällt, segmental auftritt, zur Fistelbildung neigt und mit zahlreichen extraintestinalen Manifestationen einhergeht.

Epidemiologie

5:100.000. 30 % manifestieren sich im Kindes- und Jugendalter. Inzidenz steigend, insbesondere im 1. Lebensjahrzehnt.

Ätiologie

- Genetische Prädisposition
- Gestörte Immunregulation
- Umwelteinflüsse als Realisationsfaktoren.

Klinik

- **Leitsymptome: Bauchschmerzen, Gewichtsverlust, chronische blutig-schleimige**, übelriechende **Durchfälle**
- Häufig Anorexie, Aktivitätsverlust, Aphthen, Augenentzündungen
- Begleitend rezidivierende Fieberschübe, unspezifische Arthritiden, Hautveränderungen: Erythema nodosum, Pyoderma gangraenosum
- Charakteristische **Analveränderungen:** Fissuren, perianale Abszesse, Marisken
- Bei Diagnosestellung 20 % Untergewicht, 40 % Wachstumsverzögerung, häufig sekundär verzögerte Pubertätsentwicklung.

Komplikationen.

- Hohe Rezidivneigung
- Darmstenosen
- Enteroenterale, -vesikale, -vaginale, perianale Fisteln
- Abszesse
- Arthritis.

Bei einem Morbus Crohn kann der gesamte Gastrointestinaltrakt befallen sein. Prädilektionsstellen sind das terminale Ileum und das angrenzende Kolon.

Diagnose

Labor.

- Leukozytose mit Linksverschiebung und absoluter Lymphopenie
- Beschleunigte BKS, CRP erhöht
- Hypochrome Anämie
- Serumeisen und Ferritin niedrig
- Hypalbuminämie
- Hypoproteinämie bei hohem IgG
- Magnesium, Zink, Folsäure, Selen, Vitamin B_{12}, fettlösliche Vitamine niedrig
- Anti-Saccharomyces-cerevisiae-Antikörper i.S. erhöht
- Calprotektin im Stuhl erhöht.

Apparative Untersuchungen.
- Sonografie
- Endoskopie und Biopsie
- Hydro-MRT des Dünndarms
- Videokapselendoskopie: Ausmaß des Dünndarmbefalls.

Augenärztliche Untersuchung.

Differenzialdiagnose
- Colitis ulcerosa (➜ Tab. 14.2)
- Akute Appendizitis
- Gastrointestinale Infektionen
- Bakterielle Dünndarmüberwucherung
- Allergische Erkrankungen
- Immundefekte v.a. chronische Granulomatose
- Vaskulitiden.

Therapie
Ernährung. Exklusive enterale Ernährung mit Trink- oder Sondennahrungen auf Volleiweißbasis Therapie der ersten Wahl, nächtliche Dauersondierung; Substitution von Eisen, Folsäure, Vitaminen, Mineralstoffen und Spurenelementen.

Medikamentöse Therapie.
- Prednison 1–2 mg/kg KG/d über 2–4 Wochen, dann Dosis reduzieren und Langzeittherapie
- Sulfasalazin, Azathioprin bei Kolonbeteiligung und Arthralgien
- 5-Aminosalizylsäure bei Dünndarmbefall, mildem Verlauf und Rezidiv
- Metronidazol bei hoher Aktivität, Fieber und Fisteln
- TNF-α-Blocker (Infliximab) bei Fistelleiden und deutlicher Entzündungsaktivität.

Chirurgische Therapie. Bei Perforationen, Abszessen.

Psychotherapie.

> Wegen der wachstumshemmenden Wirkung sollte eine Therapie mit Kortikosteroiden sorgfältig abgewogen werden. Nach Möglichkeit werden alternative Therapieformen eingesetzt.

Colitisulcerosa

Definition
Chronisch-entzündliche Erkrankung von Rektum und Kolon, bei der nur die Mukosa kontinuierlich befallen wird.

Epidemiologie
5:100.000.

Ätiologie
- Genetische Prädisposition
- Gestörte Immunregulation
- Umwelteinflüsse.

Klinik
Leitsymptome: blutige Durchfälle und **schmerzhafte Tenesmen**

Extraintestinale Manifestationen können um Jahre vorausgehen:
- Arthritis
- Chronisch-aggressive Hepatitis
- Sklerosierende Cholangitis
- Iridozyklitis können um Jahre vorausgehen.

Komplikationen.
- Pankolitis 50 %
- Toxisches Megakolon
- Rezidivneigung
- Strikturen
- Erhöhtes Karzinomrisiko, um 5 % nach 10 Jahren, um 50% nach 20 Jahren
- Backwash ileitis: zusätzliche Beteiligung des terminalen Ileums.

> Ein erheblicher Anteil der Patienten mit chronisch-entzündlichen Darmerkrankungen entwickelt besonders in der Pubertät und in Phasen der aktiven Erkrankung psychische Auffälligkeiten, die einer professionellen Intervention bedürfen.

Diagnose
Labor.
- Blutungsanämie
- Leukozytose mit Linksverschiebung und absoluter Lymphopenie
- BKS beschleunigt
- Immunglobuline normal
- Hypalbuminämie, Hypoproteinämie
- Magnesium, Zink, Folsäure, fettlösliche Vitamine niedrig
- Antineutrophile zytoplasmatische Antikörper (ANCA) i.S. erhöht
- Calprotectin im Stuhl erhöht.

Apparative Untersuchungen.
- Sonografie-Abdomen
- Endoskopie und Biopsie: Pseudopolypen, Kryptenabszesse
- Kolonkontrasteinlauf: Verlust der Haustrierung, „starres Rohr".

Augenärztliche Untersuchung.

Differenzialdiagnose

Morbus Crohn (➜ Tab. 14.2).

Therapie

Ernährung. Der Effekt einer exklusiven enteralen Ernährung ist hier nicht belegt.

- Hochkalorische Trinknahrungen bei Malnutrition mit mittelkettigen Triglyzeriden
- Substitution von Eisen, Folsäure, Vitaminen, Mineralstoffen und Spurenelementen
- Semi-Elementardiäten
- Nächtliche Dauersondierung.

Medikamentöse Therapie.

- 5-Aminosalizylsäure als Standard oder Mesalazin
- Bei Therapieresistenz: Prednison, Azathioprin oder Infliximab.

Chirurgische Therapie. Bei Perforationen, Kolonblutungen, toxischem Megakolon, V.a. Kolonkarzinom.

CHECK-UP

- ☐ Beschreiben Sie das charakteristische Muster des Darmbefalls bei Morbus Crohn.
- ☐ Welche sind die Leitsymptome bei Morbus Crohn?
- ☐ Nennen Sie wichtige diagnostische Maßnahmen zur Diagnosestellung eines Morbus Crohn.
- ☐ Welche therapeutischen Maßnahmen kommen bei Morbus Crohn zum Einsatz?
- ☐ Beschreiben Sie das charakteristische Muster des Darmbefalls bei Colitis ulcerosa.
- ☐ Welche sind die Leitsymptome der Colitis ulcerosa?
- ☐ Welche Langzeitkomplikationen beeinflussen in erheblichem Maße die Langzeitprognose der Colitis ulcerosa?
- ☐ Nennen Sie wichtige diagnostische Maßnahmen zur Diagnosestellung einer Colitis ulcerosa.
- ☐ Welche therapeutischen Maßnahmen kommen bei Colitis ulcerosa zum Einsatz?

Tab. 14.2 Differenzialdiagnose Morbus Crohn, Colitis ulcerosa

	Morbus Crohn	Colitis ulcerosa
Beteiligung des oberen Gastrointestinaltrakts	20 %	0 %
Ileum allein	19 %	0 %
Ileum und Kolon	75 %	< 5 %
Kolon	9 %	90 %
Rektum	50 %	100 %
Perianale Auffälligkeiten	Häufig	Ungewöhnlich
Strikturen, Fisteln	Häufig	Ungewöhnlich
Blutige Durchfälle	Gelegentlich	Häufig
Tastbare Resistenzen	Häufig	Nein
ANCA positiv	Selten	Häufig
Kolonkarzinomrisiko	Leicht erhöht	Stark erhöht
Radiologie	• Segmentaler Befall • Wandverdickung, Stenosen • Abnormes Ileum	• Kontinuierlicher Befall • Verlust der Haustrierung • Normales Ileum
Endoskopie	• Fleckiger Befall • Fokale Aphthen • Lineare Ulzera	• Hämorrhagische Mukosa • Diffuse Entzündung • Pseudopolypen
Histologie	• Transmurale Entzündung • Epitheloidzellige Granulome • Lymphozytäre Infiltrate	• Mukosa, Submukosa befallen • Kryptitis, Kryptenabszesse • Zerstörung des Schleimhautreliefs

Malabsorbtionssyndrome

Laktoseintoleranz

Definition

Autosomal-rezessiv vererbte Disaccharidmalabsorption durch fehlende oder ungenügende Spaltung von Laktose.

Klinik

Primärer kongenitaler Laktasemangel. Extrem selten.

- Beginnt mit erster Muttermilchfütterung
- Profuse, wässrige Durchfälle, Meteorismus, schwere Dehydratation
- Gedeihstörung.

Adulter Laktasemangel.

- Nach Aufnahme größerer Milchmengen wässrige Durchfälle, Blähungen, Bauchkrämpfe
- Betroffene meiden Milchprodukte.

Sekundärer Laktasemangel. Bei Schädigung der Dünndarmmukosa führt laktosehaltige Nahrung zu wässrigen Durchfällen und Blähungen, z.B. bei

- Zöliakie, Kuhmilchproteinintoleranz, IgA-Mangel
- Kurzdarmsyndrom
- Chronisch-entzündlicher Darmerkrankung, postenteritischem Syndrom.

Diagnose

- Ernährungsanamnese
- H_2-Atemtest
- Enzymaktivitätsbestimmung in Dünndarmbiopsie
- Molekulargenetik.

Therapie

Diätetisch Laktosezufuhr reduzieren.

Fruktosemalabsorption

Definition

Autosomal-rezessiv vererbte partielle Fruktosemalabsorption, die zu gastrointestinalen Symptomen führt.

Klinik

- Nach Exposition mit Fruchtzucker: **Blähungen**, **Durchfälle** mit übelriechenden, schaumigen Stühlen
- Gedeihstörung.

Diagnose

- Ernährungsanamnese
- H_2-Atemtest.

> Der Fruktose-H_2-Atemtest ist bei 50 % der Bevölkerung positiv. Nur die Kombination aus klinischer Symptomatik und pathologischem Atemtest erlaubt die Diagnose einer Fruktosemalabsorption.

Therapie

Diätetisch Fruktosezufuhr reduzieren.

Zöliakie

Definition

Chronische Multiorganerkrankung als Folge der toxischen Wirkung von Gluten, die zu einem schweren Malabsorptionssyndrom führt.

Epidemiologie

Ätiologie

- Genetische Faktoren: HLA-DR, HLA-DP, HLA-DQ
- Umweltfaktoren: Ernährung, z.B. wirken kleine Mengen glutenhaltiger Beikost im 4.–6. Lebensmonat bei gleichzeitigem Stillen protektiv.

Klinik

- Wochen bis Monate nach Einführung **getreidehaltiger Beikost** im 8.–24. Lebensmonat:
  - Chronische Durchfälle mit voluminösen, übelriechenden, **fettglänzenden Stühlen**
  - Gewichtsstillstand oder Gewichtsverlust
  - **Gedeihstörung** mit Kreuzen der Perzentilen nach unten
  - Schwere Dystrophie (Tabaksbeutelgesäß)
  - Massiv vorgewölbtes Abdomen
  - Dünne Extremitäten
- **Eiweißmangelödeme**, Vitamin-K-Mangel-Blutungen, Vitamin-D-Mangel-Rachitis, Eisenmangelanämie mit **Blässe**
- Zahnschmelzdefekte
- **Muskuläre Hypotonie**
- **Häufige Infekte**
- Kinder sind **missmutig**.

Komplikationen.

- Sekundäre Laktoseintoleranz
- Osteoporose

Tab. 14.3 Erkrankungen, die mit Zöliakie assoziiert sind

Immunologische Erkrankungen	Andere Erkrankungen
• Selektiver IgA-Mangel • Diabetes mellitus Typ 1 • Autoimmunthyreoiditis (Hashimoto) • Autommunhepatitis • IgA-Nephropathie • Primär sklerosierende Cholangitis • Dermatitis herpetiformis Duhring	• Epilepsie mit zerebellärer Verkalkung • Down-Syndrom • Ullrich-Turner-Syndrom

- Zöliakiekrise: therapierefraktäre Diarrhö
- Erhöhtes Risiko für **maligne Darmlymphome**
- Schwere psychische Symptome.

> Die oft monosymptomatischen oder atypischen Verläufe der Zöliakie bei älteren Kindern, Jugendlichen und Erwachsenen erhalten eine zunehmende Bedeutung.

Diagnose

Labor.
- Anämie
- Serumeisen, Ferritin niedrig
- Hypoproteinämie, Hypalbuminämie, Hypokalzämie
- Gerinnungsstörung
- Alkalische Phosphatase erhöht
- Endomysium-IgA-, Transglutaminase-IgA-Antikörper erhöht
- Bei IgA-Mangel Bestimmung von Endomysium-IgG- oder Transglutaminase-IgG-Antikörpern.

Dünndarmbiopsie.
- Zottenatrophie
- Kryptenhyperplasie
- Lymphozytäre Infiltration.

Differenzialdiagnose
- Zystische Fibrose
- Kuhmilchproteinintoleranz
- Angeborene intestinale Enzymdefekte
- Acrodermatitis enteropathica.

Therapie
Lebenslang streng glutenfreie Ernährung ohne Weizen, Roggen, Hafer, Gerste und Dinkel. Alternativ Mais, Reis und reine Weizenstärke.

> Ein begleitender selektiver IgA-Mangel kann bei der serologischen Zöliakiediagnostik zu falsch negativen Ergebnissen führen!

Postenteritisches Syndrom

Definition
Sekundärer Mangel an Disaccharidasen und Peptidasen, der zu Malabsorption führt.

Pathogenese
Infektiöse Noxen schädigen die Schleimhaut, v.a. bei Enteritis durch Escherichia coli → Abflachung der Dünndarmmukosa → Malabsorptionssyndrom. Die späte Realimentation bei Gastroenteritis ist ein wichtiger ätiologischer Faktor.

Klinik
- Persistenz von Durchfällen länger als 14 Tage
- Wiederauftreten von Durchfällen im Anschluss an eine Gastroenteritis, typischerweise ohne Fieber und ohne Erbrechen.

Differenzialdiagnose
- Lambliasis
- Zöliakie
- Allergische oder eosinophile Gastroenteropathie
- Morbus Crohn
- Kurzdarmsyndrom
- Bakterielle Fehlbesiedlung
- Andere Darmschädigung.

Prophylaxe und Therapie
- **Frühzeitige Realimentation** nach Rehydratation
- Diätetische Maßnahmen, z.B. Reduktion von Laktose und Fruktose.

Kuhmilchallergie

Definition
Transiente Nahrungsmittelallergie gegen Kuhmilchprotein.

Epidemiologie
Inzidenz 2–3:100.
- **Risiko für IgE-vermittelte Reaktionen:** genetische Faktoren
- **Risiko für nicht IgE-vermittelte Reaktionen:** fehlendes Stillen, vorausgehende gastrointestinale Infektionen.

Klinik
Manifestiert sich bei jungen Säuglingen, selten nach dem 12. Lebensmonat.

Sofortsymptome.
- Lippenschwellung
- Laryngospasmus
- Urtikaria
- Erbrechen, Durchfall
- Asthma.

Intermediärsymptome.
- Giemen, Husten, Dyspnoe
- Ekzem, Urtikaria.

Spätsymptome.
- Blutig-schleimige Stühle
- Gastroösophagealer Reflux
- Ödeme.

Diagnose
- Ernährungsanamnese
- Leukozytose, Eosinophilie
- IgE i.S. erhöht.
- RAST-, Prick-, Patch-Test nicht hilfreich
- Nach Auslassversuch **Provokationsversuch** unter klinischer Überwachung.

Therapie
Kuhmilchfreie Hydrolysat- oder Elementarnahrungen. Keine Kuhmilch im 1. Lebensjahr. Im 2. Lebensjahr Expositionsversuch.

Kurzdarmsyndrom

Definition
Primäre oder sekundäre Verkürzung des Dünndarms, die zu Malabsorption führt.

Ätiologie
Kongenital oder sekundär nach Resektion.

Klinik
Symptome abhängig vom jeweils verkürzten Darmabschnitt.
- Vitamin-B_{12}-Mangel
- Malabsorption von Glukose, Aminosäuren, Fetten
- **Wässrige Durchfälle**
- **Dystrophie**
- Wachstumsverzögerung, sekundäre Entwicklungsverzögerung.

Therapie
- In schweren Fällen parenterale Ernährung, zusätzlich kleine Mengen Nahrung als Dauersondierung günstig
- Bei bakterieller Überwucherung des Darms regelmäßig Metronidazol oder Rifaximin verabreichen.

CHECK-UP

- ☐ Beschreiben Sie den klassischen Verlauf der Gewichts- und Längenperzentile bei Zöliakie.
- ☐ Nennen Sie die charakteristischen klinischen Symptome der Zöliakie.
- ☐ Nennen Sie Komplikationen, die bei der Zöliakie auftreten können.
- ☐ Wie sichern Sie die Diagnose einer Zöliakie?
- ☐ Nennen Sie den Grundpfeiler der Zöliakie-Therapie.
- ☐ Wie entsteht ein postenteritisches Syndrom?
- ☐ Nennen Sie den wichtigsten Risikofaktor für das Auftreten eines postenteritischen Syndroms.
- ☐ Wie manifestiert sich ein postenteritisches Syndrom klinisch?
- ☐ Wie ist eine Kuhmilchallergie definiert?
- ☐ Nennen Sie typische Spätsymptome bei Kuhmilchallergie.
- ☐ Wie behandeln Sie eine Kuhmilchallergie?

Chronisch-habituelle Obstipation

Definition
Stuhlretention infolge unvollständiger Stuhlentleerung und/oder Defäkationsbeschwerden bei hartem Stuhl, die länger als 3 Monate persistieren.

Epidemiologie
16 % der 2-Jährigen, ♂:♀ = 3:1.

Ätiologie
Meist Folge einer inadäquat behandelten Verstopfungsperiode durch exogene Störfaktoren:
- Änderungen von Tagesrhythmus oder Umgebung
- Defäkationsschmerz

- Medikamentös
- Primär psychisch
- Alimentär.

Klinik

- **Leitsymptome:**
  - Rezidivierende **Bauchschmerzen**
  - **Blähungen**
  - Inappetenz
  - **Defäkationsschmerzen**
- Schleimhautrisse → Blutauflagerungen auf dem Stuhl
- Abstände zwischen Stuhlentleerungen betragen bis zu 10 Tage
- Stuhlschmieren
- Enuresis.

> Die chronisch-habituelle Obstipation beginnt meist mit einer schmerzvollen Defäkation, die in einen Circulus vitiosus mündet.

Diagnose

- Anamnese
- Körperlich und rektal untersuchen.

Therapie

- Allgemeinmaßnahmen:
  - Ernährung auf ballaststoffreiche Kost umstellen
  - Ausreichende Flüssigkeitszufuhr
  - Toilettentraining
- Abführende Maßnahmen:
  - Sorbitklysmen
  - **Polyethylenglykol** 0,8 g/kg KG in 2 ED.

CHECK-UP

- ☐ Wer ist typischerweise von einer chronisch-habituellen Obstipation betroffen?
- ☐ Beschreiben Sie den Circulus vitiosus bei chronisch-habitueller Obstipation.
- ☐ Wie behandeln Sie die chronisch-habituelle Obstipation?

Hyperbilirubinämien

Gilbert-Meulengracht-Syndrom

Definition

Gutartige, unkonjugierte Hyperbilirubinämie mit intermittierenden Ikterusschüben.

Epidemiologie

3 % der Bevölkerung.

Ätiologie

Reduktion der Aktivität der UDGP-Transferase auf 10–30 % der Norm, Störung des Bilirubintransports und der Bilirubinkonjugation.

Klinik

- Häufig sichtbarer **Ikterus:** ausgelöst durch Infekte, physische oder psychische Belastung, Fasten
- Anorexie
- Müdigkeit, Krankheitsgefühl
- Bauchschmerzen, Diarrhö
- Stuhl gefärbt, Urin hell.

Diagnose

- **Unkonjugiertes Bilirubin i.S. um 5 mg/dl**
- Leberfunktionstests, -histologie unauffällig
- Verstärkung des Ikterus durch Niacinsäure.

Differenzialdiagnose

→ Tab. 14.4.

Therapie

Bei ausgeprägten Schüben Phenobarbital.

Dubin-Johnson-Syndrom

Definition

Autosomal-rezessiv vererbte, direkte Hyperbilirubinämie mit guter Prognose.

Ätiologie

Hepatozelluläre Störung der Sekretion konjugierten Bilirubins in die Galle.

Klinik

- Manifestiert sich um das **10.** Lebensjahr
- **Fluktuierende Hyperbilirubinämie:** 2–8 mg/dl, konjugierter Anteil 30–80 %

Tab. 14.4 Checkliste: Differenzialdiagnose der unkonjugierten Hyperbilirubinämie im Kindesalter

Pathomechanismus	Mögliche Ursachen
Vermehrte Produktion	• Physiologischer Neugeborenenikterus • Hämolytische Erkrankungen • Medikamente
Transportstörung zur Leberzelle	• Hypalbuminämie • Medikamente
Gestörte Aufnahme in die Leberzelle	• Physiologischer Neugeborenenikterus • Morbus Gilbert-Meulengracht
Transportstörung in die Leberzelle	• Physiologischer Neugeborenenikterus
Konjugationsstörung	• Physiologischer Neugeborenenikterus • Muttermilchikterus • Morbus Gilbert-Meulengracht • Crigler-Najjar-Syndrom I und II • Medikamente
Vermehrte enterale Rückresorption	• Physiologischer Neugeborenenikterus • Verzögerte Darmpassage • Untere intestinale Obstruktion

Tab. 14.5 Checkliste: Differenzialdiagnose der konjugierten Hyperbilirubinämien im Kindesalter

Pathomechanismus	Mögliche Ursachen
Familiäre konjugierte Hyperbilirubinämien	• Dubin-Johnson-Syndrom • Rotor-Syndrom
Hepatozelluläre Schädigung	• Infektion, z. B. neonatale Hepatitis • Toxische Faktoren • Metabolische Erkrankungen
Obstruktion der Gallenwege	• Erkrankungen der extrahepatischen Gallenwege • Erkrankungen der intrahepatischen Gallenwege • Cholestasesyndrome

- Im **akuten Schub:**
  - Fieber
  - Übelkeit, Erbrechen
  - Bauchschmerzen
  - Dunkler Urin, heller Stuhl
  - Hepatomegalie.

Diagnose

- **Konjugiertes Bilirubin i.S. erhöht**
- Bromsulfaleinausscheidung pathologisch
- Leberhistologie: lysosomale Anhäufung schwarzen Pigments.

Differenzialdiagnose

→ Tab. 14.5.

Therapie

In der Regel nicht erforderlich.

Cholestase

Differenzialdiagnose

→ Tab. 14.6

Tab. 14.6 Checkliste: Differenzialdiagnose wichtiger cholestatischer Erkrankungen im Kindesalter

Intrahepatische Cholestasen	Extrahepatische Cholestasen
Klassische Erkrankung mit intrahepatischer Cholestase Neonatale Hepatitis **Stoffwechselerkrankungen** • Galaktosämie • Hereditäre Fruktoseintoleranz • Tyrosinämie Typ I • α_1-Antitrypsin-Mangel	**Klassische Erkrankung mit extrahepatischer Cholestase** Extrahepatische Gallengangsatresie **Andere Erkrankungen** • Gallengangsruptur • Choledochusstenose • Pankreatikobiliäre Ganganomalien • Kompression von außen

Tab. 14.6 Checkliste: Differenzialdiagnose wichtiger cholestatischer Erkrankungen im Kindesalter (Forts.)

Intrahepatische Cholestasen	Extrahepatische Cholestasen
• Zystische Fibrose • Morbus Niemann-Pick Typ C • Zellweger-Syndrom **Intrahepatische Gallengangshypoplasie** Syndromatische Form: Alagille-Syndrom. Nichtsyndromatische Formen: • Toxisch • Parenterale Ernährung • Medikamente • Asphyxie und Schock	• Biliary-Sludge-Syndrom • Choledochuszyste • Cholelithiasis

Neonatale Hepatitis

Synonym: Riesenzellhepatitis.

Definition

Cholestatische Lebererkrankung in den ersten 3 Lebensmonaten mit schlechter Prognose.

Epidemiologie

1:10.000 Lebendgeburten.

Ätiologie

- Idiopathisch
- Infektiös: Viren, Bakterien, Protozoen; diaplazentare, perinatale, postnatale Übertragung
- Nichtinfektiös: Stoffwechselerkrankungen, toxische Faktoren.

Klinik

Leitsymptome:
- Ikterus
- Stuhlentfärbung, dunkler Urin
- Hepatosplenomegalie.

Bei protrahiertem Verlauf:
- Pruritus
- Gedeihstörung
- Hepatische Osteopathie
- Vitaminmangelzustände.

Diagnose

- **Konjugierte Hyperbilirubinämie**
- Aminotransferasen, Cholestaseenzyme, Cholesterin, Gallensäuren i.S. erhöht
- Gerinnungsstörung
- Erregernachweis
- **Histologie:** intrahepatische Gallengangshypoplasie, gestörte Läppchenarchitektur, Leberzellnekrosen, Riesenzellen, Cholestase, entzündliche Infiltration, Fibrose.

Therapie

Gezielte Therapie nur bei bakterieller Infektion möglich
- Phenobarbital und Ursodesoxycholsäure, um Cholestase zu verbessern
- Colestyramin
- Mittelkettige Triglyzeride
- Vitaminsubstitution
- Bei Progression: Lebertransplantation.

α_1-Antitrypsin-Mangel

Definition

Defekt des Proteinaseinhibitors (Pi) α_1-Antitrypsin als Ursache von Lebererkrankungen im Kindesalter.

Epidemiologie

- PiZZ: Homozygoter PiZZ-Phänotyp 1:1.500
- PiMS oder PiMZ: heterozygote Phänotypen, sind wesentlich häufiger und klinisch in der Regel unauffällig.

Klinik

Cholestatisches Krankheitsbild:
- Ikterus
- Acholische Stühle
- Hepatosplenomegalie
- Juckreiz.

In 10 % schwere Leberfunktionsstörung:
- Beeinträchtigte Syntheseleistung
- Aszites
- Blutungen
- Dystrophie.

Die **destruktive Lungenerkrankung** manifestiert sich in der dritten Lebensdekade.

Diagnose

- Serumeiweißelektrophorese
- α_1-Antitrypsin vermindert
- Pi-Phänotypisierung

- Leberhistologie.

Therapie
- Patienten frühzeitig sensibilisieren bezüglich der destruktiven Wirkung von Zigarettenrauch
- Bei Erwachsenen intravenöse oder bronchiale Substitution mit α_1-Antitrypsin
- In fulminanten Fällen: Lebertransplantation.

Intrahepatische Gallengangshypoplasie

Definition
Hypoplasie der interlobulären portalen Gallengänge.

Epidemiologie
1:20.000.

Einteilung
- **Syndromatische Form:** Alagille-Syndrom mit assoziierten Fehlbildungen
- **Nichtsyndromatische Form:** ohne Fehlbildungen.

Klinik
- Postnatal chronische **Cholestase**
- Ab dem 3. Monat quälender **Juckreiz**
- Schwere Hypercholesterinämie → **Xanthome**
- Chronische Malabsorption → Vitamin-K-Mangel → intrakranielle **Blutungen**
- Extrahepatische Manifestationen: Gesichtsdysmorphie, Skelettanomalien, Augenfehlbildungen, Kleinwuchs, Herzvitien: am häufigsten periphere Pulmonalstenose.

Diagnose
- Hypercholesterinämie
- Lipoprotein X erhöht
- Gallensäurenkonzentration i.S. erhöht
- Leberhistologie.

Therapie
- Symptomatische Therapie
- Lebertransplantation.

Extrahepatische Gallengangsatresie

Definition
Neonatale Cholestase durch progrediente fibröse Obliteration der extrahepatischen Gallengänge mit partieller oder kompletter Atresie des extrahepatischen Gallengangsystems.

Epidemiologie
1:15.000, 10 % zusätzliche Fehlbildungen.

Ätiologie
- Genetische Faktoren
- Immunologische Prozesse und Infektionen des Gallengangsystems.

Klinik
- In der 2.–3. Lebenswoche zunehmender **Ikterus** mit direkter Hyperbilirubinämie, bierbraunem Urin, wechselnd gefärbten oder entfärbten Stühlen
- Hepatomegalie, später Splenomegalie
- **Juckreiz**
- Chronisches **Leberversagen**
- Schwere Gedeihstörung
- Biliäre Zirrhose
- Terminales Leberversagen vor Ende des 2. Lebensjahrs.

Diagnose
- Labor: progrediente **konjugierte Hyperbilirubinämie**, Cholestaseparameter erhöht, Gallensäuren i.S. stark erhöht, Hypercholesterinämie, Lipoprotein X i.S. erhöht, Konzentration fettlöslicher Vitamine i.S. niedrig
- Sonografie: Gallenblase vorhanden?
- Leberfunktionsszintigrafie
- Laparatomie: intraoperative Cholangiografie und offene Leberbiopsie.

Therapie
- Operation nach Kasai (Hepatoportoenterostomie)
- Lebertransplantation.

Cholelithiasis

Definition
Nachweis von Konkrementen in der Gallenblase oder in den abführenden Gallengängen.

Epidemiologie
1:4.000–1:10.000, vorwiegend ♀ im Schulalter.

Ätiologie
In Abhängigkeit von zugrunde liegender Erkrankung: Bilirubin-, gemischte Cholesterin-Bilirubin-, Cholesterinsteine.

Klinik
- **Kolikartige Bauchschmerzen**, die in den rechten Unterbauch oder Rücken ausstrahlen
- Übelkeit, Erbrechen
- Fettintoleranz
- Ikterus.

Komplikationen.
- Rezidivierende Cholangitiden
- Cholezystitis
- Gallengangsobstruktion mit Cholestase.

Diagnose
- Leukozytose
- Aktivitäten der γ-GT und LAP i.S. erhöht
- Sonografie
- Röntgen.

Therapie
Cholesterinsteine:
- Lyseversuch mit Ursodesoxycholsäure
- Extrakorporale Stoßwellenlithotripsie (ESWL)
- Therapeutische endoskopisch retrograde Cholangiopankreatikografie (ERCP)
- Laparoskopische Cholezystektomie.

CHECK-UP
- ☐ Wie manifestiert sich klinisch die extrahepatische Gallengangsatresie beim Säugling?
- ☐ Welche laborchemischen Veränderungen unterstützen die Verdachtsdiagnose?
- ☐ Welche diagnostischen Maßnahmen sind zur Diagnosesicherung geeignet?
- ☐ Warum ist eine rasche Diagnosesicherung unbedingt erforderlich?
- ☐ Welche symptomatischen und kurativen Therapiemaßnahmen stehen zur Verfügung?

Virushepatitiden

Hepatitis A

Definition
Akute Entzündung der Leber infolge Zerstörung von Hepatozyten durch das Hepatitis-A-Virus (HAV), die subklinisch bis fulminant verlaufen kann.

Epidemiologie
Durchseuchungsrate: 5 % bei Kindern, die jünger als 10 Jahre sind; 8 % bei älteren Kindern. **Fäkal-orale** Übertragung, auch durch Wasser oder Nahrungsmittel. Keine chronische Infektion, kein Trägertum.

Erreger
RNA-Virus HAV.

Klinik
Bei Kindern überwiegen asymptomatische und leichte Verlaufsformen. Fulminante Hepatitis nur in 0,1 % der Fälle.

Präikterische Phase.
- Übelkeit, Erbrechen
- Diarrhö
- Fieber
- Abdominelle Schmerzen
- Gewichtsverlust
- Hepatomegalie.

Ikterische Phase. Oben genannte Symptome verschwinden bei Säuglingen, bei älteren Kindern werden sie verstärkt. Zusätzlich:
- Cholestase, Pruritus
- Dunkelbrauner Urin, acholische Stühle.

Komplikationen.
- Fulminantes Leberversagen
- Myokarditis
- Enzephalopathie
- Kryoglobulinämie
- Knochenmarkhypoplasie
- Milzruptur
- Pankreatitis
- Guillain-Barré-Syndrom.

Diagnose
- Aminotransferasen i.S. bereits präikterisch erhöht
- Hyperbilirubinämie, Anti-HAV-IgM i.S. bereits kurz nach Ausbruch der Erkrankung nachweisbar
- Anti-HAV-IgG persistiert jahre- bis lebenslang und ist Ausdruck der Immunität.

Therapie
Keine spezifische Therapie.
- Bettruhe
- Passive, postexpositionelle und aktive Immunprophylaxe.

Eine Hepatitis-A-Infektion führt typischerweise weder zu einer chronischen Infektion noch zu einem Überträgerstatus.

Hepatitis B

Definition

Infektion der Leber mit Hepatitis-B-Virus (HBV), die in einem signifikanten Teil der Fälle entweder in eine chronische Infektion oder in einen infektiösen Trägerstatus übergeht.

Epidemiologie

0,3–0,5 % der deutschen Bevölkerung sind HBs-Antigen-Träger. Durchseuchungsrate in Deutschland 6 %. Infektion über infizierte Körperflüssigkeiten.

Ätiologie

DNA-Virus HBV. Besteht aus drei Antigenen (Ag): HBs-Ag, HBc-Ag, HBe-Ag.

Klinik

Im Säuglings- und Kindsalter mehr als 50 % subklinische Verläufe.

Prodromalstadium.
- Fieber
- Erbrechen
- Diarrhö.

Lebererkrankung.
- Hepatosplenomegalie
- Ikterus
- Pruritus
- Acholische Stühle, dunkler Urin.

Extrahepatische Manifestationen.
- Papulöse Akrodermatitis
- Arthralgien
- Myalgien
- Vaskulitis
- Kryoglobulinämie
- Glomerulonephritis.

Komplikationen.
- Akute fulminante, chronisch-persistierende, chronisch-aggressive Hepatitis B
- Leberzirrhose, Leberzellkarzinom.

Diagnose

- Aminotransferasen i.S. erhöht
- Hyperbilirubinämie
- Urobilirubin im Urin
- Alkalische Phosphatase, γ-GT, 5-Nukleotidase i.S. erhöht
- Sekundäre Zeichen: Cholinesterase i.S. erniedrigt, Hypoproteinämie, Hypalbuminämie, Gerinnungsstörung.

Serologischer Verlauf der HB-Marker (→ siehe Abb. 14.2).

Therapie

- α-Interferon, bei Kontraindikationen Lamivudin
- Passive und aktive Immunprophylaxe.

Hepatitis C

Definition

Infektion mit dem Hepatitis-C-Virus (HCV), die häufig klinisch inapparent verläuft. Sie kann jedoch in eine chronische Form der Erkrankung übergehen, die mit einer ungünstigen Prognose verknüpft ist.

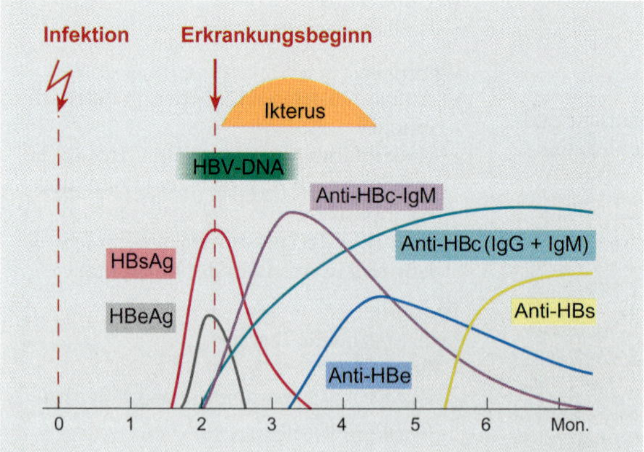

Abb. 14.2 Verlauf der serologischen Hepatitis-B-Marker

Epidemiologie
10–15 % der Hepatitispatienten in Deutschland. Knapp 1 % der Bevölkerung ist Anti-HCV-positiv. Übertragung v.a. durch i.v. Drogenabusus und Sexualkontakte, Blut und Blutprodukte oder Immunglobulinpräparate.

Ätiologie
RNA-Virus HCV mit mind. sechs Genotypen und 90 Subtypen.

Klinik
Meist asymptomatischer Verlauf oder unspezifische Symptome. Selten fulminante Hepatitis, dann häufig mit HBV- oder HIV-Infektion kombiniert. Sehr häufig **chronische Hepatitis**, auch nach asymptomatischem Verlauf.

Komplikationen.
- Chronische Hepatitis C
- Leberzirrhose
- Leberzellkarzinom.

> Die Chronifizierungsrate der Hepatitis C beträgt 60–80 %. Die HCV-Infektion ist heute die häufigste Ursache einer chronischen Hepatitis in den westlichen Ländern. Häufig entwickelt sich eine Leberzirrhose oder ein Leberzellkarzinom.

Diagnose
- Aminotransferasen i.S. fluktuierend, Anstieg in der 7.–8. Woche p.i.
- Nachweis der Hepatitis-C-RNA 1–2 Wochen p.i.
- Anti-HCV persistiert über Monate.

Therapie
α-Interferon mit Ribavirin, nicht für Kinder zugelassen.

Hepatitis D

Definition
Infektion mit Hepatitis-D-Virus (HDV), dessen Replikation an die Anwesenheit von HBV gebunden ist.

Epidemiologie
Etwa 2 % der HBs-Ag-positiven Patienten in Deutschland sind von einer HDV-Infektion betroffen, Übertragung wie HBV jedoch auch horizontal.

Erreger
Inkomplettes RNA-Virus: Hülle aus HBs-Ag, HD-Ag-haltiger Kern.

Klinik
Schwere akute, chronisch-aktive und fulminante Hepatitisformen. **Biphasischer** Verlauf: durch Superinfektion eines asymptomatischen HBs-Ag-Trägers schnelle Entwicklung einer chronisch-aktiven Hepatitis sowie Leberzirrhose.

Diagnose
- Nachweis von Anti-HDV-IgM, -IgG
- HD-Ag und HDV-RNA nur in Ausnahmefällen nachweisbar.

Therapie
- α-Interferon
- HBV-Impfung schützt vor Koinfektion.

Hepatitis E

Definition
Infektion mit Hepatitis-E-Virus (HEV), ähnlich der HAV-Infektion.

Epidemiologie
Übertragung fäkal-oral, v.a. durch kontaminiertes Wasser.

Ätiologie
RNA-Virus HEV.

Klinik
Ähnlich der Hepatitis A, keine chronischen Formen bekannt.

Diagnose
Nachweis von HE-Ag, Anti-HEV, HEV-RNA.

Therapie
Keine kausale Therapie.

CHECK-UP

- ☐ Welche Phasen der Hepatitis-A-Infektion kennen Sie?
- ☐ Nennen Sie Komplikationen der Infektion mit dem HAV.
- ☐ Wie sichern Sie die Diagnose einer Hepatitis A?
- ☐ Wie wird die Hepatitis C übertragen?
- ☐ Wie verläuft typischerweise die frische Hepatitis-C-Infektion?
- ☐ Worin besteht die größte Gefahr bei Hepatitis C?
- ☐ Nennen Sie typische Langzeitkomplikationen der Hepatitis C.

Autoimmunhepatitis

Definition
Autoimmunologisch bedingte entzündliche Lebererkrankung mit fortschreitender Zerstörung des Leberparenchyms.

Ätiologie
Bislang nicht geklärt, vermutlich genetisch determinierter Defekt der Immunregulation.

Klinik
Meist **Mädchen, die älter als 10 Jahre sind,** akut oder schleichend.

- Krankheitsgefühl, Leistungsschwäche
- Anorexie
- Bauchschmerzen
- Pruritus
- Fieber
- Arthralgien
- Konsistenzvermehrte Hepatosplenomegalie
- Ikterus, dunkler Urin
- Aszites
- Leberhautzeichen
- Amenorrhö.

Fakultative Begleitsymptome.
- Kolitis
- Thyreoiditis
- Diabetes mellitus
- Hämolytische Anämie
- Vitiligo
- Arthritis.

Diagnose
- Labor:
  - BKS stark beschleunigt
  - Relative Lymphozytose
  - Aminotransferasen und GLDH i.S. erhöht
  - Hyperbilirubinämie
  - Hypergammaglobulinämie mit extremer IgG-Erhöhung
  - C3 und C4 niedrig
  - Antikörper-Nachweis: ANA, SMA, p-ANCA, LKM-1, SLA
- Leberbiopsie
- ERCP.

Therapie
Immunsuppressive Therapie: Prednison-Monotherapie oder Kombinationstherapie mit Prednison und Azathioprin.

Nichtvirale Infektionen der Leber

Leberabszess

Definition
Eitrige Einschmelzung von Lebergewebe durch hämatogene oder biliäre Invasion von Bakterien.

Ätiologie
- Septische Granulomatose
- Immundefekte
- Sepsis
- Infektionen der Bauchhöhle
- Aszendierende Cholangitis
- Penetrierende Verletzungen
- Postoperativ.

Klinik
- Unwohlsein, Übelkeit, Erbrechen
- Gewichtsverlust
- Fieber
- Schmerzen im rechten Oberbauch
- Druckschmerzhafte Hepatomegalie
- Leichter Ikterus.

Diagnose
- BKS beschleunigt
- Leukozytose und Linksverschiebung
- Leberparameter variabel
- Erregernachweis
- Bildgebung.

Therapie
Chirurgische Drainage und systemische antibiotische Therapie.

Echinokokkeninfektion

Definition
Infektion mit Eiern des Hunde- oder Fuchsbandwurms mit solitärer oder multipler Zystenbildung in der Leber und in anderen Organen.

Erreger

- **Echinococcus granulosus** (Hundebandwurm): zystische Echinokokkose
- **Echinococcus multilocularis** (Fuchsbandwurm): alveoläre Echinokokkose.

Klinik

- Lange asymptomatisch, kaum Krankheitsgefühl
- Abdominelle oder thorakale Schmerzen
- Husten
- Dyspnoe
- Ikterus
- Koliken
- Rezidivierende Cholangitiden.

Komplikation. Spontane oder traumatische Zystenruptur → akute allergische Reaktion mit Urtikaria, bis zum anaphylaktischen Schock.

Diagnose

- Eosinophilie
- Spezifische Antikörper
- Echinococcus-granulosus-Immunoblot
- Parasitologischer Echinokokkennachweis
- Bildgebung.

> Die diagnostische Punktion von Echinokokkuszysten ist streng kontraindiziert.

Therapie

- **Radikal operativ entfernen:** Punktion, Aspiration, Injektion, Reaspiration
- **Antiparasitäre Therapie:** Mebendazol oder Albendazol.

Fulminantes Leberversagen

Definition

Fulminantes Leberversagen (FLV): akute Lebererkrankung mit oder ohne hepatische Enzephalopathie, die bei einem vorher lebergesunden Kind innerhalb von 6 Monaten zu einer Einschränkung der Lebersyntheseleistung führt (Quick < 40 %, CHE < 2.500 U/l).

Ätiologie

Infektionen und Intoxikationen.

Klinik

- **Progredienter Ikterus**
- Hepatomegalie
- Anorexie
- Erbrechen
- Blutungen
- Foetor hepaticus
- Aszites
- Abnehmende Lebergröße
- Hepatische **Enzephalopathie**: Ruhelosigkeit, irrationale Hyperaktivität, Verwirrtheitszustände, Lethargie, zunehmende Eintrübung, Apathie, Stupor, Koma
- Hepatorenales Syndrom (Niereninsuffizienz).

Komplikationen.

- Lebensbedrohliche Blutungen
- Hypoglykämisches Koma
- Nierenversagen und Elektrolytentgleisungen
- Hypoxie
- Kardiale Dekompensation
- Schock
- Hirnödem.

Diagnose

- Hyperbilirubinämie
- Aminotransferasen und GLDH i.S. erhöht
- Hypalbuminämie
- CHE i.S. niedrig
- Gerinnungsstörung
- Hyperammonämie
- Hypoglykämie.

Therapie

- Therapie der Grunderkrankung: oft schwierig
- Supportive Therapie: Proteinzufuhr reduzieren, Neomycin, Laktulose, Elektrolyt- und Flüssigkeitssubstitution, hohe Mengen an Glukose zuführen, Azidoseausgleich, maschinell beatmen, Antibiotikatherapie, Hämodialyse
- Leberersatztherapie: Transplantation.

CHECK-UP

- ☐ Wie ist das fulminante Leberversagen im Kindesalter definiert?
- ☐ Nennen Sie wichtige klinische Symptome des Leberversagens.
- ☐ Welche Laborparameter sind bei fulminantem Leberversagen verändert?
- ☐ Welche therapeutischen Maßnahmen stehen für Patienten mit fulminantem Leberversagen zur Verfügung?

Leberzirrhose und portale Hypertonie

Definitionen

Leberzirrhose: knotiger Umbau des Lebergewebes mit Regeneratknoten ohne Zentralvene.

Portale Hypertonie: dauerhafte Steigerung des Blutdrucks in der Pfortader über 10 mmHg.

Ätiologie

- Postnekrotische oder biliäre Zirrhose
- Genetische Erkrankungen.

Portale Hypertension hat prä-, intra- und posthepatische Ursachen.

Klinik

Kompensierte Erkrankung:
- Symptome der Grunderkrankung
- Gedeihstörung.

Abdominelle Symptome:
- Aufgetriebenes Abdomen
- Aszites
- Caput medusae.

Hämodynamische Symptome:
- Portale Hypertonie
- Kollateralkreisläufe
- Spider naevi
- Palmarerythem.

Pulmonale Komplikationen: **Hypoxämie**.

Dekompensation.
- Periphere Ödeme
- Hepatische Enzephalopathie
- Foetor hepaticus
- Blutungen.

Komplikationen.
- Ösophagus- und Fundusvarizen
- Malabsorption
- Enzephalopathie
- Sekundäre endokrinologische Störungen
- Vermehrte Infektionsneigung
- Nierenversagen.

Diagnose

- Hyperbilirubinämie
- Aminotransferasen und GLDH i.S. erhöht
- Hypalbuminämie
- CHE i.S. niedrig
- Gerinnungsstörung
- Sonografie, Doppler-Sonografie
- Leberbiopsie
- Ösophagogastroduodenoskopie.

Therapie

- Therapie der Grunderkrankung und der Komplikationen
- Lebertransplantation.

Reye-Syndrom

Definition

Akute, nichtentzündliche Enzephalopathie im Verlauf eines viralen Infekts oder von Varizellen.

Epidemiologie

2:100.000 Kinder unter 18 Jahren.

Ätiologie

Prädisponierende Faktoren:
- Virusinfekt
- Medikamente: Azetylsalizylsäure oder Paracetamol
- Toxine

- Genetische Prädisposition
- Mitochondriale Fehlfunktion mit verminderter Aktivität mitochondrialer Enzyme.

Klinik

Wenige Tage nach Höhepunkt eines banalen Infekts treten unstillbares Erbrechen und Bewusstseinsverlust auf. Fünf Schweregrade von Lethargie bis Koma.

Diagnose

- **Labor:**
  - Aminotransferasen, GLDH, CK, LDH i.S. erhöht
  - Hyperammonämie
  - Hypoglykämie
  - Gerinnungsstörung
  - Freie Fettsäuren, Laktat, Pyruvat erhöht
- Liquorpunktion unauffällig
- **Leberbiopsie**.

Therapie

Symptomatisch:

- Auf **Intensivstation** überwachen
- Flüssigkeitsrestriktion
- Hyperventilation
- Dexamethason, Mannitol i.v.
- Glukose i.v.
- Diazepam, Phenytoin
- Sedierung, Relaxierung, Analgesie
- Darmdekontamination mit Laktulose und Neomycin.

Morbus Wilson

Definition

Autosomal-rezessiv vererbte Störung des Kupferstoffwechsels, die zu toxischen Kupferablagerungen in Leber, Gehirn, Nieren und Kornea führt.

Epidemiologie

1:30.000, Manifestation selten vor dem 6. Lebensjahr.

Klinik

Hepatische Symptome.

- Hepatosplenomegalie
- Bauchschmerzen, Erbrechen
- Müdigkeit, Leistungsabfall
- Ikterus
- Aszites
- Blutungsneigung
- Leberzirrhose
- Selten Hämolyse mit fulminantem Leberversagen.

Neurologische Symptome. Selten vor dem 12. Lebensjahr:

- Dysarthrie
- Dysgrafie
- Hypersalivation
- Tremor
- Choreoathetose.

Diagnose

- Totale Kupferkonzentration i.S. niedrig oder erhöht, freie Kupferkonzentration i.S. erhöht, **Coeruloplasmin i.S. erniedrigt**
- Kupferausscheidung im Urin erhöht, Kupferausscheidung im Urin nach Belastung mit D-Penicillamin erhöht
- **Leberbiopsie:** Kupferkonzentration erhöht
- **Augenärztliche Untersuchung:** Kayser-Fleischer-Kornealring
- Mutationsanalyse.

Therapie

- D-Penicillinamin 20–30 mg/kg KG/d
- Trientine
- Zinksalze
- Lebertransplantation.

CHECK-UP

- ☐ Nennen Sie die klinischen Symptome des Morbus Wilson beim Kleinkind.
- ☐ Wie sichern Sie die Diagnose eines Morbus Wilson?
- ☐ Welche Therapiemaßnahmen stehen bei Morbus Wilson zur Verfügung?

Erkrankungen des Pankreas

Akute Pankreatitis

Definition

Akute, i.d.R. seröse Entzündung der Bauchspeicheldrüse, die mit einer hohen Mortalitätsrate behaftet ist.

Ätiologie

- 10–20 % idiopathisch
- Trauma
- Medikamente
- Mumpsinfektion
- Entzündliche oder obstruktive Gallenwegserkrankung
- Zystische Fibrose
- Systemerkrankungen: Lupus erythematodes, Hyperlipidämie, Hyperparathyreoidismus.

Klinik

- Plötzlich beginnende **gürtelförmige Bauchschmerzen**, strahlen in den Rücken aus
- Übelkeit, Erbrechen
- Schmerzen verstärken sich bei Nahrungsaufnahme.

Komplikationen.
- Schock
- Infektion, Sepsis
- Hypokalzämie, Hypoglykämie
- Verbrauchskoagulopathie
- Abszesse, Pseudozysten, Fisteln
- Übergang in hämorrhagisch-nekrotisierende Pankreatitis oder chronische Pankreatitis.

Diagnose

- **Labor:** Amylase, Lipase i.S. erhöht, CRP erhöht
- **Bildgebung:** Sonografie, CT, MRT und MRCP, ERCP.

Therapie

Symptomatisch:
- Intensivmedizinisch überwachen
- Nahrungs- und Flüssigkeitskarenz
- Parenterale Flüssigkeitszufuhr und Ernährung
- Analgesie, keine Morphinderivate
- Meropenem bei nekrotisierender Pankreatitis.

Chronische Pankreatitis

Definition

Chronisch fortlaufender, irreversibler Entzündungsprozess mit unaufhaltsamer Progredienz der Organzerstörung.

Ätiologie

Primär chronisch hereditäre Pankreatitis. Autosomal-dominante Vererbung durch Gendefekte.

Sekundär chronische Pankreatitis.
- Hyperkalzämie
- Hyperlipidämie
- Zystische Fibrose
- Trauma
- Angeborene anatomische Fehlbildungen des Pankreas- und Gallesystems
- Nierenerkrankungen
- Autoimmungeschehen.

Klinik

Beginnt schleichend.
- Gedeihstörung
- Meteorismus
- Übelkeit, Erbrechen, Völlegefühl
- Oberbauchschmerzen
- Fettintoleranz
- Voluminöse fettglänzende Stühle
- Diabetes mellitus.

Diagnose

- Chymotrypsin, Elastase im Stuhl niedrig
- Statokrit erhöht
- Sekretin-Pankreozym-Test
- Bildgebung.

Therapie

- Pankreasenzymsubstitution
- Substitution fettlöslicher Vitamine
- Ggf. Diabetesbehandlung
- Analgesie.

Generalisierte exokrine Pankreasinsuffizienz

Synonym: Shwachman-Bodian-Diamond-Syndrom.

Definition

Autosomal-rezessiv vererbte Multiorganerkrankung mit zyklischer Neutropenie, Kleinwuchs, Skelettdeformitäten und exokriner Pankreasinsuffizienz.

Ätiologie

Defekt mikrotubulärer Zellelemente und Mikrofilamente.

Klinik

- **Niedriges Geburtsgewicht**
- Muskuläre Hypotonie
- In der Neonatalperiode **Gedeihstörung** und **Diarrhö**
- **Kleinwuchs**
- Neutropenie → **Infektanfälligkeit**
- Thrombozytopenie in 70 % der Fälle
- Anämie in 50 % der Fälle
- **Skelettanomalien:** kurze, verbreiterte Rippen, metaphysäre Ossifikationsdefekte am Femur
- **Psychomotorische Entwicklungsverzögerung** in 80 % der Fälle.

Diagnose

- **Neutropenie** oder Panzytopenie
- Chymotrypsin, Elastase im Stuhl erniedrigt
- **Fehlen pankreatischer Enzyme**
- Schweißtest normal
- **Knochenmarkpunktion:** Hypoplasie mit Fetteinlagerung.

Therapie

- Pankreasenzymsubstitution
- G-CSF bei gravierender Neutropenie.

CHECK-UP

- ☐ Nennen Sie wichtige Ursachen der akuten Pankreatitis.
- ☐ Beschreiben Sie die klinischen Symptome der akuten Pankreatitis.
- ☐ Welche Laborparameter sind bei akuter Pankreatitis verändert?
- ☐ Wie behandeln Sie die akute Pankreatitis?

15 Nephrologie und Urologie

Nierenerkrankungen mit Leitsymptom Hämaturie

Definitionen

- Makrohämaturie: mit dem bloßen Auge erkennbare Rotfärbung des Urins durch Erythrozyten
- Mikrohämaturie: mehr als fünf Erythrozyten pro µl Urin ohne sichtbare Rotfärbung.

Ursachen sind endogen oder exogen, siehe → Tab. 15.1.

Für die Untersuchung sollte stets frischer Urin verwendet werden.

IgA-Glomerulonephritis

Definition

Eigenständige Form der Glomerulonephritis mit massiver Ablagerung von IgA im Mesangium der Glomeruli.

Ätiologie

Exogene Antigene oder primäre Dysregulation des Immunsystems → Steigerung der IgA1-Synthese im Knochenmark → Überproduktion von IgA.

Klinik

- Manifestation im späten Schulalter
- Rezidivierende **Makrohämaturieschübe** in Assoziation mit: Infekten, Impfungen, körperlicher Belastung

Tab. 15.1 Ursachen für „roten" Urin

Endogen	Exogen
Erythrozyten	Nahrungsmittel: • Rote Bete • Rhabarber • Brombeeren
Erythrozyten	Medikamente: • Chloroquin • Deferoxamin • Ibuprofen • Metronidazol • Nitrofurantoin • Rifampicin • Phenytoin • Phenophthalein • Phenothiazine
Myoglobin	Infektion: Serratia marcescens
Porphyrine	
Amorphe Urate („Ziegelmehl")	
Homogentisinsäure (Alkaptonurie)	

- Im Intervall Mikrohämaturie
- Bei 15 % der Kinder kommt es innerhalb von 4 Jahren zur Niereninsuffizienz.

Diagnose

- **Mikro- und Makrohämaturie**, geringgradige oder fehlende Proteinurie, IgA i.S. erhöht in 15 % der Fälle
- **Nierenbiopsie**: mesangiale Proliferation, epitheliale Halbmondbildungen.

Therapie

- Keine kausale Therapie
- Hämodialyse
- Nierentransplantation.

Die IgA-Glomerulonephritis ist eine der häufigsten glomerulären Erkrankungen im Kindesalter, sie tritt häufig nach banalen Infekten des Respirationstrakts oder des Gastrointestinaltrakts auf und führt relativ häufig zu einer Niereninsuffizienz.

Benigne familiäre Hämaturie

Definition

Isolierte, meist persistierende Mikrohämaturie, die keine histologischen Nierenveränderungen verursacht und mit einer guten Prognose verknüpft ist.

Klinik

Keine klinischen Symptome.

Diagnose

- Isolierte **Mikrohämaturie**
- **Nierenbiopsie**: keine pathologischen Veränderungen.

Therapie

Nicht erforderlich.

Idiopathische benigne rekurrierende Hämaturie

Definition

Isolierte asymptomatische Mikrohämaturie mit häufig intermittierendem Verlauf.

Epidemiologie

1 % der Mädchen und 0,5 % der Jungen.

Klinik

Keine klinischen Symptome.

Diagnose
- Isolierte **Mikrohämaturie**
- **Nierenbiopsie**: keine oder nur geringgradige histologische Veränderungen.

Therapie
Nicht erforderlich.

Alport-Syndrom

Definition
Alport-Syndrom (AS): häufige, meist X-chromosomal-rezessiv vererbte Erkrankung der glomerulären Basalmembran, die eine progrediente Nephropathie zur Folge hat.

Epidemiologie
1:7.000.

Klinik
- Zunächst asymptomatische **Mikrohämaturie** mit intermittierender Makrohämaturie
- Später **Proteinurie**
- Männliche Patienten werden **niereninsuffizient**
- Progrediente bilaterale **Schwerhörigkeit**
- Augenveränderungen: Lentikonus, Myopie.

Diagnose
- **Mikrohämaturie** mit Episoden von Makrohämaturie, **Proteinurie** im nephrotischen Bereich
- Kreatinin und Harnstoff i.S. im Verlauf erhöht
- Nierenbiopsie: Glomerulosklerose.

Therapie
- ACE-Hemmer
- Ciclosporin A
- Hämodialyse
- Nierentransplantation.

> Beim AS handelt es sich um die häufigste hereditäre Nierenerkrankung, die gekennzeichnet ist durch progrediente Nephropathie, Schwerhörigkeit und Augenveränderungen.

Akute postinfektiöse Glomerulonephritis

Definition
Endokapilläre, akut allergisch-hyperergische Entzündung der Nierenglomeruli im Anschluss an akute Infektionen.

Epidemiologie
Häufigste Ursache eines akuten nephritischen Syndroms, selten vor dem 3. Lebensjahr, Erkrankungsgipfel zwischen 4 und 12 Jahren, ♂:♀ = 2:1.

Ätiologie
β-hämolysierende Streptokokken der Serogruppe A, andere Bakterien, Viren, Pilzen, Parasiten.

> Die akute postinfektiöse Glomerulonephritis tritt sehr häufig nach einer Infektion mit β-hämolysierenden Streptokokken der Gruppe A auf (Poststreptokokkenglomerulonephritis).

Klinik
- Manifestation 1–4 Wochen nach Streptokokkeninfektion z.B. Angina, Otitis, Impetigo
- **Makrohämaturie**
- Arterielle **Hypertonie**
- Oligurie
- **Ödeme** von Augenlidern und Skrotum
- Blässe, Appetitlosigkeit
- Erbrechen
- Kopfschmerzen.

Komplikationen. Anurie, kardiovaskuläre und zerebrale Symptome.

Diagnose
- Mikro- oder Makrohämaturie, leichte Proteinurie, Erythrozytenzylinder
- Kreatinin und Harnstoff i.S. erhöht
- Streptokokkennachweis: Antistreptolysintiter, Antihyaluronidase, Antidesoxyribonuklease B
- Komplementaktivität niedrig, vor allem C3
- Nierenbiopsie: diffuse endokapilläre Glomerulonephritis.

Tab. 15.2 Checkliste: nephritisches/nephrotisches Syndrom

Nephritisches Syndrom	Nephrotisches Syndrom
Hämaturie	Große Proteinurie
Leichte bis mittelgradige Proteinurie	Hypalbuminämie
Arterieller Hypertonus	Ödeme
Einschränkung der glomerulären Filtration	Hyperlipidämie
Oligurie	

Therapie
- Penicillin V 100.000 IE/kg KG/d über 10 Tage p.o.
- Bettruhe
- Nifedipin sublingual.

Das akute nephritische Syndrom geht mit mindestens zwei der folgenden Symptome einher:
- Makrohämaturie
- Leichte Proteinurie
- Arterielle Hypertonie
- Einschränkung der glomerulären Filtrationsrate mit Oligurie.

Membranöse Glomerulonephritis

Definition
Bei Kindern eher seltene Glomerulonephritis mit charakteristischen histologischen und immunologischen Befunden.

Ätiologie
Vermutlich Immunkomplexerkrankung. Sekundär bei Lupus erythematodes, chronischer Hepatitis, Penicillin- oder Goldtherapie, Tumoren.

Klinik
In der 2. Lebensdekade **nephrotisches Syndrom**, erhöhtes Risiko für Nierenvenenthrombose.

Diagnose
- Mikro-, selten Makrohämaturie
- Proteinurie
- Hypalbuminämie
- Nierenbiopsie.

Therapie
- Salzrestriktion
- Diuretika
- Immunsuppressiva
- Therapie der Grunderkrankung.

Membranoproliferative Glomerulonephritis

Definition
Chronische Glomerulonephritis nicht infektiöser oder nicht immunpathogenetischer Ursache mit schlechter Prognose.

Klinik
Manifestation in der 2. Lebensdekade als **chronisch progredientes nephritisches oder nephrotisches Syndrom**, terminales Nierenversagen nach 5–10 Jahren.

Diagnose
- Makro- oder Mikrohämaturie
- Proteinurie
- C3 i.S. oft niedrig
- Nierenbiopsie.

Therapie
- Symptomatisch
- Hämodialyse
- Nierentransplantation.

Rapid progressive Glomerulonephritis

Definition
Rapid progressive Glomerulonephritis (RPGN): Glomerulonephritis, die rasch progredient verläuft und mit einer schlechten Prognose verbunden ist.

Ätiologie
- Immunkomplexerkrankungen
- Vaskulitiden
- Autoantikörpererkrankungen
- Idiopathisch.

Klinik
- Makrohämaturie
- Ödeme
- Hypertonie
- Oligurie
- Frühzeitig terminale Niereninsuffizienz.

Die rapid progressive Glomerulonephritis kann durch eine Vielzahl von Erkrankungen ausgelöst werden. Sie kann innerhalb von Wochen bis Monaten zu einer terminalen Niereninsuffizienz führen.

Diagnose
- Makrohämaturie, Erythrozytenzylinder, Proteinurie
- Normochrome normozytäre Anämie, Harnstoff, Kreatinin, Harnsäure i.S. erhöht
- ANCA, Anti-GBM-Antikörper i.S. erhöht
- Nierenbiopsie: charakteristische Halbmondbildungen.

Therapie
- Aggressive Kombinationstherapie:
  - Kortikosteroide
  - Zyklophosphamid
  - Azetylsalizylsäure
- Plasmapherese.

Goodpasture-Erkrankung

Definition
Kombination aus pulmonaler Blutung und Glomerulonephritis.

Ätiologie
Antikörperbildung gegen pulmonale Alveolen und glomeruläre Basalmembran.

Klinik
- Hämoptysen
- Progressive Niereninsuffizienz.

Diagnose
- Hämaturie, Proteinurie
- Anti-GBM-Antikörper i.S. erhöht
- Nierenbiopsie.

Therapie
- Therapieversuch mit Immunsuppressiva
- Plasmapherese.

Hämolytisch-urämisches Syndrom

Definition
Hämolytisch-urämisches Syndrom (HUS): häufigste Ursache des akuten Nierenversagens im Kindesalter mit den Leitsymptomen akute Niereninsuffizienz, hämolytische Anämie, Thrombozytopenie.

Epidemiologie
2:100.000, Altersgipfel 1–4 Jahre.

Ätiologie
Tritt gehäuft nach Infektion mit **enterohämorrhagischem Escherichia coli** (EHEC) durch den Genuss von rohem Fleisch oder unpasteurisierter Milch auf.

Klinik
Manifestation etwa 4 Tage nach Infektion.

Prodromalphase.
- **Wässrige, blutige Durchfälle**
- Erbrechen
- Fieber.

Akute Phase.
- Blässe
- Petechien
- Oligurie
- Dehydratation
- Ödeme
- Arterielle Hypertonie
- Zerebrale Symptome: Somnolenz, epileptische Anfälle, Koma.

> Das hämolytisch-urämische Syndrom ist die häufigste Ursache eines akuten Nierenversagens im Kindesalter und wird in 90 % der Fälle durch eine gastrointestinale Infektion mit EHEC verursacht.

Diagnose
Rasch einsetzende Hämolyse:
- Anämie, Hämoglobinurie
- Kreatinin und LDH i.S. erhöht
- Thrombozytopenie, Leukozytose
- Charakteristische Fragmentozyten im Blutausstrich
- Stuhluntersuchung: Erreger, Toxinnachweis
- Sonografie: Nephromegalie, Veränderung der Echogenität.

Therapie
Symptomatische Therapie:
- Bilanzierte Elektrolyt- und Flüssigkeitssubstitution
- Furosemid
- Bluttransfusion, Thrombozytenkonzentrate
- Hämodialyse in 70 % der Fälle erforderlich.

Prognose
95 % der Patienten überleben bei aggressiver Therapie die akute Phase. Bei 5 % tritt eine terminale Niereninsuffizienz auf. 30–60 % der Betroffenen zeigen nach 10 Jahren eine eingeschränkte Nierenfunktion.

Nierenvenenthrombose

Definition
Akute thrombotische Verlegung einer oder beider Nierenvenen, die meist zur Atrophie des betroffenen Organs führt.

Ätiologie
- Thrombophilie
- Bei Säuglingen und Kleinkindern sind die häufigsten Ursachen:
  - **Perinatale Asphyxie**
  - Dehydratation
  - Schock
  - Sepsis
  - Maternaler Diabetes mellitus
- Bei älteren Kindern:
  - Zyanotische Herzfehler
  - Nephrotisches Syndrom
  - Anwendung von Kontrastmitteln.

Klinik
Manifestiert sich häufig im **1. Lebensmonat** mit den Leitsymptomen **Hämaturie, Nierenvergrößerung, Flankenschmerz**.

Diagnose
- Hämaturie
- Thrombozytopenie, hämolytische Anämie
- Sonografie, Doppler-Sonografie
- Funktionsszintigrafie.

Therapie
- Urokinase 4.400 IE/kg KG/h
- Heparinisierung
- Nephrektomie bei atrophiertem Organ.

CHECK-UP
- ☐ Wann manifestiert sich typischerweise die IgA-Glomerulonephritis?
- ☐ Nennen Sie das primäre Leitsymptom der IgA-Glomerulonephritis.
- ☐ Welche diagnostischen Maßnahmen ergreifen Sie bei V.a. IgA-Glomerulonephritis?
- ☐ Welche therapeutischen Maßnahmen stehen bei IgA-Glomerulonephritis zur Verfügung?
- ☐ Warum sind Jungen häufiger und schwerer vom Alport-Syndrom betroffen als Mädchen?
- ☐ Welche klinischen Leitsymptome gehen mit einem Alport-Syndrom einher?
- ☐ Welche therapeutischen Maßnahmen sind bei einem Alport-Syndrom sinnvoll?
- ☐ Welche Altersgruppe ist besonders gefährdet, eine akute postinfektiöse Glomerulonephritis zu entwickeln?
- ☐ Beschreiben Sie die klinische Symptomatik der akuten postinfektiösen Glomerulonephritis.
- ☐ Welche laborchemischen Befunde erwarten Sie bei der akuten postinfektiösen Glomerulonephritis?
- ☐ Welches ist das Medikament der Wahl zur Behandlung der akuten postinfektiösen Glomerulonephritis?
- ☐ Welche Altersgruppe ist besonders durch das HUS betroffen?
- ☐ Nennen Sie die Risikofaktoren für die Entstehung des HUS.
- ☐ Nennen Sie die klinischen Symptome des HUS.
- ☐ Welche Laborparameter sind typischerweise bei HUS verändert?
- ☐ Wie behandeln Sie ein HUS?
- ☐ In welchem Lebensalter tritt eine Nierenvenenthrombose häufig auf?
- ☐ Nennen Sie die drei klinischen Leitsymptome der Nierenvenenthrombose.
- ☐ Wie wird die Nierenvenenthrombose behandelt?

Nierenerkrankungen mit Leitsymptom Proteinurie

Definitionen
- Proteinurie: Ausscheidung von Eiweiß im Urin
- Selektive Proteinurie: Ausscheidung nur von Albumin
- Unselektive Proteinurie: Ausscheidung von Albumin und IgG
- Tubuläre Proteinurie: Ausscheidung von α_1-Mikroglobulin
- Physiologische Proteinurie: Proteinausscheidung < 60 mg/m^2 KOF/d
- Kleine Proteinurie: Proteinausscheidung < 1 g/m^2 KOF/d
- Große Proteinurie: Proteinausscheidung > 1 g/m^2 KOF/d.

Epidemiologie
10 % aller Kinder haben eine Proteinurie > 300 mg/m^2 KOF/d, diese ist nur bei 0,1 % der Kinder persistierend.

Differenzialdiagnose
Physiologische, persistierende, intermittierende oder transiente Proteinurie (→ Tab 15.3).

Tab. 15.3 Differenzialdiagnose der Erkrankungen mit Proteinurie im Kindesalter

Angeborene tubuläre Erkrankungen	Erworbene tubuläre Erkrankungen	Glomeruläre Erkrankungen
Fanconi-Syndrom	Medikamente	Nephrotisches Syndrom
Morbus Wilson	Vitamin-D-Intoxikation	
Proximale renal-tubuläre Azidose	Interstitielle Nephritis	IgA-Glomerulonephritis
Galaktosämie	Sarkoidose	Alport-Syndrom
	Schwermetallvergiftung	Alle Glomerulonephritiden
	Neonatale Asphyxie	Goodpasture-Erkrankung
	Hypovolämischer Schock	Hämolytisch-urämisches Syndrom
	Obstruktive Uropathien	Systemischer Lupus erythematodes

Nephrotisches Syndrom

Definition

Nephrotisches Syndrom (NS): klinisches Syndrom mit den Leitsymptomen:
- Proteinurie
- Hypalbuminämie
- Ödemen
- Hyperlipidämie.

Epidemiologie

3:100.000 Kinder < 16 Jahre. Steroidsensibles NS: ♂:♀ = 2:1. Nichtsteroidsensibles NS: ♂:♀ = 1:1.

Ätiologie

Idiopathisch, immunologisch bedingte Systemerkrankungen, metabolische oder andere Erkrankungen, Infektionen, Allergien, Impfungen, Medikamente.

Klinik

- Morgendliche **Lidödeme**
- Später tibiale und skrotale Ödeme
- Gewichtszunahme
- **Durst**
- Verminderte Urinproduktion
- Aszites
- Pleuraergüsse
- Beeinträchtigter Allgemeinzustand.

Komplikationen.
- Nephrogener Schock
- Allgemeine Infektionen
- Pneumokokkenperitonitis und -sepsis
- Thrombose.

Diagnose

Nierenbiopsie zunächst **nicht** indiziert, da meist Minimal-Change-Glomerulonephritis (MCGN).

Urin.
- Proteinurie > 1 g/m^2 KOF/d, fast ausschließlich Albumin
- Gelegentlich Mikrohämaturie.

Blut.
- Albumin i.S. < 2,5 g/dl
- Proteinelektrophorese: relative Erhöhung der α_2-Globuline
- Hypokalzämie
- Cholesterin, Triglyzeride i.S. erhöht
- Gammaglobuline i.S. niedrig
- C3, Kreatinin, Harnstoff i.S. oft normal.

Therapie

- Symptomatisch: Flüssigkeitsrestriktion, natriumarme Kost, Albumininfusionen
- Kausal: standardisierte Prednisontherapie bis Urin proteinfrei
- Therapieüberwachung: täglich Albuminbestimmung im Urin (Albustix).

CHECK-UP

- ☐ Nennen Sie die klinischen und laborchemischen Leitsymptome des nephrotischen Syndroms.
- ☐ Ist eine Nierenbiopsie bei Erstmanifestation eines nephrotischen Syndroms indiziert? Begründen Sie Ihre Antwort.
- ☐ Worin besteht die Therapie des nephrotischen Syndroms?
- ☐ Wie überwachen Sie den Therapieerfolg?

Tubulopathien

Renale Glukosurie

Definition
Angeborene selektive Störung der renalen Glukoseabsorption.

Ätiologie
Angeborene Defekte.
- Typ A: Glukosetransporter $SGLT_2$
- Typ B: Glukosetransporter $SGLT_1$.

Klinik
Keine klinischen Symptome.

Diagnose
- Konstante Glukosurie bei normalem Blutzucker
- Renales Glukosemaximum bestimmen
- Mutationsanalyse.

Therapie
Nicht erforderlich.

Renal-tubuläre Azidose

Definition
Renal-tubuläre Azidose (RTA): Störung der renalen Säureproduktion im proximalen oder distalen Tubulus.

Ätiologie
Primär oder sekundär als Folge angeborener Stoffwechselerkrankungen, Autoimmunerkrankungen, Nephrokalzinose, Intoxikationen, Mangelzuständen.

Klinik
- Erbrechen
- Gedeihstörung
- Polyurie, Dehydratation
- Rachitis, Osteoporose
- Nephrokalzinose, Nephrolithiasis
- Kleinwuchs.

Diagnose
- Metabolische Azidose
- Anionen-, Kationenüberschuss im Urin
- Säurebelastung.

Therapie
- Natriumbikarbonat
- Kaliumbikarbonat
- Vitamin D_3.

De-Toni-Debré-Fanconi-Syndrom

Definition
Generalisierte Funktionsstörung des proximalen und distalen Tubulus ohne primäre Veränderung der Glomerulusfunktion.

Ätiologie
Genetisch: autosomal-rezessiv, -dominant, X-chromosomal-rezessiv oder sporadisch
Sekundär: Stoffwechselerkrankungen, Intoxikationen.

Klinik
- **Erbrechen**
- **Polydipsie**
- **Dehydratation**
- Salzhunger
- Knochenschmerzen
- **Rachitis**
- Osteoporose
- Muskelatrophie
- Kleinwuchs
- Symptome der Grunderkrankung.

Diagnose
Leitbefunde: **Glukosurie, Hyperaminoazidurie, Hyperphosphaturie,** hyperchlorämische metabolische **Azidose**
- Hypokaliämie, Hypophosphatämie
- Alkalische Phosphatase i.S. erhöht.

Therapie
Symptomatisch:
- Flüssigkeits- und Elektrolytersatz
- Azidosebehandlung: Natrium-, Kaliumbikarbonat
- Vitamin D.

Diabetes insipidus renalis

Definition
Störung der Rückresorption von Wasser im distalen Tubulus und in den Sammelrohren.

Ätiologie
Primäre Formen. X-chromosomal-rezessiv vererbte Mutation im Vasopressin-V2-Rezeptor-Gen, selten autosomal-rezessiv vererbte Mutationen in Aquaporin 2.

Sekundäre Formen. Bei Erkrankungen, die zu einer Verminderung des Konzentrationsgradienten im Nierenmark führen oder die

Wirkung von ADH am distalen Tubulus vermindern.

Klinik

- Polyurie, Polydipsie
- Erbrechen
- Exsikkose, Fieber
- Gedeihstörung
- Obstipation
- Gewichtsschwankungen.

Diagnose

- Hypernatriämie
- Hohe Serumosmolarität
- Urinosmolarität niedrig
- ADH-Test
- Mutationsanalyse.

> Beweisend für die Diagnose eines Diabetes insipidus renalis ist der ADH-Test, bei dem sich die Urinmenge und die Urinkonzentration unter exogener Zufuhr von ADH nicht ändern.

Therapie

- Diätetische Maßnahmen: Muttermilch, kochsalzarme, eiweißreduzierte Kost
- Thiaziddiuretika
- Prostaglandinsynthesehemmer.

CHECK-UP

- ☐ Worum handelt es sich beim De-Toni-Debré-Fanconi-Syndrom?
- ☐ Nennen Sie die klinischen Symptome der Erkrankung.
- ☐ Welche sind die Laborleitbefunde?
- ☐ Worum handelt es sich beim Diabetes insipidus renalis?
- ☐ Beschreiben Sie die klinischen Symptome des Diabetes insipidus renalis.
- ☐ Nennen Sie die auffälligen Laborparameter bei Diabetes insipidus renalis.

Arterielle Hypertonie

Definition

Erhöhung des systolischen und/oder des diastolischen arteriellen Blutdrucks bei wiederholten Messungen auf Werte, die über der altersentsprechenden 95. Perzentile liegen.

Ätiologie

85 % im Kindesalter sekundär renal bedingt.

Klinik

Meist asymptomatisch, Kopfschmerzen, Schwindel, Sehstörungen.

Diagnose

Wiederholte **24-h-Blutdruckmessungen** an allen Extremitäten.

Labor.

- Urinuntersuchung
- Elektrolyte, Kreatinin, Harnstoff i.S.
- Kreatinin-Clearance
- Schilddrüsenhormone, Kortisol, Plasmareninaktivität, Aldosteron i.S.

Apparative Untersuchungen.

- Nierensonografie und Doppler-Sonografie
- I. v.-Urografie
- Digitale Subtraktionsangiografie
- Röntgen-Thorax, EKG, Echokardiografie.

Therapie

Supportive Maßnahmen.

- Gewichtsnormalisierung
- Natriumrestriktion
- Regelmäßige körperliche Betätigung
- Therapie möglicher Grunderkrankungen.

Basistherapeutika.

- β-Blocker
- ACE-Hemmer
- Kalziumantagonisten
- Diuretika
- Bei ausbleibender Blutdrucknormalisierung: Kombinationstherapie.

■ CHECK-UP

- ☐ Wie ist der arterielle Hypertonus im Kindesalter definiert?
- ☐ Welche ist die häufigste Ursache einer arteriellen Hypertonie im Kindesalter?
- ☐ Welche Untersuchungen leiten Sie zur Abklärung der arteriellen Hypertonie ein?

Niereninsuffizienz

Akute Niereninsuffizienz

Definition

Akute Niereninsuffizienz (ANI): plötzlicher Ausfall der Nierenfunktion unterschiedlicher Ursache.

- Oligurie: Urinproduktion < 300 ml/m²/d
- Anurie: < 100 ml/m²/d
- Polyurie: > 1.200 ml/m²/d.

Epidemiologie

2:100.000.

Ätiologie

- Prärenal: Blutung, Hypovolämie, Verbrennungen
- Renal: Glomerulonephritis, hämolytisch-urämisches Syndrom, Tumoren
- Postrenal: obstruktive Uropathie, vesikoureteraler Reflux, Thrombose.

Klinik

- Oligurie/Anurie
- Ödeme, Aszites
- Arterielle Hypertonie
- Übelkeit, Erbrechen, Kopfschmerzen.

Komplikationen.

- Herzinsuffizienz
- Lungenödem
- Hirnödem
- Arrhythmie
- Gastrointestinale Blutungen
- Epileptische Anfälle
- Urämisches Koma.

Diagnose

Labor.

- Kreatinin, Harnstoff, Harnsäure i.S. erhöht
- Glomeruläre Filtrationsrate vermindert
- Metabolische Azidose
- Hyperkaliämie, Hyperphosphatämie, Hyponatriämie
- Anämie
- Fragmentozyten
- C3, Anti-GBM-, Antistreptokokken-Antikörper i.S.
- Urinuntersuchung.

Apparative Untersuchungen.

- Röntgen-Thorax
- Sonografie
- Nierenbiopsie.

Differenzialdiagnose

Prärenal, renal, postrenal. Siehe → Tab. 15.4.

Tab. 15.4 Checkliste: Differenzialdiagnose der akuten Niereninsuffizienz im Kindesalter

Prärenal (70 %)	Renal (25 %)	Postrenal (5 %)
• Hypovolämie • Akute Blutung • Gastrointestinale Verluste • Hypoproteinämie • Verbrennungen • Renaler Salz- und Wasserverlust • Arterielle Hypotonie • Sepsis • Verbrauchskoagulopathie • Herzinsuffizienz • Hypoxie • Pneumonie • Schocklunge	• Akute Glomerulonephritis • Nierenvenenthrombose • Akute interstitielle Nephritis • Hämolytisch-urämisches Syndrom • Pyelonephritis • Tumoren	• Obstruktive Uropathie • Vesikoureteraler Reflux • Steine • Thrombose • Tumoren • Trauma

Therapie

- Therapie der Grunderkrankung
- Flüssigkeits- und Elektrolytbilanzierung
- Ionenaustauscherharze
- **Hämodialyse**.

Chronische Niereninsuffizienz

Definition

Chronische Niereninsuffizienz (CNI): Absinken der glomerulären Filtrationsrate (GFR) auf unter 80 % der Altersnorm.

Klassifikation

→ Tab. 15.5.

Epidemiologie

5:1.000.000 Kinder < 15 Jahre.

Ätiologie

Kinder < 5 Jahre	Kinder > 5 Jahre
• Anatomische Anomalien • Nierenhypoplasie • Nierendysplasie • Obstruktive Uropathie • Fehlbildungen	• Erworbene Glomerulopathien • Glomerulonephritis • Hämolytisch-urämisches Syndrom • Hereditäre Störungen • Alport-Syndrom • Zystische Nierenerkrankungen

Klinik

Die Symptomatik hängt ab vom Ausmaß der GFR-Einschränkung.

Unspezifische Symptome.

- Gedeihstörung
- Erbrechen
- Anorexie
- Müdigkeit
- Häufige Infektionen.

Tab. 15.5 Chronic-kidney-disease-(CKD-)Klassifikation der chronischen Niereninsuffizienz

CKD Stadium 1	• Nierenschädigung mit erhaltener Funktion • GFR ≥ 90 ml/min × 1,73 m^2
CKD Stadium 2	• Leichte Niereninsuffizienz • GFR 60–89 ml/min × 1,73 m^2
CKD Stadium 3	• Mäßige Niereninsuffizienz • GFR 30–59 ml/min × 1,73 m^2
CKD Stadium 4	• Fortgeschrittene Niereninsuffizienz • GFR 15–29 ml/min × 1,73 m^2
CKD Stadium 5	• Terminale Niereninsuffizienz • GFR < 15 ml/min × 1,73 m^2

Klinische Symptome der fortgeschrittenen Urämie.

- Foetor ex ore
- Pruritus
- Hämorrhagische Diathese
- Anämie
- Polyurie
- Osteopathie
- Kleinwuchs
- Zerebrale epileptische Anfälle
- Koma.

Diagnose

Wie ANI.

Therapie

- Diätetische Maßnahmen: Iso-, hochkalorische Ernährung, Phosphatreduktion, Spezialnahrungen
- Wasser- und Elektrolytbilanzierung
- Azidosebehandlung: Natrium- und Kaliumbikarbonat
- Vitamin D_3
- Erythropoetin
- Hämodialyse
- Nierentransplantation.

CHECK-UP

- ☐ Wie ist die akute Niereninsuffizienz im Kindesalter definiert?
- ☐ Nennen Sie wichtige prärenale, renale und postrenale Ursachen der akuten Niereninsuffizienz.
- ☐ Welche Laborparameter sind bei akuter Nierensinsuffizienz typischerweise verändert?
- ☐ Nennen Sie die therapeutischen Maßnahmen bei akuter Niereninsuffizienz.
- ☐ Wie ist die chronische Niereninsuffizienz im Kindesalter definiert?
- ☐ Welche Schweregrade kennen Sie?

Kongenitale Nierenfehlbildungen

Nierenagenesie

Definition
Fehlende Nieren- und Ureteranlage.

Epidemiologie
1:1.000, bilaterale Form nicht mit dem Leben vereinbar.

Ätiologie
Fehlentwicklung des primitiven Harnleiters und des metanephrogenen Blastems.

Klinik
Bilaterale Nierenagenesie.
- Oligo- oder Anhydramnie
- Potter-Sequenz: weiter Augenabstand, Epikanthus, tief sitzende Ohren, breite Nase, Hypognathie, schmale Hände, hypoplastische Lungen
- Ateminsuffizienz, unbehandelbare Lungenentfaltungsstörung.

Unilaterale Nierenagenesie. Oft Zufallsdiagnose. Häufig assoziierte Fehlbildungen.

Diagnose
- Pränatale Sonografie
- Postnatale Sonografie.

Doppelniere

Definition
Vollständige Duplikatur des Nieren- und Uretersystems durch Störung der physiologischen Rotation und Migration der Nierenanlage in der Fetalzeit.

Klinik
Selten rezidivierende Harnwegsinfekte, Inkontinenz.

Diagnose
- Urinuntersuchung
- Sonografie
- I.v. Pyelogramm
- Miktionszysturethrogramm
- Präoperative Nierenszintigrafie.

Therapie
- Bei asymptomatischem Verlauf nicht erforderlich
- Bei Harnwegsinfekten: antibiotische Therapie
- Bei häufigen Rezidiven: Resektion und En-bloc-Neueinpflanzung.

Hufeisenniere

Definition
Verschmelzung der beiden unteren Nierenpole vor der Aorta abdominalis.

Klinik
Meist asymptomatisch. Selten:
- Rezidivierende Harnwegsinfekte
- Vesikoureteraler Reflux
- Nierenbeckenabgangsstenose
- Steinbildung
- Unklare Mittel- und Unterbauchbeschwerden.

Diagnose
- Urinuntersuchung
- Sonografie
- I.v. Pyelogramm
- Miktionszysturethrogramm
- Präoperative Nierenszintigrafie.

Therapie
Bei asymptomatischem Verlauf nicht nötig.
- Bei Harnwegsinfektionen antibiotische Therapie
- Bei weiteren Komplikationen Operation.

Zystennieren

Einteilung
ARPKD/Potter I: autosomal-rezessiv vererbte polyzystische Nierenerkrankung.
ADPKD/Potter III: autosomal-dominant vererbte polyzystische Nierenerkrankung.

Epidemiologie
ARPKD/Potter I: 1:20.000.
ADPKD/Potter III: 1:1.000.

Klinik
Patienten mit ADPKD werden meist erst im Erwachsenenalter symptomatisch.
Patienten mit schweren Formen der ARPKD:
- Pränatal Oligohydramnion
- Postnatal:
  - Lungenhypoplasie
  - Potter-Sequenz
  - Palpabler, schmerzhafter Bauchtumor
  - Arterieller Hypertonus
  - Rezidivierende Harnwegsinfekte
  - Polyurie, Polydipsie
  - Niereninsuffizienz mit Anämie, Kleinwuchs
  - Leberfibrose: Hepatomegalie, Ösophagusvarizen, Splenomegalie.

Diagnose

- Sonografie:
  - ARPKD: maximaler Zystendurchmesser 2 cm, Nierengröße nimmt mit zunehmendem Alter ab
  - ADPKD: Zysten größer, Nierengröße nimmt weiter zu
- Urografie: verzögerte Kontrastmittel-Ausscheidung der vergrößerten Niere, erweiterte Nierenbecken.

Therapie

Symptomatisch: Behandlung der arteriellen Hypertonie, der respiratorischen Insuffizienz beim Neugeborenen und der Leberfibrose beim älteren Kind.

> Die häufigste Form der Zystennieren ist die autosomal-dominant vererbte polyzystische Nierenerkrankung.

Multizystische Nierendysplasie

Definition

Frühembryonale Entwicklungsstörung, die in der Regel nur eine Niere betrifft.

Epidemiologie

1:4.500, Assoziation zu Fehlbildungen anderer Organe.

Ätiologie

Nicht hereditär.

Klinik

- Kompensatorische Hypertrophie der kontralateralen Niere
- Bauchtumor
- Flankenschmerzen
- Erbrechen
- Hämaturie
- Arterieller Hypertonus
- Rezidivierende Harnwegsinfektionen.

Diagnose

Pränataler Ultraschall.

Therapie

Symptomatisch: Behandlung der arteriellen Hypertonie, Beseitigung von Obstruktionen.

CHECK-UP

- ☐ Welche ist die häufigste Form der genetisch bedingten polyzystischen Nierenerkrankung?
- ☐ Nennen Sie das charakteristische pränatale Symptom bei polyzystischer Nierenerkrankung.
- ☐ Welche Symptome treten beim Neugeborenen mit polyzystischer Nierenerkrankung auf?
- ☐ Welche diagnostischen Maßnahmen veranlassen Sie bei polyzystischer Nierenerkrankung?

Harnwegsinfektionen

Definition

Harnwegsinfektionen (HWI): Besiedelung des Harntrakts mit Mikroorganismen mit hoher Rezidivneigung.
Zystitis: Entzündungsreaktion auf die Blase beschränkt.
Pyelonephritis: Nierenparenchym betroffen.

Epidemiologie

Im Kindesalter erkranken 3 % aller ♀, 1 % aller ♂ an mindestens einem HWI. Später erkranken ♀ 20fach häufiger als ♂.

Ätiologie

Gramnegative Erreger aus dem Darmtrakt: Escherichia coli, seltener Klebsiellen, Proteus, Enterokokken, Staphylokokken.

Prädisponierende Faktoren.

- Restharn
- Infravesikale Obstruktionen
- Hohe intravesikale Druckanstiege
- Phimosen
- Störung der vaginalen Flora
- Mangel an sekretorischem IgA im Urin.

Klinik

- Neugeborene: Trinkschwäche, grau-blasses Hautkolorit, Berührungsempfindlichkeit
- Säuglinge: Fieber, Durchfälle, Erbrechen, meningitische Zeichen, Schock
- Kleinkinder: Dysurie, Fieber, Bauchschmerzen, sekundäre Enuresis
- Ältere Kinder: Pollakisurie, imperativer Harndrang, bei Pyelonephritis ein- oder beidseitige Flankenschmerzen.

> Je jünger der Patient, desto unspezifischer sind die Symptome der Harnwegsinfektion!

Diagnose

Urin: Leukozyturie, evtl. Hämaturie, Nitritnachweis, Proteinurie, Urinkultur.
Blut: Leukozytose, CRP erhöht, Blutkulturen v.a. bei Säuglingen.
Apparative Untersuchungen: Sonografie, sonografische Refluxprüfung, Miktionszysturethrogramm, 99m-Technetium-DMSA-Scan.

Therapie

Antibiotische Therapie:

- Säuglinge < 6 Monate: Cephalosporin, Ampicillin, Aminoglykosid i.v.
- Unkomplizierter HWI jenseits des frühen Säuglingsalters: Cotrimoxazol, Cephalosporin p.o.
- Bei Rezidiven oder Nachweis eines vesikoureteralen Refluxes: antibiotische Dauerprophylaxe, z.B. Nitrofurantoin, Trimethoprim 1 mg/kg KG oder Cefalexin 10 mg/kg KG als Einzeldosis abends.

> Eine antibiotische Dauerprophylaxe kann die pyelonephritische Schrumpfniere verhindern.

CHECK-UP

- ☐ Beschreiben Sie die klinische Symptomatik bei akuter HWI des Säuglings.
- ☐ Beschreiben Sie die klinische Symptomatik bei akuter HWI des Kleinkindes.
- ☐ Welche diagnostischen Maßnahmen veranlassen Sie bei V.a. akute HWI beim Säugling?
- ☐ Wie behandeln Sie die akute HWI des Säuglings?

Hydronephrose

Definition

Dilatation des Nierenkelchsystems mit Verschmälerung und Zerstörung des Nierenparenchyms.

Ätiologie

- Ureterabgangsstenose
- Uretermündungsstenose
- Vesikoureteraler Reflux
- Hoher Ureterabgang am Pyelon
- Aberrantes Gefäß
- Stein.

Klinik

- **Rezidivierende HWI**
- Fieber
- Bauchschmerzen
- Hämaturie
- Pyurie
- Bauchtumor palpabel
- Polydipsie.

Komplikationen. Hypertonie, Infektsteine, Niereninsuffizienz.

Diagnose

- Sonografie: Nierenbeckenkelchsystem erweitern, schmaler Parenchymsaum
- Ausscheidungsurografie
- Funktionsszintigrafie.

Therapie

- Behebung zugrunde liegender anatomischer Ursachen
- Antibiotische Dauerprophylaxe bei rezidivierenden HWI.

Ureterabgangsstenose

Definition

Enge der Harnabflussbahn am pyeloureteralen Übergang.

Ätiologie
- Trophische Störung: Fibrosierung
- Atypisch verlaufendes Blutgefäß: Ureterkompression
- Ureterkinking: gewundener Verlauf des Ureters
- Gestörte Peristaltik
- Tumor
- Stein.

Klinik
Klinische Zeichen der Hydronephrose, Risiko für rezidivierende Harnwegsinfektionen erhöht.

Diagnose
- Sonografie: Dilatation des Nierenbeckenkelchsystems
- Ausscheidungsurogramm
- Funktionsszintigrafie.

Therapie
- Perkutane Nephrostomie
- Resektion des stenotischen pyeloureteralen Übergangs.

Uretermündungsstenose

Definition
Enge der Harnabflussbahn am ureterovesikalen Übergang.

Ätiologie
- Meist angeboren: Fibrose
- Funktionell: Stein, Entzündung.

Klinik
- Zeichen der Hydronephrose
- Enuresis
- Risiko für rezidivierende HWI erhöht.

Diagnose
- Sonografie: Hydronephrose, Ureterdilatation
- Ausscheidungsurogramm.

Therapie
Perkutane Nephrostomie: Resektion des distalen stenotischen Ureteranteils, Neuimplantation des Ureters in die Blasenwand.

Vesikoureteraler Reflux

Definition
Vesikoureteraler Reflux (VUR): Rückfluss des Urins von der Blase in den Ureter und/oder in das Pyelon.

Ätiologie
- Klaffendes Ureterostium: fehlender oder fehlentwickelter Ureterklappenmechanismus, hypoplastische Trigonummuskulatur
- Blasendruckerhöhung: Urethralklappen, Meatusstenose, Urethrastriktur, neurogene Blase
- Infektion.

Klinik
- Rezidivierende Harnwegsinfektionen
- Bauch- oder Rückenschmerzen
- Enuresis.

Diagnose
- Sonografie: Dilatation des Ureters
- Ausscheidungsurogramm
- Miktionszysturetrogramm
- Zystoskopie
- Zystomanometrie.

Gradeinteilung (→ Tab. 15.6 und → Abb. 15.1).

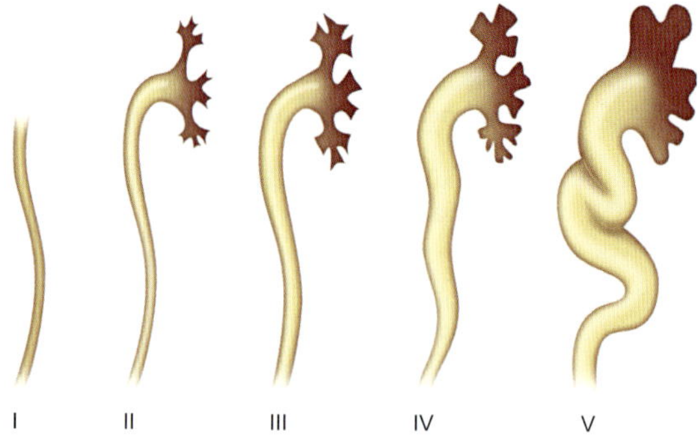

Abb. 15.1 Klassifikationsschema des vesikoureteralen Refluxes (VUR)

Tab. 15.6 Gradeinteilung des vesikoureteralen Refluxes (VUR) nach dem MCU

Grad	Radiologischer Befund
Grad I	VUR nur in den Ureter
Grad II	VUR in den Ureter und in das Pyelon
Grad III	VUR in den Ureter und in das Pyelon mit Pyelondilatation
Grad IV	VUR in den Ureter und in das Pyelon mit Pyelondilatation und Druckatrophie des Parenchyms
Grad V	Massiver VUR mit weitgehender Zerstörung des Parenchyms

Therapie

- Antibiotische Therapie und antibiotische Dauerprophylaxe bei rezidivierenden HWI
- Operation ab Reflux Grad III oder therapieresistentem Reflux Grad II: Uretermündungsplastik.

CHECK-UP

- ☐ Worum handelt es sich bei einer Hydronephrose?
- ☐ Was ist die charakteristische klinische Folge einer Hydronephrose?
- ☐ Nennen Sie die notwendigen diagnostischen Maßnahmen zur Abklärung einer Hydronephrose.
- ☐ Welche therapeutischen Maßnahmen sind erforderlich?
- ☐ Wie ist ein VUR definiert?
- ☐ Zu welchen klinischen Symptomen kommt es bei einem VUR?
- ☐ Welche Therapieoptionen bestehen zur Behandlung eines VUR?

16 Wasser und Elektrolyte

Wasser und Natrium

Physiologie

Beim Säugling werden täglich 50 % des extrazellulären Volumens ausgetauscht.

> Bei Säuglingen und Kleinkindern ist die Homöostase von Wasser und Elektrolyten besonders störanfällig.

Dehydratation

Definition

Wassermangel durch Verlust oder mangelnde Zufuhr.

Klinik

- **Exsikkosezeichen:**
  - Verminderter Hautturgor
  - Stehende Hautfalten
  - Halonierte Augen
  - Trockene Schleimhäute
  - Eingesunkene Fontanelle
- Tachypnoe
- Im Verlauf gravierende zentralnervöse Symptome:
  - Unruhe
  - Apathie
  - Epileptische Anfälle
  - Koma.

Diagnose

- Hämoglobin erhöht
- Hämatokrit erhöht
- Plasmaproteine erhöht
- Serumelektrolyte in Abhängigkeit der vorliegenden Dehydratationsform verändert
- Plasmavolumen und zentraler Venendruck erniedrigt.

Therapie

Orale oder parenterale Rehydratation.

Isotone Dehydratation

Definition

Verlust von Wasser und Salzen zu gleichen Teilen.

Ätiologie

- Diarrhö
- Erbrechen
- Akuter Volumenmangelschock.

Diagnose

- **Serumnatrium 135–145 mmol/l**
- Serumosmolarität 275–295 mosmol/l
- MCV erhöht, MCHC normal
- Anstieg von Harnstoff und Kreatinin i.S. bei verringerter glomerulärer Filtrationsrate.

Therapie

Orale oder parenterale Rehydratation.

Hypotone Dehydratation

Definition

Verlust von relativ mehr Elektrolyten als Wasser.

Ätiologie

- Diffusion von Wasser in den Intrazellulärraum
- Diarrhö
- Adrenogenitales Syndrom
- Renales Salzverlustsyndrom.

Klinik

- Häufig epileptische Anfälle
- Somnolenz
- Koma.

Diagnose

- **Serumnatrium < 135 mmol/l**
- Serumosmolarität < 275 mosmol/l
- MCV erhöht und MCHC niedrig aufgrund von Wassereinstrom in die Zelle
- Gesamteiweiß, Kreatinin, Harnstoff i.S. erhöht.

Therapie

- Rehydratation
- Langsame Anhebung der Natriumkonzentration!

> Bei hypotoner Dehydratation langsamer Ausgleich der Elektrolytentgleisung wegen Gefahr der **zentralen pontinen Myelinolyse:** die Natriumkonzentration darf nicht um mehr als 1 mmol/h steigen.

Hypertone Dehydratation

Definition

Verlust von relativ mehr Wasser als Salz.

Ätiologie

Hyperpyretische Toxikose, Diabetes insipidus, Anorexie, Hyperthermiesyndrom.

Klinik

Hyperpyretische Toxikose: meist bei älteren Säuglingen

- „Enzephaloenteritis": schwere Schocksymptomatik, Fieber > 40 °C, rasch zunehmende Somnolenz
- Dehydratationszeichen stehen nicht im Vordergrund
- Gedunsenes Aussehen, teigige Hautkonsistenz, bläulich marmorierte und kalte Extremitäten
- Hyperreflexie
- Meningismus
- Erhöhte Anfallsbereitschaft.

Diagnose

- **Serumnatrium > 145 mmol/l**
- Serumosmolarität > 295 mosmol/l
- MCHC erhöht und MCV niedrig aufgrund von Wasserausstrom aus der Zelle
- Metabolische Azidose
- Hyperglykämie
- Hyperphosphatämie
- Hypokalzämie.

Therapie

Behutsames Vorgehen: Rehydratation zunächst mit isotonen, dann mit hypotonen Lösungen.

> Bei hyertoner Dehydratation langsame Senkung der Natriumkonzentration wegen Gefahr des **Hirnödems:** Natriumkonzentration darf nicht um mehr als 0,5 mmol/h abfallen.

Hyperhydratation

Definition

Wasserüberschuss durch vermehrte Zufuhr oder verringerte Ausscheidung.

Klinik

Die Symptome der Hyperhydratation sind Gewichtszunahme und Ödeme.

Diagnose

- Hämoglobin erniedrigt
- Hämatokrit erniedrigt
- Plasmaproteine erniedrigt
- Serumelektrolyte in Abhängigkeit der vorliegenden Hyperhydratationsform verändert
- Plasmavolumen und zentraler Venendruck erhöht.

Therapie

Flüssigkeitsrestriktion und Diuretika.

Isotone Hyperhydratation

Definition

Volumenexpansion des Extrazellulärraums durch gleichmäßige Vermehrung von Wasser und Salz.

Ätiologie

- Übermäßige Infusion isotoner Lösungen
- Nephrotisches Syndrom
- Akute Glomerulonephritis
- Terminale Niereninsuffizienz
- Herzinsuffizienz.

Diagnose

- **Serumnatrium 135–145 mmol/l**
- Serulosmolarität 275–295 mosmol/l.

Therapie

Flüssigkeitsrestriktion, Diuretika.

Hypotone Hyperhydratation

Definition

Volumenexpansion des Extrazellulärraums durch Vermehrung von mehr Wasser als Salz.

Ätiologie

- Wasserintoxikation
- Oligurie
- Anurie
- Inadäquate Infusion hypotoner Lösungen
- Syndrom der inadäquaten ADH-Sekretion.

Klinik

- Gefahr des Hirnödems
- Erbrechen
- Kopfschmerzen
- Epileptische Anfälle
- Bewusstseinsstörung.

Diagnose

- **Serumnatrium < 135 mmol/l**
- Serumosmolarität < 275 mosmol/l.

Therapie

- Therapie der Grunderkrankung
- Flüssigkeitsrestriktion
- Langsame Anhebung der Natriumkonzentration, nicht mehr als 1 mmol/h wegen Gefahr der zentralen pontinen Myelinolyse.

Hypertone Hyperhydratation

Definition

Volumenexpansion des Extrazellulärraums durch Vermehrung von mehr Salz als Wasser.

Ätiologie
Kochsalzreiche Säuglingsernährung, Infusion hypertoner Lösungen.

Klinik
Symptome wie bei hypertoner Dehydratation, da der Wasserfluss vom Intra- in den Extrazellulärraum erfolgt.

Diagnose
- **Serumnatrium > 145 mmol/l**
- Serumosmolarität > 295 mosmol/l.

Therapie
Flüssigkeits- und Natriumrestriktion.

CHECK-UP

- ☐ Welche klinischen Exsikkosezeichen kennen Sie?
- ☐ Beschreiben Sie wegweisende Befunde bei der hypertonen Dehydratation.
- ☐ Welche Gefahr besteht bei einer zu raschen Anhebung der Natriumkonzentration?

Elektrolyte

Hypokaliämie

Definition
Kaliumkonzentration i.S. < 3,5 mmol/l.

Ätiologie
- Unzureichende Zufuhr, z.B. bei parenteraler Ernährung
- Vermehrte renale Ausscheidung z.B. bei chronischer Nephritis, Tubulopathie, Hyperaldosteronismus
- Vermehrte enterale Verluste z.B. bei hypertropher Pylorusstenose, rezidivierendem Erbrechen
- Medikamentöse Therapie, z.B. mit Diuretika, Steroiden, Insulin.

Klinik
- Muskelschwäche bis zu schlaffen Lähmungen
- Hyporeflexie, Adynamie
- Paralytischer Ileus
- Polyurie
- Tachykardie, Rhythmusstörungen
- Charakteristische EKG-Veränderungen.

Diagnose
- **Serumkalium < 3,5 mmol/l**
- EKG:
  - ST-Senkung
  - T-Abflachung
  - T-Inversion
  - QT-Verlängerung.

Therapie
Langsamer Ausgleich, wenn möglich oral.

Hyperkaliämie

Definition
Kaliumkonzentration i.S. > 5,5 mmol/l.

Ätiologie
- Unkontrollierte i.v. Zufuhr
- Transfusion großer Mengen von Erythrozytenkonzentraten
- Azidose
- Störung der renalen Ausscheidung: Niereninsuffizienz, Hypoaldosteronismus, adrenogenitales Syndrom mit Salzverlust
- Akute Hämolyse
- Freisetzung bei Zelluntergang: Verbrennungen, Zytostatika.

Klinik
- Kardiale **Rhythmusstörungen**: Bradykardie, Kammerflimmern
- Störungen der neuromuskulären Erregbarkeit: Muskelschwäche, Parästhesien, Paresen.

Diagnose
- **Kalium i.S. > 5,5 mmol/l**
- EKG:
  - Verkürzte QT-Zeit
  - QRS-Verbreiterung
  - Hohe T-Zacken
  - Verlust der P-Welle
  - Herzrhythmusstörungen
  - Kammerflimmern
  - Herzstillstand bei Kalium > 9 mmol/l.

Therapie

Notfalltherapie!

- NaCl 0,9 % i.v.
- Kalziumglukonat 10 % i.v.
- Natriumbikarbonat
- Glukose 20 % und Insulin i.v. (3 g Glukose auf 1 IE Insulin)
- Kationenaustauscher
- Hämodialyse.

Hypokalzämie

Definition

Gesamtkalziumkonzentration i.S. < 2,0 mmol/l.

Ätiologie

- Hypoparathyreoidismus, Pseudohypoparathyreoidismus
- Vitamin-D-Mangel-Rachitis
- Hyperphosphatämie
- Neugeborenenhypokalzämie
- DiGeorge-Syndrom.

Differenzialdiagnose

→ Tab. 16.1.

Klinik

- **Apnoen** des Neugeborenen
- **Tetanie**, Pfötchenstellung, Muskelkrämpfe, Laryngospasmus
- Epileptische Anfälle
- Haar-, Nagelwuchsstörungen
- Katarakte
- Stammganglienverkalkung
- Depressive Verstimmung.

Tab. 16.1 Differenzialdiagnose Hypokalzämie

Verminderte Parathormonsekretion oder -wirkung	• Hypoparathyreoidismus • Pseudohypoparathyreoidismus • Hypomagnesiämie
Verminderte Verfügbarkeit oder Wirkung von Vitamin D	• Vitamin-D-Mangel-Rachitis • Vitamin-D-abhängige Rachitis I und II • Phosphatdiabetes
Hyperphosphatämie	• Niereninsuffizienz • Zytostatikatherapie • Exzessive Phosphatzufuhr
Malabsorptionssyndrome	

Diagnose

- **Gesamtkalzium i.S. < 2,0 mmol/l**
- **Trousseau-Zeichen:** Aufblasen einer Blutdruckmanschette über 3 min führt zu Pfötchenstellung
- **Chvostek-Zeichen:** Zucken der Mundwinkel bei Beklopfen des N. facialis im Bereich der Wange
- EKG: QT-Verlängerung.

Therapie

Kalziumglukonat 10 % i.v. **Cave** bei zu rascher Injektion: Bradykardie/Asystolie!

Hyperkalzämie

Definition

Gesamtkalziumkonzentration i.S. > 2,6 mmol/l.

Ätiologie

- Hyperparathyreoidismus
- Thyreotoxikose
- Addison-Krise
- Immobilisation
- Hypophosphatämie
- Vitamin-D- oder Vitamin-A-Intoxikation
- Tumoren
- Thiazidtherapie
- Sarkoidose
- Benigne familiäre Hyperkalzämie
- Idiopathisch.

Differenzialdiagnose

→ Tab. 16.2.

Klinik

- **Polyurie, Polydipsie**
- Appetitlosigkeit, Übelkeit, Erbrechen
- Obstipation

Tab. 16.2 Differenzialdiagnose Hyperkalzämie

Vermehrte Parathormonsekretion	Primärer Hyperparathyreoidismus
Vermehrte intestinale oder renale Kalziumresorption	• Vitamin-D-Intoxikation • Milch-Alkali-Syndrom • Therapie mit Thiaziden • Sarkoidose • Phosphatmangel
Erhöhte Kalziumfreisetzung aus dem Knochen	• Hyperthyreose • Immobilisation • Maligne Tumoren • Paraneoplastische Parathormonbildung • Knochenmetastasen

- Arterielle Hypertonie, Tachykardie
- Muskelschwäche
- Somnolenz, Verwirrtheit, Halluzinationen
- Koma
- Weichteilverkalkungen, Nephrokalzinose.

Diagnose

- **Gesamtkalzium i.S. > 2,6 mmol/l**
- EKG: QT-Verkürzung.

Therapie

- Zufuhr von Kalzium und Vitamin D_3 sofort beenden
- Rehydratation und forcierte Diurese mit NaCl 0,9 % und Furosemid
- Hämodialyse.

CHECK-UP

- ☐ Nennen Sie Faktoren, die die Entstehung einer Hypokaliämie begünstigen.
- ☐ Beschreiben Sie die Notfalltherapie bei Hyperkaliämie.
- ☐ Nennen Sie wichtige Ursachen einer Hypokalzämie.
- ☐ Welche Gefahr besteht bei der Therapie der Hypokalzämie?
- ☐ Beschreiben Sie die charakteristischen Symptome der Hyperkalzämie.
- ☐ Welche EKG-Veränderung erwarten Sie?
- ☐ Wie behandeln Sie die Hyperkalzämie?

17 Dermatologie

Harmlose Hautveränderungen des Neugeborenen

Erythema neonatorum

Definition
Häufige benigne Hauterkrankung des Neugeborenen.

Epidemiologie
50 % aller Termingeborenen sind in den ersten Tagen betroffen.

Klinik
Flächenhafte, **konfluierende Erytheme** mit zentraler **gelblich weißer Papel** oder Pustel an Brust, Rücken und Extremitäten. Gesicht selten betroffen, Hand- und Fußflächen frei.

Diagnostik
Nicht erforderlich.

Therapie
Nicht erforderlich.

Milien

Definition
Spontan reversible epidermale Retentionszysten beim Neugeborenen.

Epidemiologie
Betrifft fast alle Neugeborenen.

Klinik
Stecknadelkopfgroße, mit Hornmaterial gefüllte epidermale **weißgelbe Zysten** im Gesicht, auch auf dem Zahlfleisch. Vorkommen in der Mittellinie an Grenze von weichem und hartem Gaumen: **Epstein-Perlen**.

Therapie
Nicht erforderlich.

Seborrhoische Säuglingsdermatitis

Definition
Erythematöse Hauterkrankung mit Schuppung bei jungen Säuglingen.

Ätiologie
Sonderform des seborrhoischen Ekzems unklarer Ursache.

Klinik
In den ersten 3 Lebensmonaten Befall des behaarten Kopfs, Gesicht, Hals und Stamm: **fettig-gelbliche Schuppung**. An nicht behaarter Haut flächig konfluierende Erytheme mit gelblicher Schuppung.

Therapie
Rezidivfreie Rückbildung innerhalb weniger Wochen, Salizylöl 0,5–1 %.

Mongolenfleck

Epidemiologie
Bei über 80 % der dunkelhäutigen, bei weniger als 10 % der hellhäutigen Säuglinge.

Ätiologie
Dermale Abmagerung melaninhaltiger Melanozyten.

Klinik
Meist präsakral blaugraue, scharf begrenzte Maculae im Hautniveau.

Therapie
Ausgezeichnete Prognose, blasst innerhalb der ersten Lebensjahre ab.

Bakterielle Hauterkrankungen

Impetigo contagiosa

Definition
Hochkontagiöse, durch Staphylokokken oder Streptokokken verursachte superfizielle Pyodermie.

Erreger
Staphylococcus aureus, β-hämolysierende Streptokokken der Gruppe A.

Epidemiologie
Vorwiegend im Kleinkindes- und Schulalter. Schmierinfektion: direkter Kontakt oder über Gegenstände.

Klinik
Kleinblasiger Typ.
- Durch Streptokokken
- Kleine, rasch platzende Bläschen.

Großblasiger Typ.
- Durch Staphylokokken
- Größere, schlaffe Blasen mit honiggelber Krustenbildung
- Prädilektionsstellen: Gesicht und Hände.

Komplikation. Impetigonephritis.

Therapie
- Fett-feuchte Umschläge mit antiseptischen Lösungen
- Antibiotische Salben
- Bei ausgedehntem Befall systemische Antibiotikatherapie: z.B. penicillinasefeste Penicilline oder orale Cephalosporine.

> Nach einer Impetigo contagiosa sollten bis zu 3 Wochen lang Urinuntersuchungen durchgeführt werden, um eine Impetigonephritis rechtzeitig zu erkennen.

Staphylococcal scalded skin syndrome

Synonyme: SSSS, Impetigo bullosa, Morbus Ritter von Rittershain.

Definition
Ausgedehnte Blasenbildung und anschließende Epidermolyse durch exfoliative Staphylokokkentoxine: Exfoliatin A und B.

Klinik
Nach Infektion im Nasen-Rachen-Raum in den ersten Lebensmonaten generalisiertes **makulöses Exanthem**, **Epidermolyse** mit großflächiger Ablösung der oberflächlichen Epidermisschichten.

Prädilektionsstellen.
- Rumpfvorderseite
- Gesicht
- Extremitäten
- Schleimhäute ausgespart.

Diagnostik
- Nikolski-Zeichen positiv
- **Histologie:** hohe intraepidermale Blasenbildung ohne Nekrose
- Bakteriologie negativ.

Differenzialdiagnose
- Medikamentöses Lyell-Syndrom
- Stevens-Johnson-Syndrom
- Pemphigus syphiliticus
- Epidermolysis bullosa hereditaria.

Therapie
- Staphylokokkenwirksames **Antibiotikum**, z.B. Cefuroxim systemisch
- Lokaltherapie mit antibiotischen Salben
- Feuchte Umschläge.

> Das Staphylococcal scalded skin syndrome ist eine hochkontagiöse Staphylokokkeninfektion, die vor allem bei Neugeborenen und jungen Säuglingen auftritt und mit ausgeprägter Blasenbildung einhergeht.

Erysipel

Definition
Akute fieberhafte Infektion der Kutis durch β-hämolysierende Streptokokken der Gruppe A mit Beteiligung der kutanen Lymphgefäße.

Klinik
Zunächst unauffällige Läsion, die sich innerhalb von Stunden ausbreitet.
- Flammende **Rötung**
- **Schwellung**
- **Druckschmerz**
- Überwärmung
- Fieber, Schüttelfrost
- Schweres **Krankheitsgefühl**.

Komplikationen.
- Vulvabefall: Labiennekrose
- Penisbefall: Penisgangrän
- Schleimhautbefall: Larynxstenose
- Lidbefall: Nekrose, Sinusvenenthrombose
- Chronisch-rezidivierendes Erysipel
- Elefantiasis.

> Klinische Symptome des Erysipels: Rötung, Schwellung, Überwärmung, Druckschmerzhaftigkeit, schweres Krankheitsgefühl mit Fieber und Schüttelfrost.

Therapie
- Bettruhe
- Penicillin V p.o. oder Penicillin G i.v.
- Feuchte Umschläge mit antiseptischen Lösungen
- Beseitigung der Eintrittspforte.

Panaritium

Definition
Staphylokokkeninfektion des Nagelfalzes.

Ätiologie
Der Erreger Staphylococcus aureus tritt meist im Bereich von Nagelfalzverletzungen ein.

Klinik
- Rötung, Schwellung
- Klopfendes Gefühl
- Schmerzen
- Abszedierung
- Chronifizierung (= Paronychie).

Therapie
- Bei tiefen Formen **chirurgisch** eingreifen
- Lokal desinfizierende Bäder
- Lokale, ggf. systemische Antibiotikatherapie.

CHECK-UP

- ☐ Durch welche Erreger wird die Impetigo contagiosa verursacht?
- ☐ Welche Formen der Impetigo contagiosa kennen Sie?
- ☐ Beschreiben Sie die charakteristischen Hautveränderungen bei Impetigo contagiosa.
- ☐ Wie behandeln Sie die Impetigo contagiosa?
- ☐ Wodurch wird das SSSS verursacht?
- ☐ Beschreiben Sie das klinische Bild des SSSS.
- ☐ Welcher Erreger löst das Erysipel aus?
- ☐ Nennen Sie die Leitsymptome des Erysipels.
- ☐ Welche Komplikationen können auftreten?
- ☐ Wie behandeln Sie ein Erysipel?

Virusbedingte Hauterkrankungen

Molluscum contagiosum

Definition
Benigne warzenähnliche infektiöse Epitheliose.

Erreger
Streng epidermotropes quaderförmiges DNA-Virus: Molluscum-contagiosum-Virus. Schmierinfektionen, häufig bei Kindern mit atopischer Diathese oder Immundefizienz.

Klinik
Stecknadelkopf- bis erbsgroße, **weißlich gelbe, breitbasig aufsitzende Papeln** mit **zentraler Eindellung** auf normaler Haut.

Prädilektionsstellen.
- Gesicht
- Hals
- Stamm
- Extremitäten.

Differenzialdiagnose
- Milien
- Hydrozystome
- Verrucae vulgares.

Therapie
Heilen nicht selten spontan ab, unter Lokalanästhesie Ausdrücken/Excochleation und anschließende Desinfektion, Kryotherapie.

Viruspapillome

Definition
Gutartige infektiöse Epitheliome bzw. infektiöse Akanthome der Haut.

Erreger
Humanes Papillomavirus HPV. Über 100 Genotypen bekannt. Infektionen führen an der Haut zu meist gutartigen Tumoren und Papillomen. Einige HPV-Typen können jedoch auch bösartige Tumoren, z.B. das Zervixkarzinom, verursachen.

Epidemiologie
50 % der Schulkinder sind Warzenträger, Larynxpapillome sind eher selten, genitale Infektionen mit HPV sind eine der häufigsten sexuell übertragenen Erkrankungen.

> Bei Auftreten von Kondylomen bei Kindern sollte an die Möglichkeit eines sexuellen Missbrauchs gedacht werden.

Klinik

- Verrucae vulgares et plantares (HPV 1, 2, 4, 7): einzelne Papeln mit irregulärer schuppiger Oberfläche, Sonderform Dornwarzen
- Filiforme Warzen: bei Kindern häufig an der Lippe, an Augenlidern und Nase
- Verrucae planae juveniles (HPV 3, 10, 29): multiple flache, breite, hautfarbene Papeln
- Orale Papillome (HPV 1, 13): meist asymptomatische papulöse Areale der Mundschleimhaut
- Larynxpapillome (HPV 6, 11): raue Stimme, Heiserkeit, rezidivierender kruppöser Husten, Stridor
- Genitale Infektionen (onkogene Papillomaviren: HPV 16, 18, 31, 33): Condylomata acuminata/plana, Zervixkarzinom, Anal-, Peniskarzinome.

Diagnostik

- Analyse der Virus-DNA
- Laryngoskopie.

Therapie

- Kryptochirurgisch entfernen
- Salizylsäure 20 %
- Cantharidin lokal z.B. auf den Nagelfalz
- Retinoid RO-10-9359 bei Epidermodysplasia verruciformis
- Laserexzision
- Impfung gegen HPV 16, 18 für junge Mädchen und Frauen.

Blasen bildende Erkrankungen

Hereditäre Epidermolysen

Definition

Heterogene Gruppe erblicher Erkrankungen, die mit lokalisierter oder generalisierter Blasenbildung der Haut bei mechanischer Beanspruchung einhergehen.

Ätiologie

Mindestens 15 verschiedene Epidermolysen sind bekannt, die drei übergeordneten Gruppen zugeordnet werden:

- Intraepidermale Epidermolysen
- Junktionale Epidermolysen
- Dermolytische dystrophische Epidermolysen.

Klinik

Epidermolysis bullosa simplex. Mildeste Verlaufsform.

- Blasen bereits bei Geburt oder sie entwickeln sich in der Säuglingszeit
- Nach mechanischen Traumen entstehen runde bis ovale prall gefüllte Blasen
- Einblutungen möglich
- Blasen heilen narbenlos ab.

Epidermolysis bullosa dystrophica. Schwere Verlaufsform.

- Blasenbildung, schlecht heilende Ulzerationen
- Verhärtungen, Narben, Keloide
- Atrophien, Kontrakturen
- Milien
- Synechien
- Nagelausfall
- Rarefizierung der Endphalangen
- Alopezie
- Hyperhidrose
- Zahndeformierungen und -verfärbungen.

Epidermolysis bullosa letalis. Schwerste Verlaufsform, tödlich.

Diagnostik

Histologische und molekulargenetische Untersuchung.

Therapie

Symptomatische Maßnahmen:

- Konsequente Hautpflege
- Bakterielle Superinfektionen verhindern
- Traumen vermeiden
- Berufsberatung
- Psychologische Begleitung.

Erythema exsudativum multiforme

Definition
Akut auftretende, zeitlich begrenzte Dermatose.

Ätiologie
Idiopathische oder symptomatische Form durch Medikamenteneinnahme, Infektionen oder maligne Tumoren.

Klinik
Erythema exsudativum multiforme minus. Leichtere Verlaufsform.
- Plötzlicher Krankheitsbeginn
- Aus münzgroßen hellroten Scheiben mit dunklem Zentrum entwickeln sich kokardenförmige Effloreszenzen
- Prädilektionsstellen: Gesicht und Streckseiten der Extremitäten
- Übergang in Blasen möglich
- Begleitende Arthralgien möglich
- Abheilung innerhalb von 2–3 Wochen mit Pigmentverschiebungen und hoher Rezidivgefahr.

Erythema exsudativum multiforme majus. Schwere Verlaufsform.
Synonyme: Stevens-Johnson-Syndrom, toxische epidermale Nekrolyse, Lyell-Syndrom.
- Allgemeinzustand erheblich beeinträchtigt
- Hohes Fieber
- Ausgedehnte Schleimhautbeteiligung mit hämorrhagischen, bullösen, erosiven, entzündlichen Veränderungen
- Mögliche Organmanifestationen: Bronchitis, Pneumonie, Endokarditis, Nephritis.

Therapie
- Beseitigung des auslösendes Agens
- Bei leichter Form: austrocknende Lokalbehandlung mit Vioformlotio 1 %
- Bei schwerer Form: stationäre Überwachung, Salizylate, Kortikosteroide.

Acrodermatitis enteropathica

Definition
Autosomal-rezessiv vererbte Erkrankung mit enteraler Zinkmalabsorption.

Epidemiologie
Seltene Erkrankung.

Klinik
Im Rahmen der Umstellung von Muttermilch auf Kuhmilch:
- **Bullöse Hautablösungen**
- **Erythrodermie**
- Neigung zu bakteriellen Superinfektionen
- **Alopezie**
- Paronychien
- Schwere **Diarrhö**
- Schleimhautbeteiligung
- Okuläre Symptome: Fotophobie, Konjunktivitis, Blepharitis, Kornealdystrophie
- Lethargie
- Anorexie.

Diagnostik
- Zink im Plasma und im Urin stark erniedrigt
- Aktivität der alkalischen Phosphatase i.S. niedrig.

Therapie
Zinkaspartat 2 mg/kg KG/d p.o.

CHECK-UP
- ☐ Nennen Sie die drei klinischen Verlaufsformen der hereditären Epidermolysen.
- ☐ Welche Umstände können ein Erythema exsudativum multiforme auslösen?
- ☐ Wodurch wird eine Acrodermatitis enteropathica verursacht?

Kongenitale Ichthyosen

Definition
Heterogene Gruppe diffuser Keratosen.

Ätiologie
- Störung der epidermalen Differenzierung mit übermäßiger Hornproduktion
- Ichthyosis vulgaris, Ichthyosis lamellosa, Ichthyosis bullosa.

Klinik

Autosomal-dominant vererbte Ichthyosis vulgaris.

- In früher Kindheit trockene, schmutzig-grau schuppende Haut
- Verstärkte Furchung der Palmae.

X-chromosomal-rezessive Ichthyosis vulgaris.

- Im Säuglingsalter starke Schuppung der Haut, Palmae und Plantae ausgespart.

Autosomal-rezessiv vererbte lamelläre Ichthyose. „Kollodiumbaby".

- Auf erythrodermatischem Hintergrund braune, groblamelläre Schuppung insbesondere im Gesicht
- Hyperpyrexie, Nageldystrophie.

Diagnostik

- Histologische Untersuchung
- Mutationsanalyse.

Therapie

- Hautpflegende Maßnahmen
- Lokale Keratolyse: einweichende Bäder, harnstoffhaltige, rückfettende Präparate
- Applikation 10-prozentiger Fruchtsäure
- Retinoide
- Kortikosteroide.

Dermatitiden

Windeldermatitis

Definition

Erythematöse bis erosiv-mazerative Hautentzündung im Windelbereich.

Epidemiologie

Typische Hauterkrankung des frühen Säuglingsalters mit hoher Rezidivrate.

Ätiologie

Einwirkung von Stuhl und Urin unter Okklusion, Wachstum von Candida albicans.

Klinik

- **Vesikulös-pustulöse**, rasch konfluierende **Effloreszenzen** im Windelbereich
- Intensive **Rötung** mit feinem **Schuppensaum**
- Häufig begleitend Mundsoor.

Therapie

- Häufiges Trockenlegen
- Föhnen der Haut
- Bei Candida-Superinfektion: Nyastinpaste lokal und Nystatin-Suspension über 10 Tage p.o., um die Darmbesiedelung zu behandeln.

CHECK-UP

- ☐ Wie entsteht die Windeldermatitis?
- ☐ Beschreiben Sie die Hautveränderungen bei Windeldermatitis.
- ☐ Welche Pflegetipps geben Sie der Mutter?
- ☐ Wie behandeln Sie die Windeldermatitis und warum?

Atopische Dermatitis

Synonym

Neurodermitis.

Definition

T-Zell-vermittelte entzündliche Hauterkrankung, die später in ein Ekzem übergeht.

Epidemiologie

Prävalenz 13 % bei Kindern unter 7 Jahren, Tendenz nimmt zu.

> Die atopische Dermatitis ist eine der häufigsten chronischen Erkrankungen des Kindesalters.

Ätiologie

- Genetische Prädisposition: polygene Vererbung
- Vermehrte Exposition gegenüber Innenraumallergenen
- Abnehmende Exposition des Immunsystems gegenüber bestimmten Infektionserregern.

> Ist ein Elternteil Atopiker, liegt die Wahrscheinlichkeit einer Atopiemanifestation beim Kind bei 30–50 %, sind beide Eltern Atopiker, beträgt das Risiko 50–80 %.

Klinik

Atopisches Säuglingsekzem.
- Akute, exsudative Form mit umschriebenenen, disseminiert schuppenden, nässenden, verkrusteten Erythemen
- Pruritus
- Neigung zu Superinfektion
- Heilt spontan aus.

Atopisches Ekzem des Schulalters.
- Lichenifiziertes Ekzem
- Zerkratzte, verkrustete, erythemosquamöse Herde
- Rötung und Verdickung der Haut
- Schuppung
- Flache Papeln zu Plaques konfluierend
- Pruritus
- Trockene Haut.

Komplikationen.
- Übergang in Erythrodermia atopica Hill
- Superinfektion durch Bakterien oder Candida
- Ausbreitung von Virusinfektionen in befallenen Hautarealen
- Neurodermitischer Katarakt
- Haarausfall.

Diagnostik
- IgE-Gesamtkonzentration i.S. erhöht
- Nachweis allergenspezifischer IgE: RAST
- Prick-, Patch-Test
- Orale Provokationstests.

Therapie
- Lokale Pflege: feucht-kühlende Umschläge, rückfettende Externa
- Antipruriginöse Therapie: kühlen, systemische Antihistaminika
- Antimikrobielle Therapie: staphylokokkenwirksame Antibiotika, topisch oder systemisch
- Antiinflammatorische Therapie: topische Steroide und andere milde antiinflammatorische Substanzen, z.B. Teer, Bituminosulfonate
- Immunsuppressive Makrolide: Ciclosporin A, Tacrolimus, Rapamycin bei schwersten Formen
- Diätetische Therapie: kuhmilchfreie Hydrolysat- und Elementarnahrungen
- Begleitende Maßnahmen: Schulung, Rehabilitation, Diätberatung, psychologische Betreuung.

Allergische Kontaktdermatitis

Definition
Klinische Manifestation der Typ-IV-Sensibilisierung.

Epidemiologie
Bei Säuglingen und Kleinkindern selten, nimmt zu mit steigendem Lebensalter.

Ätiologie
- Äußerlich angewandte Medikamente
- Farb- und Duftstoffe
- Metalle
- Körperpflegemittel.

Klinik
Massive ödematöse Reaktion: kleine, stark juckende Bläschen, die in Krusten übergehen.

Diagnostik
Epikutantestung.

Therapie
- Auslösende Noxe meiden
- In Akutphase: glukokortikoidhaltige Topika.

CHECK-UP

- ☐ Beschreiben Sie das atopische Säuglingsekzem.
- ☐ Welche Komplikationen können bei der atopischen Dermatitis auftreten?
- ☐ Nennen Sie die wichtigsten Säulen der Therapie des atopischen Ekzems im Kindesalter.
- ☐ Um welche Form der allergischen Reaktion handelt es sich bei der allergischen Kontaktdermatitis?
- ☐ Beschreiben Sie die typischen Hautveränderungen bei allergischer Kontaktdermatitis.

Urtikaria

Definition
Flüchtiges Exanthem mit Quaddelbildung durch allergische, physikalische oder toxische Noxen.

Ätiologie
Allergische (akute) Urtikaria: Medikamente, Impfstoffe, Nahrungsmittel.
Nichtallergische (chronische) Urtikaria: Mastzelldegranulation durch direkte Einwirkung von chemischen Kontaktnoxen: z.B. Brennnessel, Quallengifte oder Kälte.

Klinik
- Flächenhafte, **scharf begrenzte Erytheme** mit mäßiger Schwellung und **hellem Randsaum**, die selten länger als 2–6 h bestehen
- Urtikarieller Dermografismus
- **Juckreiz**.

Komplikationen.
- Larynxbeteiligung, Glottisödem
- Anaphylaktischer Schock: innerhalb von Minuten auftretende kardiale Symptomatik mit arterieller Hypertonie, Bewusstseinseinschränkung, Koma.

Diagnostik
- Anamnese
- Kurze Latenz zwischen Antigenzufuhr und Symptomatik
- Karenz-, Expositionstest
- Hauttestungen.

Therapie
Allergische Urtikaria.
- Identifizierte Allergene meiden
- Antihistaminika
- Sedativa
- Kortikosteroide
- Hyposensibilisierungstherapie.

Nichtallergische Urtikaria. Antihistaminika.

Anaphylaktischer Schock.
- Volumenzufuhr
- Adrenalin s.c. oder i.v.
- Zusätzlich Kortikosteroide und Antihistaminika.

CHECK-UP
- ☐ Welche Formen der Urtikaria kennen Sie?
- ☐ Beschreiben Sie die charakteristische Effloreszenz bei Urtikaria.
- ☐ Welche diagnostischen Maßnahmen können bei Urtikaria durchgeführt werden?
- ☐ Wie behandeln Sie die unterschiedlichen Urtikariaformen?

Arzneimittel- und infektallergische Exantheme

Arzneimittelexantheme

Definition
Exantheme durch Arzneimittelunverträglichkeit.

Ätiologie
Allergische oder toxische Mechanismen, potenziell durch jedes Medikament auslösbar.

Klinik
- Meist **symmetrisch generalisiertes Exanthem**: erythematöse, makulöse, vesikulös-bullöse, hämorrhagische, urtikarielle oder papulös-nodöse Effloreszenzen
- Juckreiz
- Fieber
- Krankheitsgefühl
- Organbeteiligung möglich.

Diagnostik
- Anamnese
- Hauttestungen
- Kontrollierte Expositionstests. **Cave:** Anaphylaxie
- RAST-Test.

Therapie
- Identifizierte Allergene meiden
- Antihistaminika
- Kortikoide
- Lokal Lotio alba.

Erythema nodosum

Definition
Im Kindesalter häufig auftretende arznei- und infektallergische Reaktion.

Ätiologie
- Streptokokkeninfektionen
- Andere bakterielle oder virale Infektionen
- Tuberkulose
- Morbus Crohn
- Sarkoidose
- Medikamente.

Klinik
Kutan-subkutane, **druckschmerzhafte**, teigige, kaum erhabene, rötliche bis walnussgroße **Knoten**. Überwärmung der Haut, im Verlauf grünlich-bräunliche Verfärbung, Knoten heilen narbenlose ab.

Prädilektionsstellen.
- **Prätibial**
- Oberschenkel
- Seltener Arme.

Begleitsymptome.
- Fieber
- Gelenkschmerzen
- Reduzierter Allgemeinzustand.

Diagnostik
Die Diagnose wird klinisch gestellt, nachdem mögliche Grunderkrankungen ausgeschlossen wurden:
- Tuberkulinprobe
- Röntgen-Thorax
- Suche nach Streptokokkeninfekten
- Medikamentenanamnese
- BKS
- α_2-Mikroglobulin.

Therapie
- Bettruhe bei schlechtem Allgemeinzustand
- Lokaltherapie: feuchte Umschläge, ggf. Applikation topischer Steroide
- Auslösende Allergene meiden.

CHECK-UP
- ☐ Bei welchen Erkrankungen kann ein Erythema nodosum auftreten?
- ☐ Beschreiben Sie das Erythema nodosum.
- ☐ Welche Begleitsymptome können auftreten?
- ☐ Beschreiben Sie die Therapie des Erythema nodosum.

Epizoonosen

Skabies

Definition
Durch den Ektoparasit Krätzmilbe hervorgerufene Hauterkrankung.

Erreger
Krätzmilbe Acarus siro var. hominis.

Epidemiologie
Im Kindesalter sehr häufig.

Klinik
Bis 2 cm lange, fein gekörnte, leicht aufgeworfene **Gänge in der Hornschicht**, an deren Ende die Milbe mit bloßem Auge als Pünktchen zu erkennen ist. Entzündliche **Papeln**, eitrige **Krusten**, Kratzeffekte.

Prädilektionsstellen:
- Hände, Füße
- Genitale
- Nabel
- Brustwarzen.

Diagnostik
Milbe unter Mikroskop mit einer Nadel aus dem Gang entfernen.

Therapie
- Bettwäsche und Kleidung täglich wechseln und auskochen
- Umgebung von Kontaktpersonen untersuchen.

Kinder 1–10 Jahre. Nach einem Bad an 3 aufeinanderfolgenden Tagen den ganzen Körper mit Benzylbenzoat 10–25 % behandeln und am nächsten Morgen abbaden.

Säuglinge. Teilapplikation über jeweils 3 h.

Pediculosis capitis

Definition
Befall mit der Kopflaus Pediculus capitis.

Ätiologie
Die Kopflaus kittet ihre Eier (Nissen) basisnah an die Haare, nach 8 Tagen schlüpfen blutsaugende Larven. Übertragung von Mensch zu Mensch.

Klinik
- Leitsymptom: **Juckreiz**
- Pusteln
- Hochrote urtikarielle Papeln
- Eitrige Krustenauflagerungen
- Verfilzung der Haare
- Schmerzhafte Lymphknotenschwellung: okzipital, Halsbereich.

Diagnostik
Abgeschnittene Haare mikroskopisch betrachten, die Läuse sind mit bloßem Auge erkennbar.

Therapie
Permethrin 0,5 %: einmalige Applikation in feuchtes Haar, Auskämmen, Auswaschen. Nicht im Säuglingsalter anwenden!

Pediculosis pubis

Definition
Befall mit der Filzlaus Pediculus pubis.

Ätiologie
Übertragung durch Geschlechtsverkehr, Kleider, Bettwäsche.

Klinik
- Mäßiger Juckreiz
- Taches bleues (ältere Bissstellen)
- Nissen in den Haaren, an der Wimpernbasis und an den Augenbrauen.

Diagnostik
Wie Pediculosis capitis.

Therapie
- Wie Pediculosis capitis
- Im Bereich der Augenbrauen und Wimpern Läuse mechanisch entfernen
- Kontaktpersonen mitbehandeln.

CHECK-UP

- ☐ Welche Hautveränderungen sehen Sie bei einer Skabies?
- ☐ Wie wird die Skabies übertragen?
- ☐ Welche Pflegemaßnahmen empfehlen Sie?
- ☐ Wie behandeln Sie die Skabies?

Störungen der Pigmentierung

Café-au-Lait-Flecken

Definition
Vermehrung von Melanozyten und Melanin in der Epidermis.

Klinik
Gleichmäßig gefärbter, scharf begrenzter, unregelmäßig geformter milchkaffeefarbener Fleck von Linsen- bis Handtellergröße, bis zu drei Café-au-Lait-Flecken sind normal.

> Bei mehr als fünf Café-au-Lait-Flecken sollte nach einer Neurofibromatose Typ Recklinghausen gesucht werden.

Postinflammatorische Hyperpigmentierungen

Ätiologie
Impetigo, Ekzem, Neurodermitis.

Klinik
Umschriebene Dunkelfärbung der Haut im Bereich früherer entzündlicher Veränderungen. Häufig nur temporär.

Albinismus

Definition
Vererbte Störung der Melaninbildung der Haut und Hautanhangsgebilde trotz normaler Melanozytenzahl und -struktur.
- Generalisierter Albinismus: autosomal-rezessiv
- Partieller Albinismus: autosomal-dominant.

Epidemiologie
1:20.000.

Klassifikation
- **Okulokutaner Albinismus:**
  - OCA_1: tyrosinasenegativer Albinismus
  - OCA_2: tyrosinasepositiver Albinismus
- **Okulärer Albinismus**
- **Partieller Albinismus.**

Klinik
Bei allen Formen bestehen eine verstärkte Lichtempfindlichkeit und ein erhöhtes Risiko für aktinische Keratosen und lichtinduzierte Karzinome.

OCA_1.
- In schweren Fällen vollständige Depigmentierung von Haut und Haaren
- Weiße Haut
- Fotophobie, Nystagmus, Fehlsichtigkeit, durchscheinende Iris.

OCA_2. Häufigste Form eines generalisierten Albinismus.
- Ausprägung variabel
- Häufig in Schwarzafrika.

Okulärer Albinismus. Normal pigmentierte Haut und Haare, durchscheinende Iris.

Partieller Albinismus. Lokalisierte Hypopigmentierungen von Haut und/oder Haaren.

Therapie
Effektiver UV-Schutz.

Vitiligo

Definition
Erworbene Depigmentierung der Haut.

Ätiologie
Familiäre Häufung. Mögliche Auslöser:
- Traumen
- Hyperthyreose
- Nebenniereninsuffizienz
- Perniziöse Anämie
- Diabetes mellitus.

Klinik
Im 10.–30. Lebensjahr treten scharf begrenzte, bizarr geformte pigmentfreie Flecken auf. Dabei ist die angrenzende Haut häufig hyperpigmentiert. Prädilektionsstellen:
- Gesicht, Hals
- Hände
- Axillen
- Mamillen, Genitoanalregion.

Therapie
Keine zufriedenstellende Therapie bekannt, Rückbildung möglich.

CHECK-UP
- ☐ Welche klinische Formen des Albinismus kennen Sie?
- ☐ Welche Langzeitrisiken gehen mit einem Albinismus einher?
- ☐ Beschreiben Sie die Hautveränderungen einer Vitiligo.
- ☐ Wodurch kann eine Vitiligo ausgelöst werden?

Mastozytosen

Mastozytom

Definition
Umschriebene oder disseminierte Vermehrung von Mastzellen in der Haut.

Epidemiologie
Meist bei Kleinkindern.

Klinik

- Solitäre oder wenige einzeln stehende Knoten bis Pflaumengröße mit bräunlich-violetter Färbung
- Darier-Zeichen: nach Reiben hochrot, juckend, urtikariell, evtl. blasig.

Diagnostik

Histologie: Massive Mastzellvermehrung im Korium.

Therapie

Spontane Rückbildung.

Urticaria pigmentosa und diffuse Mastozytose

Definition

I.d.R. gutartige umschriebene Ansammlung von Mastzellen im dermalen Gewebe.

Klinik

Urticaria pigmentosa.

- Disseminierte, meist linsengroße Maculae oder leicht infiltrierte gelbbräunliche Knötchen am ganzen Körper
- Durch Reiben: Rotfärbung, Schwellung, Juckreiz.

Diffuse Mastozytose. Großflächige Manifestation. Evtl.:

- Erythrodermie, Lymphknotenschwellungen
- Tachykardie, Hypertonie
- Hepatosplenomegalie, gastrointestinale Symptome
- Gerinnungsstörung.

Diagnostik

- Histologie: Mastzellanhäufung im oberen Korium
- N-Methylhistamin im 24-h-Urin erhöht.

Therapie

- Bei Juckreiz Antihistaminika
- UV-Therapie
- I.d.R. spontane Rückbildung bis zur Pubertät.

18 Neuromuskuläre Erkrankungen

Erkrankungen des Motoneurons: spinale Muskelatrophie

Definition
Spinale Muskelatrophie (SMA): Gruppe genetisch bedingter Erkrankungen, die durch den progredienten Verlust von α-Motoneuronen mit einer Muskelatrophie einhergehen.

Epidemiologie
Kumulative Häufigkeit 1:6.000.

Ätiologie
Verlust von α-Motoneuronen im Vorderhorn des Rückenmarks.

Diagnose aller SMA
- **CK** i.S. meist **normal**, selten leicht erhöht
- Sonografie der Muskulatur: pathognomonische Veränderungen bei Typ I
- **EMG:** Einzeloszillationen, Fibrillationen typisch für neurogene Atrophie, charakteristische Spontanaktivität im entspannten Muskel
- Nervenleitgeschwindigkeit normal
- EKG normal
- Muskelbiopsie
- Mutationsanalyse.

Therapie
Symptomatisch:
- Nächtliche Maskenbeatmung mit BIPAP (Bilevel intermittent positive airway pressure)
- PEG und Nahrungssondierung
- Orthopädische Maßnahmen
- Intensive physiotherapeutische Behandlung.

Spinale Muskelatrophie Werdnig-Hoffmann

Synonym: SMA Typ I.

Klinik
Beginn bereits in utero: häufig schwache Kindsbewegungen.
Beim Säugling:
- Rasche Ausprägung eines charakteristischen **Lähmungsmusters:** Schwäche der Beine ausgeprägter als die des Rumpfs und der Arme
- Ausgeprägte **Hypotonie** („Floppy infant“)
- Froschhaltung
- Kaum Spontanmotorik
- Muskeleigenreflexe erloschen
- Sitzen wird nicht erlernt
- Paradoxe Atmung
- Polymyoklonien der Finger und Zehen
- Fibrillieren der Zunge
- Schwaches Schreien
- **Bulbäre Beteiligung:** Trinkschwäche, Aspirationsneigung
- Normale Intelligenz
- Frühzeitige Skoliose
- Gelenkkontrakturen.

Komplikationen. Infektion, Ateminsuffizienz. Tod meist in den ersten 2 Lebensjahren.

Differenzialdiagnose
- ZNS-Erkrankungen
- Glykogenspeichererkrankungen
- Chromosomenanomalien
- Myotone Dystrophie
- Defekte der mitochondrialen Atmungskette
- Rückenmarksverletzungen
- Spinale Muskelatrophie
- Myositis.

Intermediäre spinale Muskelatrophie

Synonym: SMA Typ II.

Klinik
- Zunächst normale Entwicklung
- Sitzen wird erlernt
- Freies Laufen ist nicht möglich
- Kraftminderung
- Verzögerte statomotorische Entwicklung: proximal betonte Muskelschwäche, fehlende Muskeleigenreflexe
- **Normale Intelligenz**
- **Faszikulationen** der Zunge und **Tremor** der Hände charakteristisch
- Im Verlauf Skoliose
- Hypoventilation.

Spinale Muskelatrophie Kugelberg-Welander

Synonym: SMA Typ III.

Klinik
- **Mildeste** Form der spinalen Muskelatrophie mit normaler statomotorischer Entwicklung in den ersten Lebensjahren
- Im 2.–3. Lebensjahr langsam progrediente, proximal betonte Muskelschwäche besonders des Schultergürtels
- **Tremor** der Hände charakteristisch
- **Gehfähigkeit** bleibt **erhalten**.

CHECK-UP

- ☐ Welche anatomische Struktur ist bei den spinalen Muskelatrophien betroffen?
- ☐ Beschreiben Sie die klinischen Symptome einer SMA Typ I.
- ☐ Welche diagnostischen Maßnahmen veranlassen Sie bei V.a. SMA?
- ☐ Welche therapeutischen Maßnahmen stehen für Patienten mit SMA zur Verfügung?

Erkrankungen peripherer Nerven

Guillain-Barré-Syndrom

Definition

Guillain-Barré-Syndrom (GBS): postinfektiöse aufsteigende symmetrische Polyradikuloneuritis.

Epidemiologie

1:100.000, Altersgipfel 3–9 Jahre.

Ätiologie

In 80 % der Fälle **vorausgehende akute Infektion** des Respirations- oder Gastrointestinaltrakts: CMV, EBV, Mykoplasmen, Campylobacter jejuni. Assoziation mit bestimmten Grippe- und Tollwutimpfstoffen.

Klinik

- Beginn mit **Rücken**- und **Beinschmerzen**, dann **symmetrische Muskelschwäche** der unteren Extremitäten, **erloschene Muskeleigenreflexe;** die Paresen sind aufsteigend; in 50 % der Fälle Hirnnervenlähmungen
- Nach 4 Wochen **Höhepunkt** der Erkrankung: Verlust der Gehfähigkeit in 75 % der Fälle, Ateminsuffizienz in 15 % der Fälle, Dysphagie, Blutdruck- und Herzfrequenzschwankungen bis hin zu Asystolie
- Nach einem Plateau von 1–4 Wochen Beginn der **Remissionsphase** (3 Wochen bis 24 Monate).

Sonderform Miller-Fisher-Syndrom. Akute äußere Augenmuskellähmung, Ataxie, Areflexie.

Diagnose

- Liquorpunktion: normale Zellzahl, ausgeprägte Erhöhung der Albuminkonzentration, normale Glukosekonzentration
- CK i.S. normal
- Nervenleitgeschwindigkeit
- EMG: Zeichen der Denervation.

Differenzialdiagnose

→ Tab. 18.1.

Tab. 18.1 Klinische Differenzialdiagnose Guillain-Barré-Syndrom (GBS) versus intraspinale Raumforderung (ISR)

	GBS	ISR
Infektionsanamnese	+	–
Muskeleigenreflexe	–	++/+/–
Babinski-Reflex	–	+/–
Blasenentleerungstörung	Spät	Früh
Sensibilität	Meist intakt	Meist gestört

> Dissociation cytoalbuminique: normale Zellzahl, ausgeprägte Erhöhung der Albuminkonzentration im Liquor als klassisches biochemisches Merkmal des GBS.

Therapie

Stationär überwachen, 7S-Immunglobuline 400 mg/kg KG/d über 5 Tage i. v., in manchen Fällen bleibt nach Rückbildung der Symptome eine Restschwäche bestehen.

Fazialisparese

Definition

Parese der mimischen Muskulatur im Bereich aller drei Fazialisäste durch periphere oder nukleäre Läsion des N. facialis.

Ätiologie

Im Kindesalter überwiegend entzündlich bedingt, v.a. Neuroborreliose. Seltener traumatisch, durch maligne Tumoren oder Metastasen.

> Die Lyme-Borreliose ist die häufigste verifizierbare Ursache der akuten Fazialisparese im Kindesalter.

Klinik

Periphere Fazialisparese.
- Alle drei Äste sind gleichermaßen betroffen
- Lähmung der Gesichtsmuskulatur in Stirn-, Augen- und Mundbereich: Stirnrunzeln und Augenschluss nicht möglich, hängende Mundwinkel
- Gefahr der Keratitis
- Geschmacksstörung auf vorderen ⅔ der Zunge.

Zentrale Fazialisparese.
- Der Stirnast ist ausgespart
- Stirnrunzeln und Augenschluss möglich
- Keine Geschmacksstörung.

Diagnose
- Liquorpunktion: Zellzahl, Eiweiß
- Serologie: Borrelien-, IgM- und IgG-Antikörper im Serum und Liquor.

Therapie
- Bei Neuroborreliose, auf die eine Liquorpleozytose hinweist, konsequente **antibiotische Therapie:** Ceftriaxon 3 Wochen i.v.
- Schutz der Kornea
- Physiotherapeutische Behandlung mit Übungen der Gesichtsmuskulatur.

Hereditäre sensomotorische Neuropathien

Definition
Hereditäre sensomotorische Neuropathien (HMSN): Gruppe autosomal-dominant oder rezessiv vererbter, progredienter Polyneuropathien mit motorischer, sensorischer und autonomer Beteiligung.

Epidemiologie
1:10.000.

Klinik
- Meist im Schulalter symmetrische **Schwäche** und **Atrophie** der distalen Muskulatur der unteren Extremitäten
- Später Beteiligung des **sensorischen** und autonomen **Nervensystems**
- Sekundäre Skelettveränderungen, z.B. Hohlfuß
- Normale Intelligenz.

Diagnose
- Aktivität der CK i.S. normal
- Nervenleitgeschwindigkeit
- EMG
- Suralisbiopsie, um einzelne HMSN-Typen abzugrenzen
- Mutationsanalyse.

Therapie
Symptomatisch: Physiotherapie, orthopädische Maßnahmen.

CHECK-UP

- ☐ Nennen Sie die klinischen Symptome des GBS.
- ☐ Worin besteht der charakteristische Liquorbefund bei GBS?
- ☐ Beschreiben Sie die Therapie des GBS.
- ☐ Wie lautet Ihre vorläufige Diagnose bei akuter Fazialisparese und Liquorpleozytose?
- ☐ Beschreiben Sie die Symptome der peripheren Fazialisparese.
- ☐ Wie behandeln Sie die Fazialisparese, bei der Sie eine Liquorpleozytose festgestellt haben?

Myasthenia gravis

Definition
Erkrankung mit dem Leitsymptom der abnormen Ermüdbarkeit der Muskulatur.

Epidemiologie
5–10:100.000, ♀:♂ = 2–4:1, Erkrankung in jedem Lebensalter möglich.

Ätiologie

Zirkulierende Autoantikörper gegen Azetylcholinrezeptoren.

Klinik

- **Ptosis**
- **Ophthalmoplegie**
- Doppelbilder
- Pupillenreaktion auf Licht erhalten
- Vertikale Blicklähmung
- Verwaschene Sprache
- Schluckstörung
- Asymmetrische Muskelschwäche
- Abgeschwächte Muskeleigenreflexe
- **Symptomverschlechterung im Tagesverlauf.**

Diagnose

- CK i.S. normal
- EMG: rasche Amplitudenabnahme bei repetitiver Stimulation
- Nachweis von **Azetylcholinrezeptorantikörpern**
- EKG normal
- Röntgen-Thorax: häufig Thymusvergrößerung
- **Tensilontest**.

Therapie

- Cholinesteraseinhibitoren
- Immunsuppressiva
- Plasmapherese
- Thymektomie, bei generalisierten Formen frühzeitig in Betracht ziehen.

Muskeldystrophien

Definition

Erkrankungen, die primär – aber nicht ausschließlich – die Skelettmuskulatur betreffen und zu einer fortschreitenden Schwäche und Lähmung der betroffenen Muskeln führen.

Epidemiologie

- Duchenne-Muskeldystrophie: 1:3.500 ♂
- Becker-Muskeldystrophie: 1:17.000
- Gliedergürtelmuskeldystrophie: 1:30.000.

Muskeldystrophie Duchenne

Klinik

Muskeldystrophie Duchenne (DMD): bei Geburt unauffällig, Laufen wird erlernt, im 2.–3. Lebensjahr beginnt die Symptomatik.

- **Proximal betonte Muskelschwäche**
- Watschelnder Gang
- Pseudohypertrophie der Wadenmuskulatur (Gnomenwaden)
- Hyperlordose der Lendenwirbelsäule
- Patellarsehnenreflexe abgeschwächt
- Scapulae alatae
- **Gower-Manöver:** Abstützen der Hände auf den Knien und Hochklettern an sich selbst
- Meryon-Zeichen: „Durchrutschen" bei Anheben an den Axillen.

Komplikationen.

- Verlust der Gehfähigkeit im 9.–13. Lebensjahr, im Rollstuhl Entwicklung von Kontrakturen und Skoliose
- Nächtliche Hypoventilationen
- Schwindel
- Kardiomyopathie
- Intelligenzminderung
- Ateminsuffizienz, seltener Herzinsuffizienz.

Muskeldystrophie Becker

Klinik

Muskeldystrophie Becker (BMD): gleiche Symptome wie DMD. Verzögert und langsamer progredient. Gehverlust nach dem 16. Lebensjahr.

Gliedergürtelmuskeldystrophie

Klinik

Gliedergürtelmuskeldystrophie (LGMD):

- Normale Intelligenz
- Beginnt selten vor dem mittleren oder späten Kindesalter mit Rückenschmerzen
- **Schwäche der Nacken-, Bein-** und **Glutealmuskulatur**, führt zu Schwierigkeiten beim Treppensteigen
- Lendenhyperlordose
- Keine Herzbeteiligung.

Diagnose von DMD, BMD, LGMD

- **CK** i.S. stark erhöht, GOT, GPT, LDH, Aldolase erhöht, γ-GT normal → Differenzialdiagnose Hepatopathie
- Sonografie der Muskulatur
- EMG: niedrigamplitudige, verkürzte und vermehrt polyphasische Einzelpotenziale
- EKG, Echokardiografie

- Muskelbiopsie: Immunhistologie
- Mutationsanalyse.

Therapie

Symptomatisch:
- Physiotherapie
- Atemtherapie
- Operative orthopädische Verfahren
- Nächtliche Maskenbeatmung.

CHECK-UP

- ☐ Nennen Sie die entscheidenden Befunde, die die Diagnose einer Muskeldystrophie erlauben.
- ☐ Welche therapeutischen Maßnahmen kommen bei einem Patienten mit Muskeldystrophie zum Einsatz?
- ☐ Mit welchen Symptomen manifestiert sich eine DMD im Kleinkindesalter?
- ☐ Beschreiben Sie den klinischen Verlauf bei DMD.

Juvenile Dermatomyositis und Polymyositis

Definition

Autoimmun vermittelte Schädigung von Kapillaren in Muskulatur und Dermis (DM) oder T-Zell-vermittelte zytotoxische Muskelfaserschädigung (PM).

Ätiologie

Autoimmunprozess:
- Triggerfaktoren: z.B. Infektionen oder Medikamente
- Genetische Prädisposition
- Spezifische humorale und zelluläre Immunreaktion
- Bei PM überwiegen zytotoxische T-Zell-Infiltrate.

Klinik

- **Trias: proximal betonte Muskelschwäche, Hautsymptome** (nicht bei PM) und schweres **Krankheitsgefühl**
- Muskelschmerzen
- Schwellungen
- Ödeme
- Fliederfarbenes Erythem im Gesicht, über Streckseiten von Ellenbogen, Knien, Finger- und Zehengelenken
- Organmanifestationen: Blutungen, Arrhythmien, Myokarditis.

Komplikationen.
- Befall von Schluck- und Atemmuskulatur
- Ulzerationen, dermale und subdermale Kalzinose.

Diagnose

- **CK** i.S. erhöht, BKS, Rheumafaktor normal
- Antikörper: ANA, Anti-Mi-2, Antisynthetase-Antikörper erhöht
- Muskelbiopsie, Elektronenmikroskopie
- EMG: myopathisches Muster.

Therapie

- Kortikosteroide
- Ciclosporin A, Azathioprin, Methotrexat, Cyclophosphamid
- Adjuvante Physiotherapie.

CHECK-UP

- ☐ Nennen Sie die klinische Symptomtrias bei der DM.
- ☐ Wie sichern Sie die Diagnose bei Verdacht auf DM?
- ☐ Welches ist das übergeordnete Therapiekonzept bei DM und PM?

Weitere Myopathien

Myotone Dystrophie Curschmann-Steinert

Definition
Autosomal-dominant vererbte Kombination einer Muskeldystrophie mit Myotonie und systemischen Veränderungen.

Epidemiologie
Kindlich-adulte Form 1:8.000. Kongenitale Form 1:3.500.

Klinik
- Charakteristische **Fazies:**
  - V-Form der Oberlippe
  - Dünne Wangen
  - Eingefallene Temporalismuskulatur
- Fortschreitende, **distal** betonte **Muskelschwäche**
- Weitere **systemische Symptome:**
  - Katarakt
  - Herzrhythmusstörungen
  - Endokrinologische Veränderungen.

Diagnose
- **CK** i.S. nur leicht erhöht
- IgG i.S. niedrig
- EMG
- Muskelbiopsie
- Molekulargenetik.

Therapie
Physiotherapeutische Maßnahmen.

Myotonia congenita

Definition
Nichtdystrophe Myotonie. Vererbte Ionenkanalkrankheit durch Störung der Chloridleitfähigkeit des Sarkolemms.
- Typ Thomsen: autosomal-dominant
- Typ Becker: autosomal-rezessiv.

Epidemiologie
1:50.000.

Klinik
Typ Thomsen.
- Verspannung der Kiefer-, Nacken-, Schulter-, Arm-, Hand- und Beinmuskulatur
- Verzögerung der Willkürmotorik
- Milde Muskelschwäche.

Typ Becker.
- Myotone Muskelversteifung
- Muskelhypertrophie.

Diagnose
- EMG
- Muskelbiopsie
- Mutationsanalyse.

Therapie
I.d.R. nicht erforderlich, bei schwerem Verlauf Mexiletin.

Maligne Hyperthermie

Definition
Maligne Hyperthermie (MH): lebensbedrohliche Narkosekomplikation.

Epidemiologie
Im Kindesalter 1:15.000 Narkosen.

Ätiologie
Autosomal-dominant vererbte Mutationen in Genen, die Ionenkanäle oder Rezeptoren der Muskulatur kodieren.
Triggersubstanzen: depolarisierende Relaxanzien, z.B. Succinylcholin, oder volatile Anästhetika wie z.B. Halothan.

Klinik
Die Narkose löst ein dramatisches und häufig tödliches Ereignis aus:
- Rasch und anhaltend bis 43 °C steigende **Temperatur**
- Muskelrigidität
- **Rhabdomyolyse**
- Tachykardie
- Tachypnoe
- Zyanose
- Massive Steigerung von O_2-Verbrauch und CO_2-Produktion.

Diagnose
- Familienanamnese
- In der Krise **CK** i.S. bis 40.000 IU/l, im Intervall ebenfalls erhöht
- **Myoglobinurie**
- Schwere metabolische und respiratorische Azidose
- Schwere Hyperkaliämie und -kalzämie
- Muskelbiopsie: Mottenfraßnekrosen

- In-vitro-Testung der Muskulatur auf auslösende Substanzen
- Mutationsanalyse.

Therapie

- Auslösende Substanzen vermeiden
- Dantrolen
- Symptomatische Behandlung.

CHECK-UP

- ☐ Beschreiben Sie das klinische Leitsymptom der Myotonie bei der myotonen Dystrophie Curschmann-Steinert.
- ☐ Wie sichern Sie die Diagnose einer myotonen Dystrophie Curschmann-Steinert?
- ☐ Welche Medikamente sind bei Patienten mit einer myotonen Dystrophie Curschmann-Steinert streng kontraindiziert?
- ☐ Welche Symptome treten im Rahmen einer malignen Hyperthermie auf?
- ☐ Nennen Sie die Triggersubstanzen für die maligne Hyperthermie.
- ☐ Welche Laborparameter sind in der akuten Krise typischerweise verändert?

19 Neurologie

Dysrhaphien

Synonym: Neuralrohrdefekte.

Definition
Verschlussstörungen des Neurahlrohrs, bevorzugt rostral oder kaudal.

Epidemiologie
3–25:10.000.

Ätiologie
- Genetische Faktoren
- Folsäuremangel der Mutter
- Medikamente, z.B. Valproinsäure
- Ionisierende Strahlen und Chemikalien.

Klassifikation
- Spina bifida occulta
- Meningozele
- Myelomeningozele
- Enzephalozele
- Anenzephalie (➜ Abb. 19.1).

Lokalisation der Neuralrohrdefekte:
- **50 % lumbosakral**
- 20 % lumbal
- 20 % thorakolumbal.

Diagnose
- Pränatale Sonografie
- α-Fetoprotein, Azetylcholin im Fruchtwasser erhöht.

Spina bifida occulta

Epidemiologie
Häufigste Minimalvariante.

Pathologie
Fehlender Wirbelbogenschluss ohne Verlagerung von Rückenmarkshäuten, -mark und Nervenwurzeln.

Klinik
Asymptomatisch. Gelegentlich Haarbüschel, Lipom, Hautdepigmentierung oder Neuroporus in der Mittellinie des unteren Rückens.

Diagnose
Röntgen: Wirbelbogenschlussdefekt.

Therapie
Nicht erforderlich.

Meningozele

Pathologie
- Offene Wirbelbögen
- Sackartige, liquorgefüllte Ausstülpung der Rückenmarkshäute ohne Verlagerung von Rückenmark und Nervenwurzeln.

Klinik
- **Fluktuierende Mittellinienvorwölbung** meist mit guter Hautdeckung im Bereich des unteren Rückens
- Selten neurologische Symptome.

Diagnose
- Sorgfältige neurologische Untersuchung
- Bildgebung: Sonografie-Spinalkanal und -Schädel, Röntgen und MRT.

Therapie
Bei Liquorfistel oder Deckung nur durch dünne Hautschicht: sofortige Operation.

Myelomeningozele

Pathologie
- Offene Wirbelbögen
- Sackartige Ausstülpung der Rückenmarkshäute sowie pathologischer Rückenmarksanteile und Nervenwurzeln mit unvollständiger Überhäutung
- 75 % lumbosakral.

Klinik
Lumbosakrale Myelomeningozele.
- Partielle Beinlähmung mit distaler Betonung
- Sensible Ausfälle, Blasen-, Mastdarmstörungen
- Begleitend **Arnold-Chiari-Malformation**: Verschiebung der Kleinhirntonsillen durch das Foramen magnum in den Spinalkanal.

Sakrokokzygeale Myelomeningozele.
- Kaum Beinlähmungen
- Immer Blasen-, Mastdarm-, Beckenbodenlähmungen
- Fehlender Analreflex.

Zervikothorakale und thorakolumbale Myelomeningozele.
- In Abhängigkeit von der Höhe Tetra- oder Paraparesen mit Sensibilitätsstörungen.

Therapie

- Offene Myelomeningozele: Antibiotikatherapie unmittelbar postnatal, sofortige Operation
- Geschlossene Myelomeningozele: Operation in den ersten 24 h
- Unterstützende Physiotherapie bei beiden Formen.

> Die offene Myelomeningozele erfordert wegen des hohen Infektionsrisikos eine sofortige antibiotische und operative Therapie.

Enzephalozele

Pathologie

- Cranium bifidum: Dysrhaphie des Schädels mit Protrusion von Hirngewebe durch einen knöchernen Mittelliniendefekt
- Kraniale Meningozele: liquorgefüllte Ausstülpung von Hirnhäuten
- Kraniale Enzephalozele: Ausstülpung von Hirnhäuten und Anteilen des zerebralen Kortex, des Kleinhirns oder des Hirnstamms.

Klinik

- Cranium bifidum: nicht lebensfähig
- Kraniale Meningozele: wenig Symptome
- Kraniale Enzephalozele: Sehprobleme, Mikrozephalie, mentale Retardierung, epileptische Anfälle.

Anenzephalie

Epidemiologie

1: 10.000, schwerste Fehlbildung am rostralen Ende des Neuralrohrs.

Pathologie

Der Schluss des zerebralen Neuralrohranteils bleibt aus: normaler Gesichtsschädel, Schädeldecke und Großhirnhemisphären fehlen.

Klinik

- Charakteristisches Aussehen mit stark hervortretenden Augen
- Halsbereich, Gesicht und Brust bilden eine einheitliche Fläche
- Die Kinder versterben fast immer in den ersten Lebenstagen.

> Der mütterliche Folsäuremangel ist ein wichtiger Risikofaktor für das Auftreten von Neuralrohrdefekten. Eine perikonzeptionelle Folsäureprophylaxe senkt das Risiko signifikant.

CHECK-UP

- ☐ Welche Neuralrohrdefekte kennen Sie?
- ☐ Welche ist die häufigste Lokalisation von Neuralrohrdefekten?
- ☐ Beschreiben Sie die Symptomatik der lumbosakralen Myelomeningozele.
- ☐ Welche Therapie ist bei offener Myelomeningozele indiziert?

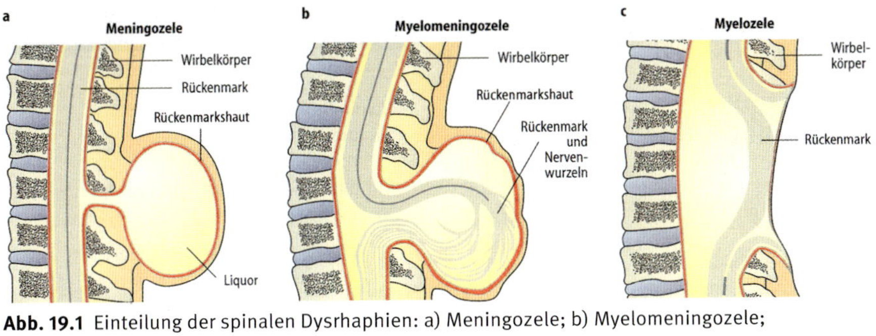

Abb. 19.1 Einteilung der spinalen Dysrhaphien: a) Meningozele; b) Myelomeningozele; c) Myelozele

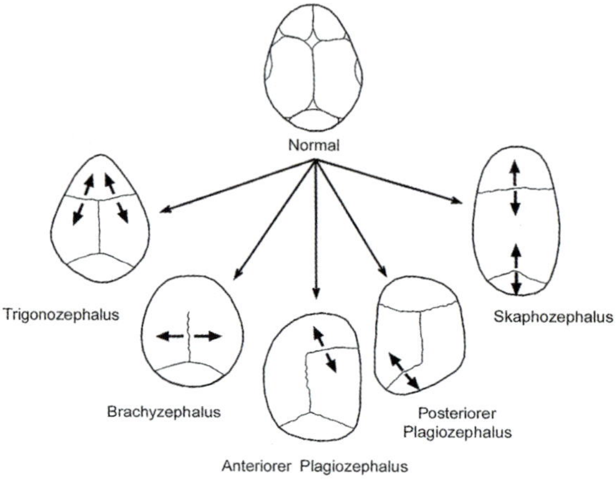

Abb. 19.2 Schematische Übersicht zur Entstehung der charakteristischen Schädeldeformierungen durch vorzeitigen Verschluss einzelner Schädelnähte

Kraniosynostosen

Definition
Schädeldeformation durch vorzeitigen Verschluss einer oder mehrerer Schädelnähte.

Epidemiologie
1:2.000.

Ätiologie
Prämature Synostosen. Mutationen in Genen für Fibroblastenwachstumsfaktor-Rezeptoren, genetische Syndrome.

Sekundäre Nahtsynostosen. Ausbleibendes Gehirnwachstum und Mikrozephalie oder genetische Syndrome in 10 % der Fälle (→ Abb. 19.2).

Klinik
- Charakteristische Schädelformierung durch übermäßiges Wachstum des Schädels in Richtung der vorzeitig verschlossenen Naht
- Tastbare Knochenleiste.

Diagnose
- Röntgen-Schädel
- CCT mit 3D-Rekonstruktion.

Therapie
- **Interdisziplinäres** Vorgehen: Neurochirurgie, Kieferchirurgie und Neuropädiatrie planen operative Korrektur
- Bei Hirndruck umgehend **Naht neurochirurgisch sprengen**.

> Bei Mikrozephalie ist die Nahtsprengung kontraindiziert!

Mikrozephalie

Definition
Kopfumfang unterhalb der 3. Perzentile bei deutlichem Missverhältnis zwischen Gehirn- und Gesichtsschädel.

Ätiologie
Primär genetische Mikrozephalie.
- Familiär: autosomal-rezessiv oder autosomal-dominant vererbt
- Im Rahmen von genetischen Syndromen.

Sekundäre Mikrozephalie. Durch Einwirkung von Noxen:
- Perinatale Hypoxie
- Kongenitale Infektionen
- Alkohol
- Medikamente
- Stoffwechselerkrankungen
- Ionisierende Strahlen.

Klinik

- **Kopfumfang < 3. Perzentile**
- Geistige und motorische Entwicklung häufig verzögert
- Bewegungsstörungen
- Epileptische Anfälle.

Diagnose

- Kopfumfang im Verlauf messen, auch bei Familienmitgliedern
- TORCH-Serologie
- Schädelsonografie
- cMRT
- Chromosomenanalyse
- Serumphenylalanin-Konzentration der Mutter bestimmen → liegt eine maternale Phenylketonurie vor?

CHECK-UP

- ☐ Wie ist eine Mikrozephalie definiert?
- ☐ Welche Ursachen einer Mikrozephalie kennen Sie?

Hydrozephalus

Definition

Gruppe von Erkrankungen mit Erweiterung der intrazerebralen Liquorräume.

Epidemiologie

3:1.000 Neugeborene.

Ätiologie

Gestörte Liquorzirkulation oder Liquorresorption, erhöhte Liquorproduktion.

Angeborener Hydrozephalus.

- Arnold-Chiari-Malformation
- Aquäduktstenose
- Pränatale Infektionen.

Erworbener Hydrozephalus.

- Ventrikelblutungen
- Verwachsungen nach Meningitis
- Tumoren.

Klassifikation

- Hydrocephalus internus: innere Liquorräume
- Hydrocephalus externus: äußere Liquorräume
- Hydrocephalus communicans: innere und äußere Liquorräume
- Hydrocephalus e vacuo: Verminderung der Hirnsubtstanz.

Klinik

- Auffällige **Größenzunahme des Schädels** bei noch offenen Schädelnähten
- Gespannte Fontanellen
- Trinkschwäche, Erbrechen
- Berührungsempfindlichkeit
- Reizbarkeit, schrilles Schreien
- Charakteristisches Sonnenuntergangsphänomen
- Optikusatrophie, Stauungspapille
- Statomotorische Entwicklungsverzögerung.

Diagnose

- Regelmäßige Kopfumfangmessungen
- Schädelsonografie: Ventrikelerweiterung
- Fundusspiegelung
- cMRT.

> Bei Kreuzen der Perzentilen der Kopfwachstumskurve nach oben muss stets ein Hydrozephalus ausgeschlossen werden.

Differenzialdiagnose

- Familiäre Makrozephalie
- Chronisches Subduralhämatom
- Hydranenzephalie
- Megalenzephalie bei Speichererkrankungen.

Therapie

Extrakranielle Liquorableitung durch Anlage eines ventrikuloperitonealen oder ventrikuloatrialen Shunts (→ Abb. 19.3).

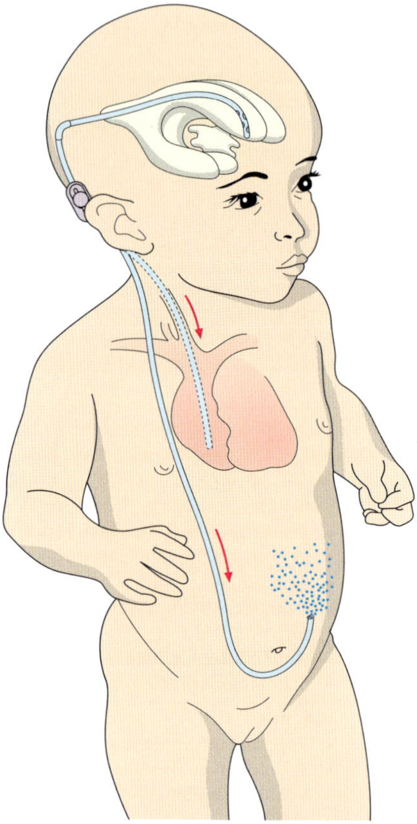

Abb. 19.3 Hydrozephalus: Darstellung einer ventrikuloperitonealen und einer ventrikuloatrialen (gestrichelt) Liquorableitung

CHECK-UP

- ☐ Worin besteht die anatomische Grundlage eines Hydrozephalus?
- ☐ Welche Hydrozephalusformen kennen Sie?
- ☐ Nennen Sie wichtige Symptome bei Hydrozephalus.
- ☐ Welche diagnostischen Maßnahmen sind bei V.a. Hydrozephalus indiziert?
- ☐ Wie wird ein Hydrozephalus behandelt?

Epileptische Anfälle und Epilepsien

Definitionen

Epileptischer Anfall: plötzlich einsetzende, zeitlich begrenzte, totale oder partielle Störung der Hirnfunktion.

Epilepsie: chronisch-rezidivierendes Auftreten epileptischer Anfälle ohne erkennbare äußere Ursache (→ Tab. 19.1).

Tab. 19.1 Einteilung der wichtigsten Epilepsien nach klinischen Gesichtspunkten

Gruppe	Einzelerkrankungen
Generalisierte Epilepsien	• Benigne familiäre Neugeborenenanfälle • Benigne nichtfamiliäre Neugeborenenanfälle • Myoklonisch-astatische Epilepsie • Absenceepilepsie • Juvenile Myoklonusepilepsie • Grand-Mal-Epilepsie
Fokale Epilepsien	• Epilepsie mit fokal-sensorischen Anfällen • Epilepsie mit fokal-motorischen Anfällen • Benigne Epilepsie mit zentrotemporalen Spikes (Rolando-Epilepsie)
Epileptische Enzephalopathien	• West-Syndrom • Lennox-Gastaut-Syndrom
Besondere Epilepsieformen	• Posttraumatische Epilepsie • Reflexepilepsien
Gelegenheitsanfälle	• Idiopathisch: Fieberkrämpfe • Entzündlich: Meningitis, Enzephalitis • Metabolisch: Hypoglykämie, Hyponatriämie • Toxisch: Azetylsalizylsäure, Alkohol • Traumatisch: Kontusion, Blutung, Hirndruck

Epidemiologie
1 % der Bevölkerung. 50 % der Patienten mit Epilepsie sind jünger als 16 Jahre.

> Der epileptische Anfall ist der häufigste neurologische Notfall und einer der häufigsten Gründe für eine akute Einweisung des Kindes in die Klinik.

Ätiologie
Abnorme elektrische Entladung zerebraler Neuronenverbände mit Ungleichgewicht inhibitorischer und exzitatorischer Vorgänge an den Synapsen im ZNS. Meist besteht ein genetischer Einfluss.

Idiopathische Epilepsie. Oft typische Altersverteilung und charakteristische EEG-Merkmale.

Symptomatische Epilepsie. Folge einer Hirnschädigung.

Generalisierte Epilepsien

Definition
Epilepsie mit Beteiligung beider Hemisphären am Anfallsgeschehen, die meist mit einer Bewusstseinsstörung einhergeht.

Benigne familiäre Neugeborenenanfälle

Definition
Seltene, dominant vererbte Epilepsie, die meist spontan sistiert.

Klinik
Am 2. bis 3. Lebenstag klonische, apnoische oder tonische Anfälle. Meist spontanes Sistieren innerhalb der ersten Lebenswochen.

Diagnose
- EEG: unspezifische Veränderungen
- Vitamin-B_6-Mangel ausschließen.

Therapie
Bei rezidivierenden Anfällen: Therapieversuch mit Vitamin B_6, keine Dauertherapie.

Benigne nichtfamiliäre Neugeborenenanfälle

Definition
Epilepsie mit klonischen oder apnoischen Anfällen in den ersten Lebenstagen mit guter Prognose.

Klinik
Um den 5. Lebenstag vorwiegend klonische oder apnoische Anfälle mit spontaner Rückbildungstendenz.

Diagnose
- EEG: bilaterale Sharp waves
- Vitamin-B_6-Mangel ausschließen.

Therapie
Bei rezidivierenden Anfällen: Therapieversuch mit Vitamin B_6, keine Dauertherapie.

Myoklonisch-astatische Epilepsie

Definition
Epilepsie mit plötzlichem Beginn und häufigem Übergang in Lennox-Gastaut-Syndrom.

Epidemiologie
♂:♀ = 2:1, Altersgipfel 1.–5. Lebensjahr.

Ätiologie
Genetische Disposition.

Klinik
- Beginn mit tonisch-klonischen Anfällen, häufig mit Anfallsstatus: „Beginn mit Paukenschlag"
- Später charakteristisches Anfallsbild mit plötzlichem **Verlust des Haltetonus**, blitzartigem **Sturz** zu Boden, Kombination mit **Myoklonien** variablen Ausmaßes
- In der Regel keine Bewusstseinspausen
- Übergang in Lennox-Gastaut-Syndrom möglich, dann ungünstige mentale Entwicklung.

Diagnose
EEG: Irreguläre 2–3/s Spike-wave-Komplexe mit Thetarhythmisierung, Fotosensibilität.

Differenzialdiagnose
- Lennox-Gastaut-Syndrom
- Pseudo-Lennox-Syndrom.

Die Abgrenzung beider Formen ist aus therapeutischen und prognostischen Gründen wichtig.

Therapie
Valproat als Medikament der ersten Wahl.

Absenceepilepsie

Definition
Anfälle mit kurzzeitigem Bewusstseinsverlust v.a. bei Mädchen im Schulalter mit guter Prognose bei adäquater Therapie.

Epidemiologie
Altersgipfel 5.–7. Lebensjahr, ♀ > ♂.

> Die Absenceepilepsie ist die häufigste generalisierte Epilepsie im Kindesalter.

Ätiologie
Genetisch determiniert.

Klinik
- Mehr als 100 Anfälle pro Tag bei zuvor lebhaften, aufgeweckten Kindern
- Plötzlich beginnende und endende **Bewusstseinsstörung**: starrer Blick, Erschlaffung der Gesichtsmuskulatur, kein Verlust der Haltungskontrolle bei unterbrochenem Handlungsablauf
- Automatismen
- Nach Wiederkehr des Bewusstseins wird die unterbrochene Tätigkeit wieder aufgenommen
- Anfallsdauer wenige Sekunden
- In 90 % der Fälle Remission bis zum 12. Lebensjahr.

Diagnose
- EEG: 3/s Spike-wave-Komplexe
- Provokation: Hyperventilation.

Therapie
Valproat als Medikament der ersten Wahl.

Juvenile Myoklonusepilepsie

Definition
Anfälle im Pubertätsalter mit myoklonischen Schleuderbewegungen ohne wesentliche Bewusstseinseinschränkung und guter psychosozialer Prognose bei guter Compliance.

Epidemiologie
Altersgipfel 12.–19. Lebensjahr.

Ätiologie
Genetische Prädisposition.

Klinik
- Plötzliche, kurze, symmetrische **Myoklonien** meist in Armen oder Schultergürtel, vom Patienten wie ein elektrischer Schlag empfunden, die häufig nicht als Anfallsäquivalent erkannt werden
- Dauer: 2–3 s

- Vor allem morgens
- Bewusstsein meist erhalten
- Im Verlauf generalisierte tonisch-klonische Anfälle.

Diagnose

- EEG: irreguläre Polyspike-wave-Komplexe
- Provokation: Schlafentzug, Hyperventilation.

Therapie

Valproat als Medikament der ersten Wahl.

Grand-Mal-Epilepsie

Definition

Häufigste Epilepsieform mit Bewusstseinsverlust, symmetrischer Ausprägung, tonischer Verkrampfung und klonischen Zuckungen.

Epidemiologie

Mit 70 % häufigste Erscheinungsform epileptischer Anfälle im Kindesalter.

Ätiologie

- Häufig idiopathisch
- Genetische Prädisposition
- Ursachen von Gelegenheitskrämpfen.

Klinik

- Anfall beginnt häufig mit initialem **Schrei** und **Bewusstseinsverlust**, sistierender Atmung, massiver symmetrischer **Tonuserhöhung** an allen vier Extremitäten, gefolgt von rhythmischen symmetrischen Kloni
- Obligat postiktaler Nachschlaf, Reorientierung, Amnesie
- Begleitende vegetative Symptome möglich.

Unterteilung nach Auftreten.

- Aufwach-Grand-Mal: tritt meist beim Aufwachen auf
- Schlaf-Grand-Mal: tritt im Schlaf auf
- Diffuse Grand-Mal: zeigt keine tageszeitliche Häufung.

Diagnose

- EEG: Spikes und Waves
- Provokation: Schlafentzug, Alkohol, Medikamente, Fieber.

Therapie

Valproat als Medikament der ersten Wahl.

CHECK-UP

- ☐ Welche ist die häufigste generalisierte Epilepsie im Kindesalter?
- ☐ Beschreiben Sie die Anfallscharakteristik bei dieser Epilepsieform.
- ☐ Wie ist die Prognose bei Absenceepilepsie?
- ☐ Welches Medikament wird hier eingesetzt?

Fokale Epilepsien

Definition

Anfälle durch eine Funktionsstörung in einem umschriebenen Hirnareal, die typischerweise mit einer Aura und erhaltenem Bewusstsein verbunden sind.

Epidemiologie

50 % aller Epilepsien, altersunabhängig.

Ätiologie

In den meisten Fällen morphologisch fassbare Hirnveränderung.

Klinik

Das Auftreten einer Aura ist charakteristisch: sensibel, epigastrisch, visuell, gustatorisch, olfaktorisch, akustisch.

Fokal-sensorische Anfälle

Definition

Fokale Anfälle mit vorwiegend sensorischen Syndromen.

Klinik

Der Ausgang spezifischer sensorischer Anfälle ist von allen sensorischen Bereichen möglich.

- Kribbeln, Klopfen
- Parästhesien, Brennen
- Schmerzen
- Temperaturmissempfindungen.

Fokal-motorische Anfälle

Definition
Fokale Anfälle mit vorwiegend motorischen Symptomen.

Klinik
Manifestation mit verschiedenen Formen der motorischen Entladung: Tonuserhöhung, Kloni, Myoklonien, Automatismen.

Sonderform Jackson-Anfall. Klassische Form des motorischen Herdanfalls mit Beginn der Zuckungen in einer eng begrenzten Körperregion und Ausbreitung des Anfalls auf benachbarte Körperbezirke (March of convulsion).

Diagnose
- EEG: regionale Verlangsamungen
- cMRT: umschriebene anatomische Veränderungen.

Therapie fokaler Epilepsien
Wenn eine **kausale Therapie**, wie beispielsweise eine neurochirurgische Intervention oder Behandlung entzündlicher Prozesse, nicht möglich ist: **medikamentöse** Therapie mit Oxcarbazepin oder Sultiam.

Benigne Epilepsie mit zentrotemporalen Spikes

Synonym: Rolando-Epilepsie.

Definition
Sonderform der fokalen Epilepsie im Kindesalter mit Symptomatik im Mund-Hals-Bereich und guter Prognose.

Epidemiologie
Häufigste fokale Epilepsie im Kindesalter, Altersgipfel 2.–12. Lebensjahr, ♂:♀ = 2:1.

Ätiologie
Genetisch bedingte Epilepsieform, der Erbgang ist unklar.

Klinik
- Bei 90 % der Genträger keine Anfälle, **nur** charakteristische **EEG-Veränderungen**
- Selten treten meist einfach-fokale Anfälle auf
- Sie sind oft an den Schlaf gebunden
- **Hemifaziale Kloni** oder Myoklonien mit vorausgehend **somatosensorischen Erscheinungen** im Gesicht oder Mundbereich, **Hypersalivation**
- Unfähigkeit zu Sprechen bei vorhandenem Bewusstsein
- Sekundäre Generalisierung bei 40 %
- Gehäuft Teilleistungsschwächen
- Anfälle sistieren in der Pubertät.

Diagnose
EEG: Spikes oder Sharp waves v.a. über der Zentrotemporalregion.

Therapie
Sultiam als Medikament der ersten Wahl.

CHECK-UP

- ☐ Welche ist die häufigste fokale Epilepsie im Kindesalter?
- ☐ Beschreiben Sie die Anfallscharakteristik bei dieser Epilepsieform.
- ☐ Beschreiben Sie die charakteristischen EEG-Veränderungen bei Rolando-Epilepsie.
- ☐ Wie ist die Prognose der Rolando-Epilepsie?
- ☐ Welches Medikament wird hier eingesetzt?

Epileptische Enzephalopathien

West-Syndrom

Synonym: Blitz-Nick-Salaam-Anfälle (BNS).

Definition
Epilepsieform, die mit Anfällen charakteristischer klinischer Ausprägung einhergeht und mit einer ungünstigen Prognose verknüpft ist.

Epidemiologie
Altersgipfel 3.–8. Lebensmonat, ♂ > ♀.

Ätiologie
Sekundär bei Hirnschädigungen, familiäre Belastung.

Klinik

- **Blitzkrampf:** singuläre, generalisierte myoklonische Zuckung, Kopf- und Rumpfbeugung mit Abduktion und Flexion der Arme sowie Flexion von Hüfte und Knie
- **Nickkrampf:** plötzliche Beugung des Kopfs nach vorne ohne Extremitätenbeteiligung
- **Salaam-Krampf:** kurze tonische Beugung von Kopf, Rumpf und Armen aus dem Sitzen mit Zusammenführen der Hände vor der Brust
- Auftreten in Serien
- Die psychomotorische Entwicklung ist i.d.R. bereits vor Auftreten der Anfälle gestört
- Eine weitere Entwicklungsregression tritt bei fast allen Patienten auf.

Diagnose

- Anamnese
- EEG: interiktale **Hypsarrhythmie,** also eine kontinuierliche Folge hoher, irregulärer, langsamer Wellen, in die multifokal oder generalisiert polymorphe hypersynchrone Potenziale eingefügt sind
- cMRT: anatomisch-morphologische Veränderungen, neurometabolische oder degenerative Erkrankungen ausschließen.

Charakteristische Trias bei West-Syndrom:
- BNS-Anfälle
- Entwicklungsregression
- Hypsarrhythmie im EEG.

Therapie

- Schwer therapierbar
- Valproat, Vigabatrin und ACTH als Mittel der Wahl
- Prognose ungünstig, Rezidivneigung.

Lennox-Gastaut-Syndrom

Definition

Lennox-Gastaut-Syndrom (LGS): Epilepsieform, die bevorzugt bei Kindern mit einer vorbestehenden Hirnschädigung auftritt und mit einer insgesamt ungünstigen Prognose assoziiert ist.

Epidemiologie

Altersgipfel 2.–6. Lebensjahr, ♂ > ♀.

Ätiologie

Entwicklung aus BNS-Epilepsie möglich, häufig zugrunde liegende primäre Hirnschädigung.

Klinik

- Schwere **Hirnschädigung** mit Entwicklungsverzögerung
- Evtl. vorausgehende BNS-Anfälle
- Bunte Palette unterschiedlicher Anfallsformen
- Bevorzugtes Auftreten von **tonisch-astatischen** Anfällen
- Dämmerzustand: im Verlauf entsteht in 50 % der Fälle ein **Status**, der bis zu Wochen anhält.

Diagnose

EEG: Multiple Sharp waves mit sekundärer Generalisation sowie Slow-spike-wave-Komplexe.

Therapie

Auch bei optimaler Behandlung mit Valproat oder Ethosuximid ist eine Anfallsfreiheit nur in ⅓ der Fälle erreichbar.

Charakteristische Trias bei LGS:
- Tonische Sturzanfälle
- Generalisierte Slow-spike-wave-Komplexe
- Entwickungsretardierung.

CHECK-UP

- ☐ Nennen Sie den wichtigsten Risikofaktor für das Auftreten von BNS-Anfällen.
- ☐ Beschreiben Sie den typischen Ablauf von BNS-Anfällen.
- ☐ Wie heißt die typische EEG-Veränderung beim West-Syndrom und wie sieht sie aus?
- ☐ Welche klinische Trias charakterisiert das West-Syndrom?
- ☐ Welche Medikamente werden beim West-Syndrom eingesetzt?
- ☐ Wie ist die Prognose beim West-Syndrom einzuschätzen?

Besondere Formen der Epilepsie

Posttraumatische Epilepsie

Definition

Epilepsie durch strukturelle Veränderungen der Hirnsubstanz im Anschluss an ein Schädel-Hirn-Trauma (SHT).

Epidemiologie

5–10 % der Fälle mit SHT, Manifestation in den ersten 2 Jahren nach dem akuten Ereignis.

Risikofaktoren

- Offenes SHT
- Posttraumatische Spätanfälle nach der 1. Krankheitswoche
- Intrakranielle Blutungen
- Bewusstseinsstörung länger als 24 h
- Impressionsfraktur mit Duraeinriss
- Posttraumatische Amnesie länger als 24 h
- Schädelbasisfraktur
- Fokale hypersynchrone EEG-Aktivität.

Klinik

- Frühanfälle
  - 1. Krankheitswoche
  - Fokale Anfälle mit okulofaziobrachialer Betonung
- Spätanfälle
  - Nach der 1. Krankheitswoche
  - 60 % fokale Anfälle
  - 40 % generalisierte Anfälle.

Reflexepilepsien

Definition

Seltene Epilepsiesyndrome, die durch sensorische oder sensible Reize ausgelöst werden und in ihrem Anfallscharakter fokalen oder seltenen Grand-Mal-Anfällen entsprechen.

Ätiologie

- Fotogene Epilepsie: ausgelöst durch intermittierende Lichtreize z.B. Fahren durch eine Allee, Fernsehen, bei Kindern häufig Selbstinduktion als lustbetonte Anfälle
- Audiogene Epilepsie: ausgelöst durch akustische Reize, z.B. Musik
- Startle-Epilepsie: ausgelöst durch Schreckreiz, Anfälle mit myoklonischen Zuckungen oder tonischer Streckung.

Diagnose

EEG: keine spezifischen Veränderungen.

Therapie

- Vermeidungsstrategien
- Bei Notwendigkeit einer medikamentösen Therapie: Valproat.

Status epilepticus

Definitionen

Epileptische Serie: Anfallshäufung mit interiktaler Bewusstseinserlangung.
Epileptischer Status: Anfallshäufung, bei der der Patient das Bewusstsein interiktal nicht wiedererlangt.

Epidemiologie

3–8 % aller Patienten mit Epilepsie.

Ätiologie

Häufig symptomatische Epilepsie z.B. bei Hirntumoren, offenen Hirnverletzungen oder akuter Enzephalitis.

Klinik

Kontinuierliche Anfallsaktivität. Der Status epilepticus ist ein klinischer Notfall!

Therapie

Allgemeinmaßnahmen.

- Glukose 20 % 2–4 ml/kg KG
- Sauerstoffzufuhr.

Antikonvulsiva.

- Midazolam
- Diazepam
- Clonazepam
- Phenytoin
- Phenobarbital.

Gelegenheitsanfälle

Definition

Tonisch-klonische Anfälle, die am häufigsten bei Fieber und im Rahmen anderer Grunderkrankungen auftreten können.

Ätiologie

- Idiopathisch: z.B. Fieberkrämpfe des Kleinkindes
- Entzündlich: z.B. Meningitis

- Metabolisch: z.B. Hypoglykämie
- Toxisch: z.B. Azetylsalizylsäure
- Traumatisch: z.B. Hirndruck.

Fieberkrämpfe

Definition

Epileptische Gelegenheitsfälle ohne Hinweis auf zerebrale Ursache bei Fieber über 38 °C.

Epidemiologie

Häufigste neurologische Störung im Kindesalter. 2–4 % aller unter 5-Jährigen, Altersgipfel: 18 Monate, selten vor dem Alter von 9 Monaten oder nach dem Alter von 5 Jahren.

Ätiologie

- Fieber
- Alter
- Genetische Prädisposition: positive Familienanamnese.

Klinik

Einfacher Fieberkrampf. Kurzer (< 3 min), selbstlimitierender, generalisierter, tonisch-klonischer Anfall.

Komplizierter Fieberkrampf.

- Anfall dauert länger als 15 min
- Iktale oder postiktale fokale neurologische Symptome
- Mehr als zwei Anfälle pro Tag.

Diagnose

- Blutglukose, Elektrolyte
- Blutbild
- Infektionsparameter, Blutkulturen
- **Lumbalpunktion:** bei Säuglingen < 12 Monate oder bei Hinweis auf Meningitis.

Differenzialdiagnose

- Meningitis, Enzephalitis
- Andere Ursachen von Gelegenheitskrämpfen.

Therapie

Bei prolongiertem Anfall oder Status epilepticus

Notfalltherapie:

- Diazepam 5–10 mg rektal
- Lorazepam 0,05–0,1 mg/kg KG bukkal vor die Zahnreihe oder
- Midazolam intranasal.

Prognose

Rezidivrisiko 30 %. Epilepsierisiko 3 %.

Risikofaktoren.

- Entwicklungsverzögerung
- Komplizierte Fieberkrämpfe
- Positive Familienanamnese für Epilepsie.

CHECK-UP

- ☐ Bei welcher Altersgruppe treten Fieberkrämpfe bevorzugt auf?
- ☐ Nennen Sie die Kriterien des komplizierten Fieberkrampfs.
- ☐ In welchen Situationen ist eine Lumbalpunktion nach Fieberkrampf indiziert?
- ☐ Wie hoch ist das Rezidivrisiko nach erstem Fieberkrampf?
- ☐ Wie hoch ist das Epilepsierisiko bei einem Patienten mit Fieberkrämpfen?

Grundzüge der Epilepsiebehandlung

Die Behandlung (→ Tab. 19.2–19.4) erfordert ein umfassendes Betreuungskonzept. **Ziel: Anfallsfreiheit** bei guter Verträglichkeit der Medikamente.

- Nach eindeutiger Klassifikation des Anfallstyps zunächst Monotherapie bis Anfallsfreiheit erreicht ist oder Unverträglichkeitserscheinungen auftreten
- Bei Therapieversagen zunächst auf eine alternative Monotherapie ausweichen, dann Kombinationstherapie beginnen
- Therapiemaßnahmen **überwachen**: Anfallskalender und -protokoll, Medikamentenspiegel, EEG
- **Notfallmedikation** (bei Anfall > 3 min): Diazepam rektal 5–10 mg, Lorazepam 0,1 mg/

kg KG bukkal vor die Zahnreihe oder Midazolam intranasal
- **Neurochirurgische Therapie** in Einzelfällen umschriebener anfallsauslösender Herd, Therapieresistenz
- Ketogene Diät bei therapieresistenten Verläufen
- Wichtige **Allgemeinmaßnahmen:** geregelte Lebensführung, körperliche und geistige Überanstrengung meiden, ausreichend Schlaf, wenig Fernsehen
- Ausschleichen der Medikation in Abhängigkeit des vorliegenden Epilepsiesyndroms nach 2–5 Jahren, Anfallsfreiheit in einigen Fällen möglich.

Tab. 19.2 Therapiestrategien bei Epilepsien mit generalisierten Anfällen

Epilepsie	1. Schritt	2. Schritt	Weitere Schritte
Frühkindlich			
Grand Mal	Valproat	Bromid	Phenobarbital + Primidon
Absencen	Valproat	+ Ethosuximid	Lamotrigin
Myoklonisch-astatische Anfälle	Valproat	+ Ethosuximid	• Lamotrigin • Methosuximid
Schul-, Jugendalter			
Grand Mal	Valproat	Lamotrigin	• Phenobarbital + Primidon • Topiramat
Pyknolepsie	Valproat	+ Ethosuximid	Lamotrigin
Juvenile Absencen	Valproat	Lamotrigin	Ethosuximid
Juvenile myoklonische Epilepsie	Valproat	Lamotrigin	• Ethosuximid • Primidon • Topiramat

Tab. 19.3 Abkürzungen wichtiger Epilepsiemedikamente

ACTH	Adrenokortikotropes Hormon
ESM	Ethosuximid
LTG	Lamotrigin
MSX	Methosuximid
PB	Phenobarbital
PRM	Primidon
TPM	Topiramat
VPA	Valproat

Tab. 19.4 Therapiestrategien bei Epilepsien mit fokalen Anfällen

Epilepsie	1. Schritt	2. Schritt	Weitere Schritte
Symptomatische Epilepsie	**Oxcarbazepin**	• Oxcarbazepin • Valproat	Chirurgie
Idiopathische Epilepsie	Sultiam	• Clobazam • Valproat	Dexamethason
West-Syndrom (BNS)	Vigabatrin	• Valproat • ACTH	Topiramat
Lennox-Gastaut-Syndrom	Valproat	• Topiramat • Felbamat	• Lamotrigin • Methosuximid • Steroide

■ CHECK-UP

- ☐ Welches ist das Ziel der Epilepsiebehandlung?
- ☐ Worin besteht die Behandlung bei Therapieversagen?
- ☐ Wie überwachen Sie den Patienten unter antiepileptischer Therapie?
- ☐ Welche Möglichkeiten der Notfalltherapie bei epileptischem Anfall kennen Sie?
- ☐ Welche Reservetherapiemaßnahmen kommen für Patienten mit ausgeprägter Therapieresistenz in Betracht?

Erkrankungen mit anfallsähnlichen Erscheinungen

Affektkrämpfe

Definition
Bewusstlosigkeit, Tonusverlust und selten tonischer Anfall durch Hypoxie infolge affektbedingter Auslöser.

Epidemiologie
5 % der Kinder zwischen 6 Monaten und 5 Jahren.

Klinik
Zunächst auslösendes Moment wie Schreck oder Wut.

Zyanotischer Affektkrampf.
- Pressendes Schreien
- Anhalten des Atems
- Zyanose
- Bewusstlosigkeit mit Sturz zu Boden
- Sinusbradykardie
- Dauer etwa 0,5 min
- Postiktale Müdigkeit.

Blasser Affektkrampf.
- Schreiphase kurz oder fehlend
- Ausgeprägte Bradykardie oder Asystolie
- Blässe
- Bewusstseinsverlust, Sturz
- Tonische Phase
- Postiktale Müdigkeit.

Diagnostik
EKG, um Long-QT-Syndrom auszuschließen.

Therapie
- Umfassende Aufklärung der Eltern über die Gutartigkeit der Anfälle
- Erzieherische und psychologische Maßnahmen
- Atropin bei schweren blassen Anfällen.

Pavor nocturnus

Definition
Nächtliches Aufschrecken mit Angstsymptomatik.

Klinik
- Aufschrecken aus ruhigem Schlaf, meist vor Mitternacht: Kind sitzt im Bett, schreit, starrt ein imaginäres Objekt an, hat Angst und ist motorisch unruhig
- Unterbrechung des Angstzustands durch Wecken
- Anfallsdauer: mehrere Minuten.

Differenzialdiagnose
Frontallappenanfälle, die typischerweise nicht länger als 1 min dauern.

Erkrankungen mit Leitsymptom Kopfschmerzen

Definition
Komplexe Sinnesempfindung mit starker seelischer Komponente durch Erregung von Schmerzrezeptoren, bei der es häufig zur Beteiligung weiterer sensorischer Sinne kommt.

Epidemiologie
Episodische Kopfschmerzen bei 33 % der 7-Jährigen und 54 % der 15-Jährigen.

Ätiologie
Primäre Kopfschmerzerkrankungen:

- Keine pathologischen Befunde in den üblichen klinisch-apparativen Untersuchungsverfahren
- Z.B. Migräne, Spannungs-, Clusterkopfschmerz.

Sekundäre Kopfschmerzerkrankungen: kausale Zusammenhänge zu pathologischen Befunden nachweisbar, z.B. SHT, Tumoren, Gefäßstörungen, Infektionen, Stoffwechselerkrankungen.

Klassifikation

→ Tab. 19.5.

Differenzialdiagnose

→ Tab. 19.5.

Migräne

Definition

Rezidivierende Kopfschmerzen mit oder ohne Aura und einer Dauer zwischen 2 und 48 h.

Epidemiologie

Wichtigste und häufigste Ursache des pädiatrischen Kopfschmerzes.

Tab. 19.5 Klassifikation und Differenzialdiagnose von Kopfschmerzen

Akuter generalisierter Kopfschmerz	• ZNS-Beteiligung bei systemischen Erkrankungen (40 %) • Exazerbierter Spannungskopfschmerz (20 %) • Schädel-Hirn-Trauma (10 %) • Intrakranielle Gefäßanomalien (5 %) • Hypertone Blutdruckkrisen (5 %) • Subarachnoidalblutung • Sinusvenenthrombose
Akuter umschriebener Kopfschmerz	• Sinugen • Otogen • Dentogen • Okulär
Akuter rezidivierender Kopfschmerz	• Pseudotumor cerebri • Sinusvenenthrombose • Hydrozephalus • Hirntumor • Posttraumatische Hirnblutung • Hirnabszess
Chronischer nichtprogredienter Kopfschmerz	• Spannungskopfschmerz • Medikamenteninduzierter Kopfschmerz

Ätiologie

- Familiäre Belastung bei mindestens 70 % der Fälle
- Konstitutionelle Störung der Neurotransmission.

Klinik

Begleitsymptome:
- Übelkeit
- Erbrechen
- Fono-, Fotophobie.

Migräne ohne Aura (75 %). Wiederkehrende Kopfschmerzattacken, die 2 bis 48 h anhalten und mindestens zwei der folgenden Charakteristika aufweisen:
- Einseitige Lokalisation
- Pulsierender Schmerzcharakter
- Einschränkung der Leistungsfähigkeit
- Verstärkung durch körperliche Belastung.

Migräne mit Aura (25 %). Biphasischer Verlauf. Zunächst fokal neurologische Zeichen einer Aura, dann akute Kopfschmerzattacke.

Diagnose

- Anamnese
- Schmerzcharakterisierung
- Allgemeinpädiatrische und neurologische Untersuchung
- Kopfschmerzkalender
- Blutdruckmessung
- Augenärztliche, HNO- und zahnärztliche Untersuchung
- EEG
- Transkranielle Dopplersonografie der hirnversorgenden Gefäße
- cMRT.

> Erst nach der ausführlichen Kopfschmerzanamnese und Untersuchung sollte eine gezielte weiterführende Diagnostik zum Ausschluss von sekundären Kopfschmerzursachen erfolgen.

Therapie

Frühzeitig und ausreichend hoch dosierte Behandlung nach Stufenschema (→ Abb. 19.4).

Symptomatische Kopfschmerzen

Ätiologie

- Hirndrucksteigerung z.B. bei Tumoren
- Entzündung z.B. Sinusitis, Meningitis, zerebraler Abszess

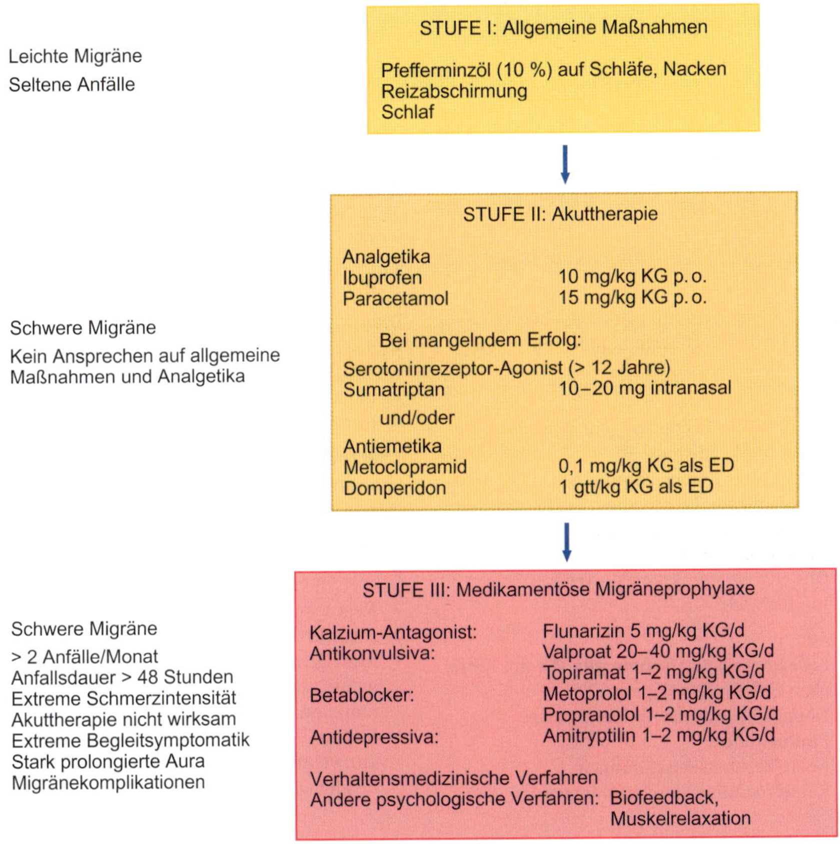

Abb. 19.4 Stufentherapie der Migräne

- Subdurales Hämatom
- Arteriovenöse Malformation
- Hypertensive Enzephalopathie
- Subarachnoidalblutung.

Klinik

- Zunächst sporadisch auftretende Schmerzen
- Typischerweise in den frühen Morgenstunden
- Schmerzverstärkung durch intrakranielle Drucksteigerung bei Niesen, Husten, Pressen
- **Frühmorgendliches Nüchternerbrechen** ist ein charakteristisches Kennzeichen für Hirndruck.

Diagnose

- Anamnese
- Körperliche und neurologische Untersuchung
- Fundusspiegelung
- cMRT mit Kontrastmittel.

Therapie

Grunderkrankung behandeln.

CHECK-UP

- ☐ Nennen Sie die häufigste Ursache des pädiatrischen Kopfschmerzes.
- ☐ Welche ätiologischen Faktoren zur kindlichen Migräne kennen Sie?

- ☐ Beschreiben Sie die Schmerzcharakteristik bei Migräne ohne Aura.
- ☐ Wann leiten Sie bei einem Kind mit rezidivierenden Kopfschmerzen welche diagnostischen Maßnahmen ein?
- ☐ Welche Therapiemaßnahmen werden bei kindlichen Kopfschmerzen durchgeführt?

Pseudotumor cerebri

Synonym: idiopathische intrazerebrale Hypertonie.

Definition

Klinisches Syndrom mit intrakranieller Drucksteigerung und normalem Liquor- und Ventrikelbefund.

Ätiologie

- Metabolische Erkrankungen: Adipositas, Hypoparathyreoidismus
- Infektionen: Röteln, chronische Otitis media
- Medikamente: Tetrazykline, Kortikosteroide
- Hämatologische Erkrankungen: Polyzythämie, Eisenmangelanämie
- Obstruktion intrakranieller venöser Sinus
- Idiopathisch.

Klinik

- Leitsymptom **Kopfschmerzen**, die mit Erbrechen einhergehen können
- Doppelbilder durch Abduzensparese
- **Papillenödem**
- Keine Bewusstseinsstörungen
- Keine kognitive Einschränkungen
- Neurologische Herdsymptome sprechen gegen die Diagnose Pseudotumor cerebri.

Diagnose

- Augenärztliche Untersuchung: Papillenödem
- cMRT mit Kontrastmittel
- Liquorpunktion: erhöhter Liquordruck im Liegen, biochemisch normaler Befund.

Therapie

Grunderkrankung ausschließen oder ggf. therapieren. Meist selbstlimitierend, die diagnostische **Liquorpunktion** führt bereits zur Druckentlastung.

Bei Persistenz stufenweises Vorgehen:

- Kein Visusverlust: Gewichtsreduktion, Azetazolamid
- Mittelgradiger Visusverlust ohne rasche Progredienz: zusätzlich wiederholte Lumbalpunktionen
- Schwerer Visusverlust und rasche Progredienz: ventrikuloperitonealer Shunt wegen drohender Optikusatrophie.

CHECK-UP

- ☐ Nennen Sie Risikofaktoren für das Auftreten eines Pseudotumor cerebri.
- ☐ Welche Befunde sind für die Diagnosestellung entscheidend?
- ☐ Welche therapeutischen Maßnahmen kommen zum Einsatz?

Vaskuläre ZNS-Erkrankungen

Arteriovenöse Malformationen

Definition

Arteriovenöse Malformationen (AVM): Kongenitale Fehlbildungen des arteriokapillären Gefäßbetts.

Epidemiologie

Prävalenz 0,5 %.

Klinik

Häufigste Initialsymptome sind:

- Akute Hirnblutungen bei 75 %
- Epileptische Anfälle bei 15 %
- Rezidivierende Kopfschmerzen
- Neurologische Ausfälle bei 5 %.

Wiederholungsrisiko: 25 % in 5 Jahren.

Therapie
Operative Ausschaltung der AVM, Embolisation.

Zerebrale kavernöse Malformationen

Definition
Zerebrale kavernöse Malformationen (CCM): multiple, sinusoidal erweiterte vaskuläre Räume, die von einer einfachen Epithelschicht begrenzt werden.

Epidemiologie
Prävalenz 0,5 %.

Klinik
- Initialsymptom häufig **fokale epileptische Anfälle**
- Unspezifische Kopfschmerzen
- Schwindel
- Zunehmende neurologische Ausfallserscheinungen
- Selten Blutungen.

Diagnose
- cMRT: typische Läsion mit gemischter Signalintensität und Verkalkungen
- MR-Angiografie
- Invasive Angiografie.

Therapie
Mikrochirurgische Kavernomentfernung.

Aneurysmen

Definition
Umschriebene Gefäßerweiterungen.

Epidemiologie
Prävalenz 4 %, 0,5–3 % werden bis zum 20. Lebensjahr symptomatisch.

Ätiologie
Kongenitale anlagebedingte Schwäche der Tunica media.

Klinik
Häufigstes Initialsymptom ist die akute Aneurysmaruptur mit **Subarachnoidalblutung** (80 %).
- Plötzlich stärkste Kopfschmerzen
- Nackensteifigkeit
- Hirnnervenlähmungen
- Bewusstseinsstörungen
- Koma.

Sekundäre Ischämie durch Vasospasmen.

Diagnose
- Umgehend CT-Schädel bei Blutungsverdacht
- MR-Angiografie
- Invasive Angiografie.

Therapie
Frühzeitige mikrochirurgische Clippung, um Nachblutungen zu vermeiden.

Ischämische und zerebrale Insulte

Definition
Regionale oder globale Minderdurchblutung des Gehirns durch einen embolischen oder thrombotischen Verschluss einer Hirnarterie.

Epidemiologie
2,5:100.000.

Ätiologie
- Kardiogen bei primären Herzerkrankungen
- Gefäßerkrankungen
- Hämatologische Erkrankungen
- Gerinnungsstörungen
- Angeborene Stoffwechselerkrankungen
- Infektionen.

Klinik
In Abhängigkeit vom betroffenen Gefäßterritorium treten akute neurologische Defizite verschiedener Ausprägung auf:
- Hemiparese
- Hemianopsie
- Ataxie, Schwindel.

Diagnose
- CT-Schädel, um Blutung auszuschließen
- cMRT
- MR-Angiografie
- Kardiologische Diagnostik
- Gerinnungsuntersuchungen.

Therapie
Allgemeinmaßnahmen:
- Hypoxie vermeiden
- Blutdruck stabilisieren
- Herzrhythmusstörungen behandeln.

Primäre Antikoagulation:
- Heparin
- Anschließend orale Antikoagulation mit Cumarinderivaten
- Systemische Fibrinolysetherapie mit rtPA
- Dauerprophylaxe mit Azetylsalizylsäure.

Sinus- und Hirnvenenthrombose

Definition
Verschlüsse intrazerebraler venöser Gefäße, die zu einer schleichenden neurologischen Symptomatik führen.

Epidemiologie
Wesentlich seltener als arterielle Verschlüsse.

Risikofaktoren
- Akute Dehydratation
- Zyanotische Herzvitien
- Nephrotisches Syndrom
- Schädel-Hirn-Trauma
- Leukämien
- Zentrale Venenkatheter.

Klinik
- Subakuter oder schleichender Beginn
- Bei hämorrhagischer Infarzierung fokale neurologische Ausfälle wie zentrale Paresen, Hemianopsie, Aphasie
- **Hirndruckzeichen:** Kopfschmerzen, Bewusstseinsstörungen, Stauungspapille, Abduzensparese.

Septische Sinus-cavernosus-Thrombose. Chemosis, Exophthalmus, hohes Fieber, Hirnnervenläsionen II–VI.

Diagnose
- CT-Schädel: nach Kontrastmittelgabe Empty-delta-Zeichen
- cMRT
- MR-Angiografie.

Therapie
- Im Akutstadium systemische Heparinisierung
- In schweren Fällen endovaskuläre Fibrinolyse.

Infantile Zerebralparesen

Definition
Infantile Zerebralparesen (ZP): Symptomenkomplex von Enzephalopathien, die durch eine neurologisch klar definierbare Störung der motorischen Funktion (Spastik, Ataxie, Dyskinesie) und durch häufig assoziierte zusätzliche Störungen (Lernbehinderung, Epilepsie) gekennzeichnet sind.

Epidemiologie
2:1.000 Lebendgeburten. Bei Geburtsgewicht unter 1.500 g: etwa 60:1.000 Lebendgeburten.

Ätiologie
- Bilaterale ZP: häufig hypoxisch-ischämisch
- Spastische konnatale Hemiparese beim Reifgeborenen: Infarkte der A. cerebri media, periventrikuläre Gliosen
- Spastische Hemiparesen des Frühgeborenen: porenzephale periventrikuläre Marklagerreduktion nach intraventrikulärer Blutung
- Dyskinetische ZP: hypoxisch-ischämische Läsion des Thalamus und der Basalganglien
- Athetotische ZP: neonatale Hyperbilirubinämie mit Kernikterus
- Ataktische ZP: unklare Ursache.

Klinik
Bilaterale spastische ZP.
- Schwere motorische Behinderung
- Beinbetonte Formen (60 %) und komplette spastische Tetraparesen (30 %)
- Kein freies Gehen mit 5 Jahren
- Zehenspitzengang
- Motorische Sekundärprobleme: Hüftkontrakturen und -luxationen
- Skoliosen
- Geistige Behinderung
- Zentrale Sehstörung.

Spastische konnatale Hemiparese.
- Selten schwere motorische Behinderung
- Armbetont, beinbetont oder beide gleichmäßig betroffen
- Meist normales Gehen, seltener Hinken
- Keine wesentliche Beeinträchtigung der geistigen Entwicklung
- Epilepsie in 30 % der Fälle.

Dyskinetische ZP.
- Motorisch meist sehr schwere Behinderung
- Häufig spastische Komponente
- Dystonie der Hände
- Dyskinetische Bewegungsstörung
- Häufig gute kognitive Funktion.

Ataktische ZP.
- Stets retardierte motorische Entwicklung
- Mehr als 10 % erlernen das freie Gehen nicht
- Geistige Behinderung in 65 % der Fälle
- Sehstörungen in 50 % der Fälle
- Epilepsie in 25 % der Fälle.

Diagnose
- Die Diagnose wird v.a. **klinisch** gestellt:
  - Lähmungsbild
  - **Babinski positiv**
  - **Gesteigerte Muskeleigenreflexe**
- Schädelsonografie, cMRT: periventrikuläre Leukomalazie, multizystische Enzephalopathie, Blutungen?
- EEG: West-Syndrom?
- Gerinnungsdiagnostik
- Chromosomenanalyse bei Lissenzephalie
- Regelmäßige Entwicklungsdiagnostik
- Psychologische Testung
- Seh- und Hörprüfung.

Therapie
Umfassendes, **interdisziplinäres** Betreuungskonzept:
- Physio-, Ergotherapie, Logopädie, Frühförderung, Heilpädagogik
- Orthopädische Hilfsmittel
- Operativ: Kontrakturlösung
- Medikamentös: Botulinumtoxin, Baclofen.

CHECK-UP
- ☐ Wie ist die infantile ZP definiert?
- ☐ Welche Formen der infantilen ZP kennen Sie?
- ☐ Welche Ursache der infantilen ZP ist besonders häufig?
- ☐ Welche diagnostischen Maßnahmen gehören zur Abklärung bei V.a. infantile ZP?
- ☐ Nennen Sie wichtige Säulen der Therapie bei infantiler ZP.

Erkrankungen des extrapyramidalen Systems

Primäre Torsionsdystonie

Definition
Primäre Torsionsdystonie (PTD): sporadisch auftretende oder hereditär bedingte Erkrankung mit progredienter generalisierter dystoner Symptomatik.

Epidemiologie
4:100.000.

Klinik
- Manifestation um das 5. Lebensjahr mit **dystoner Fehlhaltung** einer distalen, meist unteren Extremität
- Im Endstadium: Fixierung der Fehlhaltung und Immobilität des Patienten.

Diagnose
- Psychogene Symptomatik
- Dopa-sensitive Dystonie und Morbus Wilson ausschließen.

Therapie
- Therapieversuch mit L-Dopa oder Trihexyphenidyl
- Bei Therapieresistenz frühzeitig tiefe Hirnstimulation der Basalganglien.

Dopa-responsive Dystonie

Definition
Dopa-responsive Dystonie (DRD): autosomal-dominant vererbte Erkrankung, die sich in einer variablen dystonen Symptomatik mit charakteristischer Verstärkung im Tagesverlauf äußert.

Klinik
Häufig Manifestation im 5. Lebensjahr mit **dystoner**, belastungsabhängiger, am Abend zunehmender **Gangstörung**.

Diagnose
- Anamnese
- Klinische Untersuchung
- cMRT
- Liquoruntersuchung: Pterine und biogene Amine erniedrigt
- Diagnose sichern durch Besserung der klinischen Symptomatik auf L-Dopa-Gabe
- Mutationsanalyse.

Therapie
L-Dopa 50–100 mg/d und Carbidopa führen zu rascher Besserung der Symptomatik.

Chorea Huntington

Definition
Autosomal-dominant vererbte Erkrankung mit choreatischen Dyskinesien, zunehmender Rigidität, Bradykinesie und progredientem intellektuellen Abbau.

Epidemiologie
8:100.000.

Klinik
- Intellektueller Abbauprozess mit Bradykinesie
- Später choreatiforme Hyperkinesien
- Myokloni
- Zerebrale Anfälle
- Progredienter Verlauf.

Diagnose
- cMRT: Verkleinerung der Basalganglien, Hirnatrophie
- Molekulargenetik.

Therapie
Keine kasuale Therapie verfügbar.

Tics

Definition
In unregelmäßigen Abständen wiederkehrende, unwillkürlich auftretende, umschriebene Zuckungen in einer oder mehreren Körperregionen.

Epidemiologie
Altersgipfel 8–10 Jahre, 10 % der 8-Jährigen, ♂:♀ = 3:1.

Klinik
- Vorwiegend im Gesicht: Zwinkertics (80 %)
- Schulter-, Extremitäten-, Räuspertics
- Schulschwierigkeiten, Sprachstörungen
- Sonderform **Gilles-de-la-Tourette-Syndrom:** Generalisierte Tic-Krankheit mit multiplen motorischen und Phonationstics.

Diagnose
Anamnese und Beobachtung des Patienten.

Differenzialdiagnose
- Verschiedene Tremorformen
- Choreatische Erkrankungen
- Myoklonien
- Torsionsdystonie
- Zerebrale Anfälle
- Motorische Zwangsphänomene.

Therapie
- Medikamentös: Tiaprid, Pimozid oder Butyrophenonderivate zu 80 % erfolgreich, nach Absetzen jedoch häufig Rezidive
- Verhaltenstherapie
- Beratung der Eltern
- Bei ausgeprägten Fällen tiefe Hirnstimulation.

Erkrankungen des Kleinhirns

Kleinhirnagenesie und -hypoplasie

Definition
Vollständiges Fehlen des Kleinhirns oder Entwicklungsstörung einzelner Kleinhirnanteile, der Kleinhirnhemisphären oder des Kleinhirnwurms.

Klinik
- Leitsymptom der Kleinhirnerkrankung: **Ataxie**
- Bei vollständiger Kleinhirnagenesie bereits im Säuglingsalter zusätzlich Muskelhypotonie, abgeschwächte Muskeleigenreflexe, alternierende Hyperpnoe und Apnoe
- Mentale Retardierung.

Diagnose
cMRT.

Therapie
Symptomatisch: Physiotherapie, Frühförderung.

Arnold-Chiari-Anomalie

Definition
Fehlbildung des Kleinhirns und des Hirnstamms mit Dislokation und Verformung.

Klassifikation
Dysrhaphische Störung, die häufig mit einem Hydrocephalus occlusus einhergeht.
- Typ I: symmetrische oder asymmetrische Verlagerung der Kleinhirntonsillen in das Foramen occipitale magnum
- Typ II: Verlagerung von Teilen des Kleinhirnwurms in den Spinalkanal, eigentliches Arnold-Chiari-Syndrom
- Typ III: extrakranielle Verlagerung des Kleinhirns in eine subokzipitale Zele.

Klinik
Durch Abwinklung des Hirnstamms Hirnnervenfunktionsstörungen, vegetative Dysregulation. Verlagerung des IV. Ventrikels → Hydrocephalus occlusus.

Diagnose
cMRT.

Therapie
Symptomatisch: Physiotherapie, Frühförderung.

Dandy-Walker-Syndrom

Definition
Partielle oder komplette Vermisagenesie.

Klinik
- Prominentes Okziput
- Hirnnervenfunktionsstörungen
- Nystagmus, Rumpfataxie
- Sehr häufig chronisch-progredienter Hydrozephalus und Intelligenzminderung.

Diagnose
cMRT.

Therapie
Symptomatisch: Physiotherapie, Frühförderung. Drainage des Ventrikelsystems.

Autosomal-rezessive Ataxie

Synonym: Friedreich-Ataxie.

Definition
Autosomal-rezessiv vererbte Erkrankung, die zu einer Degeneration der Hinterstränge, der spinozerebellären Bahnen und des Tractus corticospinalis der Pyramidenbahn führt.

Epidemiologie
1:50.000.

Klinik
- Manifestation meist vor dem 10. Lebensjahr
- Progrediente **Gangataxie**, **Dysarthrie**, **Hohlfuß**, vorwiegend sensorische **Neuropathie**
- Muskeleigenreflexe erloschen, Pyramidenbahnzeichen positiv
- Im Verlauf Nystagmus, Optikusatrophie, Skoliose
- Herzversagen durch **hypertrophe Kardiomyopathie** im frühen Erwachsenenalter.

Diagnose
- Periphere sensible Nervenaktionspotenziale: charakteristische Amplitudenreduktion
- Sensible Nervenleitgeschwindigkeit: diskrete Verlangsamung
- MRT-Spinalkanal und -Schädel: Atrophie des Rückenmarks, zerebelläre Atrophie, Hirnstammatrophie
- Molekulargenetik.

Rett-Syndrom

Definition
X-chromosomal vererbte Erkrankung, die v.a. bei Mädchen zu einer psychomotorischen Retardierung führt.

Epidemiologie
Nach der Trisomie 21 häufigste Form der mentalen Retardierung bei ♀.

> Bei jedem Mädchen mit mentaler Retardierung sollte ein Rett-Syndrom ausgeschlossen werden.

Klinik
Zunächst unauffällige Entwicklung, dann:
- Muskuläre Hypotonie
- **Verlust erworbener Funktionen**, besonders beim sinnvollen Gebrauch von Händen und Sprache
- Dezeleration des Kopfwachstums
- **Autistische** Verhaltensmuster
- **Waschende, knetende Handbewegungen**
- Epilepsie bei 60 % der Mädchen
- Häufig Verlust der Gehfähigkeit in der Adoleszenz.

Diagnose
Diagnosekriterien.
- Mädchen aus gesunder Familie
- Normale prä-, postnatale und frühkindliche Entwicklung

- Dezeleration des Schädelwachstums
- Regression des Verhaltens sowie sozialer und psychomotorischer Funktionen
- Handstereotypien
- Gangdyspraxie.

Diagnose. Diagnosekriterien, cMRT, EEG, Mutationsanalyse.

Therapie

- Keine kausale Therapie möglich
- Sultiam bei Epilepsie
- Botulinumtoxin bei Kontrakturen.

CHECK-UP

- ☐ Welches Geschlecht ist beim Rett-Syndrom bevorzugt betroffen?
- ☐ Beschreiben Sie die klinischen Symptome beim Rett-Syndrom.
- ☐ Wie sichern Sie die Diagnose des Rett-Syndroms?

Neurokutane Syndrome

Neurofibromatose Typ 1

Synonym: Morbus Recklinghausen.

Definition

Neurofibromatose Typ 1 (NF1): autosomal-dominant vererbte Erkrankung mit pathognomonischem Auftreten von Café-au-Lait-Flecken, Neurofibromen, Lisch-Knötchen.

Epidemiologie

1:3.000–1:4.000.

Klinik

- **Café-au-Lait-Flecken,** Durchmesser 0,5–20 cm
- Sommersprossenartige Pigmentierungen der Achseln und inguinal
- Im Verlauf Entwicklung von **Neurofibromen**
- **Lisch-Knötchen** als für NF1 pathognomonische Irishamartome
- Skoliose
- Lernschwierigkeiten.

Komplikationen. Maligne Entartung der plexiformen Neurofibrome und erhöhtes Risiko für andere maligne Erkrankungen wie Neurofibrosarkom, myeloische Leukämie, Rhabdomyosarkom und Optikusgliom.

> Mehr als sechs Café-au-Lait-Flecken (präpubertär: Durchmesser < 5 mm, postpubertär: Durchmesser > 15 mm) weisen mit hoher Wahrscheinlichkeit darauf hin, dass eine NF1 vorliegt.

Diagnose

Diagnosekriterien.

- Mindestens sechs Café-au-Lait-Flecken
- Mindestens zwei Neurofibrome
- Sommersprossenartige Pigmentierung der Achseln oder Inguinalregion
- Optikusgliom
- Lisch-Knötchen
- Keilbeinflügeldysplasie oder Verkrümmung der langen Röhrenknochen
- Verwandter ersten Grades mit gesicherter NF1.

Weitere diagnostische Maßnahmen.

- EEG
- Psychologische Testung
- Röntgen-Achsenskelett
- Ophthalmologische Untersuchung.

Therapie

Symptomatisch: chirurgische Exzision großer Neurofibrome.

Neurofibromatose Typ 2

Definition

Neurofibromatose Typ 2 (NF2): autosomal-dominant vererbte Erkrankung mit Auftreten bilateraler Tumoren des VIII. Hirnnervs (Vestibularis-Schwannome).

Epidemiologie

1:30.000.

Klinik

- Betrifft Jugendliche und Erwachsene
- Bilaterale **Tumoren des VIII. Hirnnervs** sind charakteristisch, hierdurch progrediente

Hörminderung bis Ertaubung, **Tinnitus**, **Schwindel**
- Im Verlauf **Meningeome**
- Subkapsuläre posteriore **Katarakte** häufig schon im Kindesalter.

Diagnose

Diagnosekriterien. Bilateraler Tumor des VIII. Hirnnervs **oder** Verwandter ersten Grades mit gesicherter NF2 **und** unilateraler Tumor des VIII. Hirnnervs oder zwei der folgenden Symptome:
- Neurofibrom
- Meningeom
- Gliom
- Schwannom
- Juvenile posteriore subkapsuläre Linsentrübung.

Weitere diagnostische Maßnahmen.
- Ophthalmologische Untersuchung
- HNO-ärztliche Untersuchung
- Audiometrie
- cMRT.

Therapie

Symptomatisch: Operative Entfernung der Schwannome.

Tuberöse Hirnsklerose

Synonym: Morbus Bourneville-Pringle.

Definition

Autosomal-dominant vererbtes neurokutanes Syndrom mit Angiofibromen des Gesichts, epileptischen Anfällen, mentaler Retardierung.

Epidemiologie

1:20.000.

Klinik

- **Epileptische Anfälle** oft schon im Säuglingsalter
- Psychomotorische **Retardierung**
- Blattförmige **Hautdepigmentierungen** mit gezacktem Rand (White spots)
- Faziale **Angiofibrome**
- Sub- oder periunguale Fibrome.

Diagnose

Dermatologische und ophthalmologische Untersuchung, cMRT.

Therapie

- Langfristige antikonvulsive Therapie, z.B. mit Vigabatrin
- Laserchirurgische Abtragung von Angiofibromen.

Sturge-Weber-Syndrom

Definition

Erkrankung mit meningofazialer Angiomatose und zerebralen Verkalkungen.

Epidemiologie

1:50.000.

Klinik

- Meist einseitiger **Naevus flammeus** im Innervationsgebiet des N. trigeminus
- Bei okulärer Beteiligung evtl. Glaukom
- **Epileptische Anfälle**
- Mentale Retardierung.

Diagnose

- EEG
- Ophthalmologische Untersuchung
- cMRT: parietookzipital betonte kortikale Atrophie mit gyriformen Verkalkungen.

Therapie

Antikonvulsive Behandlung: medikamentös oder neurochirurgisch in Abhängigkeit von der Lokalisation der zerebralen Veränderungen.

Klippel-Trénaunay-Syndrom

Definition

Erkrankung mit klassischer Befundtrias:
- Kapilläre Malformation
- Hypertrophie von Knochen und/oder Weichteilen
- Varikose.

Klinik

- **Naevus flammeus** meist einseitig an unterer Extremität
- An gleicher Extremität **Hypertrophie** von Weichteil- oder Knochengewebe
- Weitere **Gefäßfehlbildungen**.

Therapie

Symptomatisch:
- Bei Beinlängendifferenz orthopädische Behandlung
- Chirurgische Intervention
- Sklerosierungsbehandlung.

Hippel-Lindau-Syndrom

Definition

Autosomal-dominant vererbte Erkrankung mit Ausbildung multipler gut- und bösartiger Tumoren.

Klinik
Manifestation im 2.–3. Lebensjahrzehnt mit akuten **Sehstörungen** und **zerebellären Symptomen**: Hämangioblastome der Retina oder des Kleinhirns. Multiple gut- und bösartige Tumoren: Phäochromozytome, Nierenzellkarzinome.

Diagnose
- Ophthalmologische Untersuchungen
- Sonografie, cMRT
- Katecholamine im Urin
- Mutationsanalyse.

Therapie
In der Regel chirurgisch.

CHECK-UP

- ☐ Wie wird die NF1 vererbt?
- ☐ Nennen Sie die klinischen Leitsymptome der NF1.
- ☐ Welche Tumorform findet sich typischerweise bei der NF2?
- ☐ Nennen Sie die klinischen Symptome der tuberösen Hirnsklerose.
- ☐ Wie erkennen Sie ein Sturge-Weber-Syndrom?

Erkrankungen des Rückenmarks

Syringomyelie

Definition
Entwicklungsstörung des Rückenmarks als dysrhaphische Fehlbildung mit blastomatöser Komponente.

Pathogenese
Fehlerhafter Schluss des Neuralrohrs mit Störung der Bildung der dorsalen Raphe → blastomatöse Gliawucherung und regressive Gewebsveränderungen mit Höhlenbildung v.a. in Hals- und Brustmark.

Klinik
- **Leitsymptom: dissoziierte Sensibilitätsstörung**, d.h. halbseitiger Ausfall von Schmerz- und Temperaturempfinden bei erhaltener Oberflächensensibilität
- Trophische Störungen an den Händen
- Rapid fortschreitende Skoliose.

Diagnose
MRT-Spinalkanal.

Therapie
Chirurgisch.

Tethered cord

Definition
Verdickung und nach distal verlagerte Anheftung des Filum terminale.

Ätiologie
Störung der Embryonalentwicklung.

Klinik
- **Mittellinienhautveränderungen:** Neuroporus, Lipom, Haarbüschel
- Asymmetrisches Längenwachstum von Fuß oder Bein
- Muskelatrophien
- Blasenfunktionsstörungen
- Fortschreitende Skoliose
- Diffuse Schmerzen der unteren Extremitäten.

Diagnose
- Sonografie-Spinalkanal
- Röntgen-Wirbelsäule, MRT-Spinalkanal.

Therapie
Chirurgische Durchtrennung des verdickten Filum terminale.

CHECK-UP

- ☐ Worum handelt es sich bei der Syringomyelie?
- ☐ Beschreiben Sie das klinische Leitsymptom der Syringomyelie.
- ☐ Was lässt Sie bei der klinischen Untersuchung an ein Tethered cord denken?

Koma

Definition
Zustand tiefster Bewusstlosigkeit unterschiedlicher Ätiologie, der durch verbale, sensorische und physikalische Reize nicht zu unterbrechen ist.

Ätiologie
- Schädel-Hirn-Trauma, intrazerebrale Blutung, Ischämie, Raumforderung
- Meningitis, Enzephalitis
- Diabetische Ketoazidose, Hyperinsulinismus
- Angeborene Stoffwechselerkrankungen
- Elektrolytentgleisungen
- Intoxikation
- Akutes oder chronisches Leberversagen
- Hämolytisch-urämisches Syndrom
- Epilepsie
- Reye-Syndrom.

Klinik
- Leitsymptom: **schwere Bewusstseinsstörung**
- Bei Hirndruck häufig seitendifferente Pupillen oder einseitig lichtstarre Pupille.

Diagnose
- Anamnese
- Klinische Untersuchung, Bewusstseinszustand mit Glasgow coma scale quantifizieren (→ Tab. 19.6, Tab. 19.7)
- Laboruntersuchungen
- Apparative Untersuchungen.

Tab. 19.6 Glasgow coma scale für Kinder unter 3 Jahren

Reaktionen	Punkte
Augen öffnen	
Spontan	4
Auf Anruf	3
Auf Schmerzreiz	2
Nicht	1
Verbale Antwort	
Lautiert	5
Reizbar	4
Weint bei Schmerzreizen	3
Stöhnt bei Schmerzreizen	2
Keine	1
Motorische Antwort	
Normale Spontanmotorik	6
Enzieht sich der Berührung	5
Entzieht sich bei Schmerz	4
Pathologische Beugung	3
Strecksynergismen	2
Keine	1

Tab. 19.7 Glasgow Coma Scale für Kinder über 3 Jahren

Reaktionen	Punkte
Augen öffnen	
Spontan	4
Auf Anruf	3
Auf Schmerzreiz	2
Nicht	1
Verbale Antwort	
Orientiert	5
Verwirrt	5
Inadäquate Wörter	3
Unspezifische Laute	2
Keine	1
Motorische Antwort	
Befolgt Aufforderungen	6
Gezielte Abwehr	5
Normale Beugung	4
Pathologische Beugung	3
Strecksynergismen	2
Keine	1

Therapie
- Vitalfunktionen sichern
- Grunderkrankung behandeln
- Überwachung: Monitoring, regelmäßige neurologische Untersuchungen, Blutgasanalyse, Sauerstoffsättigung im Blut, Ausscheidungsbilanzierung, Laborkontrollen, kontinuierliche Hirndruckmessung bei erhöhtem Hirndruck
- Supportivmaßnahmen: Verhinderung von Druckulzera, physiotherapeutische Maßnahmen, Stressulkus-, Thromboseprophylaxe.

CHECK-UP

- ☐ Wie definieren Sie Koma?
- ☐ Nennen Sie mögliche Auslöser eines Komas im Kindesalter.
- ☐ Wie quantifizieren Sie die Schwere des Komas bei einem Zweijährigen?
- ☐ Nennen Sie einige wichtige diagnostische Maßnahmen zur Klärung der Komaursache.

Schädel-Hirn-Trauma

Definition

Schädel-Hirn-Trauma (SHT): Folge äußerer Gewalteinwirkung auf den Schädel.

Epidemiologie

In Deutschland verunglücken jährlich etwa 1,5–2 Mio. Kinder (700–1.000 tödlich).

Ätiologie

Im 1. Lebensjahr v.a. akzidentelle Stürze vom Wickeltisch, nicht akzidentell durch Schütteltrauma. Ab dem 5. Lebensjahr zunehmend Verkehrsunfälle.

Klinik

Leichtes oder moderates SHT mit Glasgow Coma Scale (GCS) 9–15.

- Kurze Bewusstlosigkeit
- Amnesie
- Übelkeit
- Erbrechen
- Kopfschmerzen
- Schwindel
- Transitorische kurzzeitige Amaurose.

Schweres SHT mit GCS < 8.

- Primäre Bewusstlosigkeit
- Neurologische Herdzeichen
- Blut- oder Liquoraustritt aus Nase und/oder Ohren
- Monokel-, Brillenhämatom
- Frakturspalt tastbar.

Komplikationen.

- Persistierende Lähmungen
- Spastik
- Persistierende psychomotorische Störungen
- Maligne therapierefraktäre Erhöhung des intrakraniellen Drucks mit Minderperfusion des Gehirns und Einklemmung des Hirnstamms.

Diagnose

- GCS: Schwere festlegen
- Sonografie-Thorax und -Abdomen: Polytrauma?
- Hirnnervenprüfung, ophthalmologische Untersuchung: Stauungspapille?
- Bildgebung Schädel: Röntgen, Sonografie, CT ist obligat bei GCS < 8
- Hirndrucksonde
- Evozierte Potenziale
- Transkranielle Dopplersonografie
- EEG.

Therapie

Leichtes oder moderates SHT. 48 h Überwachung, bei Erbrechen Nahrungskarenz.

Schweres SHT.

- Vitalparameter sichern
- Grunderkrankungen und Verletzungen behandeln
- Hirndruckprophylaxe.

CHECK-UP

- ☐ Wie klassifizieren Sie das SHT?
- ☐ Welche sind die häufigsten Ursachen für SHT im Kindesalter?
- ☐ Welche diagnostischen Maßnahmen leiten Sie ein?
- ☐ Nennen Sie die therapeutischen Routinemaßnahmen bei schwerem SHT.

20 Pädiatrische Notfälle

Unfallfolgen stellen heute in den Industrieländern nach der Neugeborenenperiode die häufigste Todesursache im Kindesalter dar. Etwa 1.000 Kinder sterben in Deutschland jährlich an den Folgen eines Unfalls. 2.000 Kinder jährlich ziehen sich durch einen Unfall bleibende Behinderungen zu. 50 % der tödlich verletzten Kinder sind 1–5 Jahre alt.

Verbrennungen und Verbrühungen

Ätiologie

Häusliche Unfälle mit heißen Flüssigkeiten sowie Grill- und Feuerwerksunfälle und Hausbrände.

Pathophysiologie

Gewebsnekrosen, Kapillarkoagulation und Endothelschäden durch thermische Schädigung.

Klinik

Einteilung:
- Grad I: Rötung und schmerzhafte Schwellung der Epidermis
- Grad II: Blasenbildung, heftige Schmerzen in Epidermis und Dermis
- Grad III: weißgraue Nekrosen an gesamter Haut inklusive Hautanhangsgebilden.

Ausmaß der geschädigten Körperoberfläche mithilfe der Neunerregel abschätzen (→ Abb. 20.1).

Komplikationen.
- Wundinfektion
- Sepsis
- Herzinsuffizienz
- Lungenödem
- Respiratorische Insuffizienz
- Hirnödem, Niereninsuffizienz
- Stressbedingte gastrointestinale Blutungen
- Keloidbildung
- Kontrakturen.

Therapie

Sofortmaßnahmen am Unfallort.
- Entfernng des Patienten aus der Gefahrenzone
- Lokale Kühlung mit Wasser
- Effektive Schmerztherapie
- Wunde abdecken.

Stationär.
- Flüssigkeitszufuhr i.v.
- Großzügige Intubation und antibiotische Therapie
- Tetanusschutz
- Parenterale Ernährung
- Intensive physiotherapeutische Maßnahmen
- Rehabilitationsmaßnahmen.

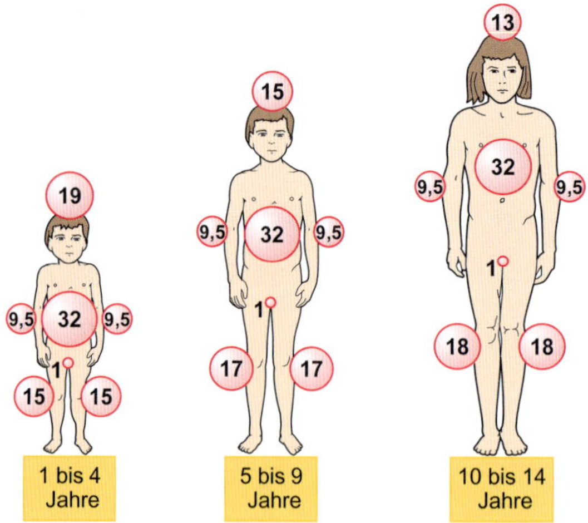

Abb. 20.1 Neunerregel zur Abschätzung des prozentualen Anteils der Körperteile an der Körperoberfläche

■ CHECK-UP:

- ☐ Beschreiben Sie die klinischen Schweregrade der Verbrennung.
- ☐ Welche Erstmaßnahmen am Unfallort sind von entscheidender Bedeutung?
- ☐ Welche Therapiemaßnahmen werden in der Klink eingeleitet?

Ertrinkungsunfälle

Ätiologie

Im Kleinkindalter ertrinken Kinder häufig in Gartenteichen und Schwimmbädern, Adoleszente in offenen Naturgewässern.

Klinik

Hypoxiebedingter Kreislaufstillstand.

Therapie

- Unfallopfer retten
- Atemwege sichern
- I.v. Zugang, Intubation und Beatmung mit positivem endexspiratorischen Druck (PEEP)
- Wärmekonservierung
- Transport in die Klinik
- Hirnödemtherapie.

> Die langfristige Prognose nach einem Ertrinkungsunfall hängt entscheidend von der schnellen und guten Erstbehandlung ab.

Vergiftungen

Definitionen

Ingestionsunfall: akzidentelle Einnahme von möglicherweise schädigenden Substanzen oder Dingen.
Vergiftung: Ingestionsunfall, der zu Krankheitssymptomen führt.

Epidemiologie

In Deutschland kommt es jährlich zu 200.000 Ingestionsunfällen, 90 % betreffen Kinder im Alter zwischen 10 Monaten und 5 Jahren.

Klinik

Vergiftungszeichen:

- Verwirrung, Somnolenz
- Ataxie, Hypotonie
- Übelkeit, Erbrechen
- Koma
- Krämpfe
- Kreislauf- und Organversagen.

Vergiftungszeichen treten in engem zeitlichen Zusammenhang mit der Ingestion des Gifts auf. Ausnahmen mit typischerweise symptomfreiem Intervall:

- Chlorierte Kohlenwasserstoffe
- Eisen, Schwermetalle
- Ethylenglykol, Methanol
- Paracetamol
- Paraquat
- Knollenblätterpilz, Pfaffenhütchen.

Diagnose

- Anamnese: Sechs wichtige Fragen: Wer? Wann? Was? Wie viel? Wie? Weshalb?
- Notfalluntersuchung
- Typische Hinweise auf charakteristische Vergiftungssyndrome?

Therapie

Primäre Giftentfernung.

- Induziertes Erbrechen durch Ipecacuanha-Sirup: Magentleerung vollständiger als bei Magenspülung
- Magenspülung: wird wegen der geringeren Effektivität und der Gefahr der Wasserintoxikation beim Kleinkind nur noch selten durchgeführt
- Aktivkohle p.o. zur Giftabsorption
- Laxans, z.B. Glaubersalz p.o., zur Beschleunigung der Darmpassage.

Sekundäre Giftentfernung.
- Forcierte Diurese
- Dialyse
- Hämofiltration
- Austauschtransfusion.

Kontraindikationen für induziertes Erbrechen:
- Somnolenz und Bewusstlosigkeit
- Ingestionsunfälle bei jungen Säuglingen
- Verätzungen mit Säuren und Laugen
- Ingestion schäumender Substanzen
- Ingestion von Kohlenwasserstoffen
- Epileptische Anfälle.

CHECK-UP:

☐ Welche Fragen stellen Sie bei Erstkontakt mit einem Vergiftungsopfer?
☐ Welche Methoden der Giftelimination kennen Sie?
☐ Nennen Sie wichtige Kontraindikationen für induziertes Erbrechen.

Pädiatrische Reanimation

Algorithmus der lebensrettenden Basismaßnahmen und erweiterten lebensrettenden Maßnahmen bei Kindern

→ Abb. 20.2 und 20.3.

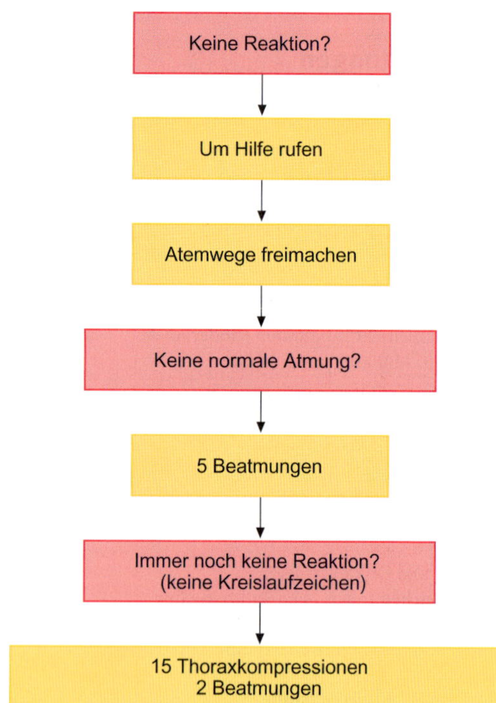

Nach 1 Minute Verständigung des Reanimationsteams und Fortführung der CPR.

Abb. 20.2 Algorithmus der lebensrettenden Basismaßnahmen bei Kindern, modifiziert nach Abschnitt 6 der Leitlinien zur Reanimation 2010 des European Resuscitation Council

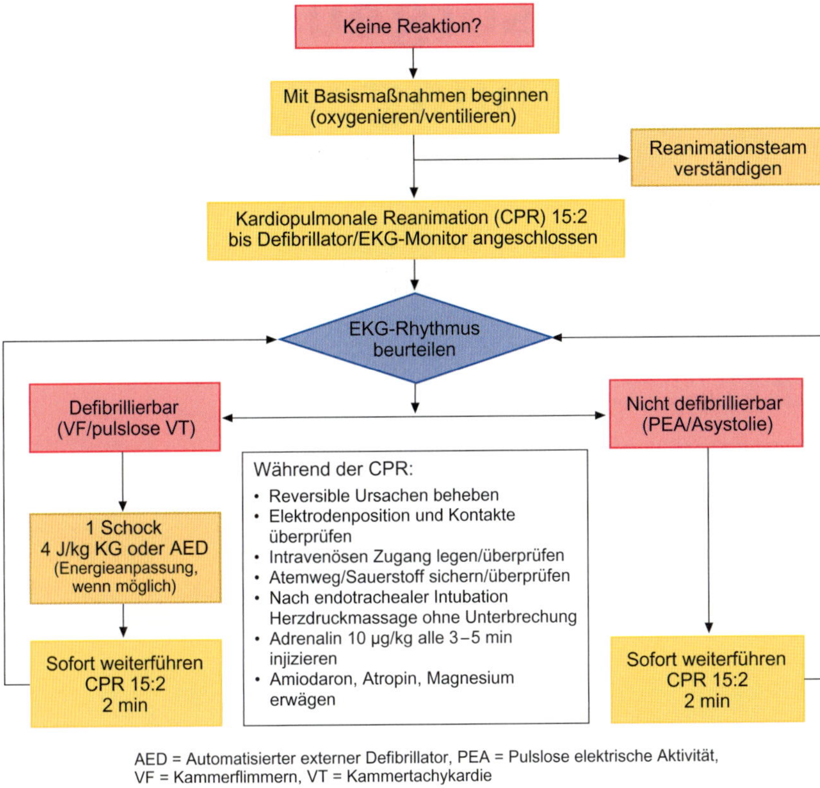

Abb. 20.3 Algorithmus der erweiterten lebensrettenden Maßnahmen bei Kindern, modifiziert nach Abschnitt 6 der Leitlinien zur Reanimation 2010 des European Resuscitation Council

Ätiologie

Bei Kindern ist die Hypoxie die häufigste Ursache für einen Atem-Kreislauf-Stillstand.

Reversible Ursachen für einen Atem-Kreislauf-Stillstand bei Kindern:

4 H:

- **H**ypoxie
- **H**ypovolämie
- **H**yper-, Hypokaliämie
- **H**ypothermie.

4 HITS:

- **H**erzbeuteltamponade
- **I**ntoxikation
- **T**hromboembolie
- **S**pannungspneumothorax.

21 Vorsorgeuntersuchungen im Kindesalter

Untersuchungsschwerpunkte und altersgemäße Entwicklung

Ziel des Vorsorgeprogramms ist die Früherkennung von Erkrankungen, die die normale körperliche und geistige Entwicklung des Kindes gefährden. Bei jeder Vorsorgeuntersuchung werden Gewicht, Körperlänge und Kopfumfang gemessen und in das Somatogramm des gelben Vorsorgehefts eingetragen. Zusätzlich wird der Körper des entkleideten Kinds vollständig untersucht.

Vorsorgeuntersuchungen	Empfohlener Zeitraum
U1	10–15 min nach der Geburt
U2	3.–10. Lebenstag
U3	4.–6. Lebenswoche
U4	3.–4. Lebensmonat
U5	6.–7. Lebensmonat
U6	10.–12. Lebensmonat
U7	21.–24. Lebensmonat
U7a*	3 Jahre
U8	3,5–4 Jahre
U9	5–5,5 Jahre
U10*	7–8 Jahre
U11*	9–10 Jahre
J1	12–13 Jahre
J2*	16–17 Jahre

* Vom Berufsverband der Kinder- und Jugendärzte (BVKJ) zusätzlich empfohlene Untersuchungen.

Tab. 21.1 Meilensteine der motorischen Entwicklung

Alter	Fähigkeiten
1 Monat	In schwebender Bauchlage wird der Kopf einige Sekunden in Rumpfebene gehalten
3 Monate	• Sicheres Kopfheben in Bauchlage • Hände werden in Rückenlage über der Körpermitte zusammengebracht
6 Monate	• Hochziehen zum Sitzen • Spielzeug wird gehalten und von einer Hand in die andere gewechselt
9 Monate	Sicheres freies Sitzen
12 Monate	Sicheres Stehen mit Festhalten an Möbeln und Wänden
18 Monate	Freies Gehen mit sicherem Gleichgewicht
2 Jahre	Sicheres Rennen und Umsteuerung von Hindernissen
3 Jahre	Beidbeiniges Abhüpfen von unterster Treppenstufe
4 Jahre	Koordiniertes Treten und Steuern eines Dreirads o.Ä.
5 Jahre	Bewältigung der Treppen beim Auf- und Abgehen freihändig und mit Beinwechsel ohne Schwierigkeiten

Eine Vielzahl von Reflexen und Bewegungsautomatismen ist in den ersten Lebenswochen und -monaten physiologisch nachweisbar und verschwindet mit zunehmender Ausreifung des ZNS. Ein zentraler Bestandteil der Vorsorgeuntersuchungen ist es, diese Primitivreaktionen zu bewerten. Auch die altersgemäße psychomotorische Entwicklung wird beurteilt (→ Tab. 21.1).

CHECK-UP

- ☐ Nennen Sie das Ziel des Vorsorgeprogramms im Kindesalter.
- ☐ Welche Maßnahmen werden bei jeder Vorsorgeuntersuchung durchgeführt?
- ☐ In welchem Dokument werden die erhobenen Befunde aufgezeichnet?

Vorsorgeuntersuchungen

U1

Durchführung **1–10 Minuten postnatal**, im Kreißsaal.

- Vitalzustand des Kindes beurteilen: Ist eine Intensivtherapie erforderlich?
  - Hautkolorit
  - Atmung
  - Muskeltonus
  - Reflexe bei Nasensondierung
  - Herzfrequenz
- Befunde nach APGAR-Schema klassifizieren: 1 Minute, 5 und 10 Minuten nach Geburt
- Nabelschnur-pH-Wert messen
- Reifegrad des Kinds bestimmen
- Geburtsverletzungen und Fehlbildungen ausschließen
- Vitamin K: 2 mg p.o.
- Daten zu Schwangerschaft und Geburt in das gelbe Heft eintragen.

U2

Durchführung am **3.–10. Lebenstag**.

- Umfassende Untersuchung, um behandlungs- oder kontrollbedürftige Befunde und eingehende klinische Untersuchung zu erfassen
- Erweitertes Neugeborenenscreening auf angeborene Stoffwechselerkrankungen und Endokrinopathien
- Screening auf angeborene Hörstörungen
- Sonografie der Hüfte, um Hüftgelenkdysplasie auszuschließen, falls hohes Risiko besteht, ansonsten erst in U3
- Vitamin K: 2 mg p.o.
- Rachitis-, Fluor- und Jodprophylaxe besprechen (→ Tab 21.2 und 21.3).

U3

Durchführung in **4.–6. Lebenswoche**.

- Eingehende körperliche Untersuchung
- Lautieren, Sozial- und Spielverhalten untersuchen
- Primitivreflexe überprüfen
- Normale motorische Entwicklung überprüfen
- Vitamin K: 2 mg p.o.
- Rachitis-, Fluor- und Jodprophylaxe erneut besprechen
- Sonografie der Hüfte, um Hüftgelenkdysplasie auszuschließen.

Tab. 21.2 Orientierende altersabhängige Empfehlungen zur Fluoridprophylaxe

Alter	Fluoridmenge [mg/d]
1.–2. Lebensjahr	0,50
2.–3. Lebensjahr	0,75
6.–18. Lebensjahr	1,00
Diese Angaben gelten für einen Fluoridgehalt des Trinkwassers unter 0,25 mg/l.	

Tab. 21.3 Orientierende altersabhängige Empfehlungen zur Jodidprophylaxe

Alter	Jodidmenge [µg/d]
0–4 Monate	50
4–12 Monate	80
1–13 Jahre	100
Ab 13 Jahre	200

U4

Durchführung im **3.–4. Lebensmonat**.

- Sorgfältige körperliche Untersuchung: Liegen Störungen des Muskeltonus oder der Koordination vor?
- Sehen und Hören klinisch untersuchen
- Ernährungsberatung
- Erste Impfungen durchführen.

> Anlässlich der U4 können erste Impfungen durchgeführt werden, die jedoch im engeren Sinn nicht zur Vorsorgeuntersuchung gehören.

U5

Durchführung im **6.–7. Lebensmonat**.

- Sorgfältige Untersuchung: Liegen zerebrale Bewegungsstörungen vor? Geistige und motorische Entwicklung beurteilen
- Kindliche Reaktionsweisen beobachten:
  - Blickkontakt
  - Reaktion auf akustische Reize
- Hörprüfung mit Kleinaudiometer
- Augen untersuchen: Strabismus?
- Rachitis-, Fluor- und Jodprophylaxe erneut besprechen
- Impfungen durchführen.

U6

Durchführung im **10.–12. Lebensmonat**.

- Sorgfältige Untersuchung: Körperkoordination, motorische Fähigkeiten, Sinnes- und Sprachentwicklung beurteilen
- Ernährungsberatung
- Hörprüfung
- Augen untersuchen: Strabismus?
- Impfstatus überprüfen.

U7

Durchführung im **21.–24. Lebensmonat**.

- Motorische Entwicklung beurteilen:
  - Gangbild
  - Treppensteigen
  - Aufrichten aus der Hocke
  - Schnelles Laufen
- Fuß-, Bein- und Wirbelsäulendeformitäten, Beckenschiefstand?
- Nach Verhaltensauffälligkeiten oder Fieberkrämpfen fragen
- Fortführung der Fluor- und Jodprophylaxe besprechen
- Impfstatus überprüfen.

U7a

Die U7a ist eine der neueren zusätzlichen Vorsorgeuntersuchungen und wird im Alter von **3 Jahren** durchgeführt.

- Erkennen und Behandeln von:
  - Allergien
  - Sozialisations- und Verhaltensstörungen
  - Übergewicht, Sprachentwicklungsstörungen
  - Zahn-, Mund- und Kieferanomalien
- Primärprävention:
  - Unfall-, Gewalt-, Allergieprävention
  - Zahnpflege
  - Ernährungsberatung
  - Umgang mit Suchtmitteln in der Familie
  - UV-Schutz.

U8

Durchführung im **43.–48. Lebensmonat**.

- Verhaltensauffälligkeiten erfassen:
  - Enuresis
  - Enkopresis
  - Trotzreaktionen
  - Konzentrationsschwierigkeiten
  - Stereotypien
  - Schlafstörungen
- Sprachstörungen erfassen:
  - Altersentsprechende Sprache
  - Stottern
  - Dyslalie
  - Dysarthrie
- Kindergartenfähigkeit besprechen
- Hörprüfung mit Kleinaudiometer, Tympanometrie
- Sehprüfung mit Sehtafeln oder Sehtestgerät
- Eingehende neurologische Untersuchung: Muskeltonus, Ataxie, Koordinationsstörungen, Tremor, Hirnnervenlähmungen
- Urin untersuchen mittels Teststreifen
- Tuberkulintestung.

U9

Durchführung im **60.–64. Lebensmonat**.

- Ausführliche Anamnese:
  - Infektionen
  - Sprachstörungen
  - Verhaltensauffälligkeiten
  - Motorische Ungeschicklichkeit
  - Atemnotepisoden
- Seh- und Hörprüfung
- Grob- und Feinmotorik überprüfen
- Sprechfähigkeit überprüfen
- Bedeutung von Fluor- und Jodprophylaxe besprechen
- Tuberkulintestung
- Urin untersuchen mittels Teststreifen
- Blutdruck messen.

U10

Die U10 ist eine der neueren, zusätzlichen Vorsorgeuntersuchungen und wird im Alter von **7–8 Jahren** durchgeführt.

- Erkennen umschriebener Entwicklungsstörungen:
  - Lese-Rechtschreib-, Rechenstörungen
  - Verhaltensstörungen
  - Störungen der motorischen Entwicklung
- Primärprävention:
  - Bewegungs- und Sportförderung
  - Unfall-, Gewalt-, Allergieprävention
  - Umgang mit Suchtmitteln in der Familie
  - Ernährungs-, Medien-, Schulberatung
  - UV-Schutz.

U11

Die U11 ist eine der neueren zusätzlichen Vorsorgeuntersuchungen und wird im Alter von **9–10 Jahren** durchgeführt.

- Erkennen und Behandeln von:
  - Schulleistungs-, Sozialisations- und Verhaltensstörungen
  - Zahn-, Mund und Kieferanomalien
  - Gesundheitsschädigendem Medienverhalten
- Primärprävention siehe oben.

J1

Durchführung im Alter von **12–13 Jahren**.

- Ausführliche Anamnese und körperliche Untersuchung, Pubertätsentwicklung beurteilen
- Urin untersuchen
- Cholesterinbestimmung i.S.
- Blutdruck messen
- Impfstatus überprüfen
- Sexualhygienische Fragen besprechen.

J2

Die J2 ist eine der neueren zusätzlichen Vorsorgeuntersuchungen und wird im Alter von **16–17 Jahren** durchgeführt.

- Erkennen und Behandeln von:
  - Haltungsstörungen
  - Struma
  - Sozialisations- und Verhaltensstörungen
- Primärprävention siehe oben, zusätzlich folgende Themen besprechen:
  - Sexualität
  - Antikonzeption
  - HIV
  - Partnerschaft und Familie
  - Berufsberatung.

CHECK-UP

- ☐ Wann wird die U3 durchgeführt?
- ☐ Welche Untersuchungen werden anlässlich der U3 durchgeführt?
- ☐ Welche Prophylaxe wird im Rahmen der U3 durchgeführt?

Neugeborenenscreening auf angeborene Stoffwechselerkrankungen und Endokrinopathien

2005 haben die gesetzlichen Krankenkassen das erweiterte Neugeborenenscreening in den Leistungskatalog aufgenommen.

Zielerkrankungen

- Hypothyreose
- Adrenogenitales Syndrom
- Biotinidasemangel, Galaktosämie
- Hyperphenylalaninämie, Ahornsiruperkrankung
- Medium-Chain-Acyl-CoA-Dehydrogenase-(MCAD-)Mangel
- Long-Chain-3-Hydroxy-Acyl-CoA-Dehydrogenase-(LCHAD-)Mangel
- Very-Long-Chain-Acyl-CoA-Dehydrogenase-(VLCAD-)Mangel
- Carnitinzyklusdefekte
- Glutarazidurie Typ 1
- Isovalerianazidämie.

Durchführung

Blutentnahme am **3. Lebenstag** – idealerweise im Alter von 48 h. Bei Erstscreening vor der 36. Lebensstunde bzw. bei Frühgeborenen vor der 32. SSW ist ein Zweitscreening erforderlich. Blutproben – meist Fersenblut – werden auf Filterpapierkarten aufgetropft. Filterpapierkarte unbedingt am Tag der Blutentnahme versenden!

> Das Screeningergebnis ist unabhängig von der Ernährung oder antibiotischer Therapie.

Methoden

Tandemmassenspektrometrie, z.T. enzymatische Verfahren.

Detektionsraten

1:1.300.

Chancen und Risiken

> Aus den Ergebnissen des Neugeborenenscreenings kann lediglich der Verdacht abgeleitet werden, dass eine Erkrankung vorliegt. Die Diagnose muss stets durch unabhängige Methoden bestätigt werden. Ein positives Screeningergebnis ist also niemals mit einer Diagnose gleichzusetzen.

■ CHECK-UP

- ☐ Nennen Sie die Erkrankungen, die Bestandteil des erweiterten Neugeborenenscreenings auf angeborene Stoffwechselerkrankungen und Endokrinopathien in Deutschland sind.
- ☐ An welchem Lebenstag sollten Sie Blut für das Neugeborenenscreening entnehmen?
- ☐ Inwiefern wird das Testergebnis durch eine antibiotische Therapie verfälscht?
- ☐ Wie verhalten Sie sich nach Erhalt eines positiven Screeningergebnisses?

Neugeborenenscreening auf angeborene Hörstörungen

Hintergrund

1–2:1.000 Neugeborene haben permanente Hörstörungen, die ohne Intervention zu bleibenden Beeinträchtigungen der sprachlichen, intellektuellen, sozialen und emotionalen Entwicklung führen.

Durchführung

- Untersuchung aller Neugeborenen am **2.–10. Lebenstag**
- Kontrollscreening bei auffälligem Befund innerhalb von 4 Wochen
- Bei erneut auffälligem Befund: HNO-ärztliches Konsil und Therapie vor Ende des 6. Lebensmonats beginnen.

Methoden

Otoakustische Emissionen (OAE), Ableitung akustisch evozierter Hirnstammpotenziale (AABR).

■ CHECK-UP

- ☐ Warum ist die Durchführung eines Neugeborenenscreenings auf Hörstörungen sinnvoll?
- ☐ In welchem Lebensalter sollte das Hörscreening durchgeführt werden?
- ☐ Welche Methoden kommen hierbei zum Einsatz?

Sonografische Screeninguntersuchung zum Ausschluss einer Hüftgelenkdysplasie

Epidemiologie

Hüftgelenkdysplasie: 3 % aller Neugeborenen, ♀:♂ = 5:1.

Durchführung

Standardisierte Sonografie der Hüfte beim Neugeborenen nach Graf bei der U3. Bei Risikofaktoren schon bei der U2.

Das Risiko einer Hüftdysplasie ist erhöht bei:

- Geburt aus Beckenendlage
- Positiver Familienanamnese
- Stellungsanomalien der Füße
- Abspreizhemmung der Hüfte.

Therapie

Beginn der Therapie **so früh wie möglich**, spätestens am Anfang der 6. Lebenswoche.

Je nach Typ der Hüftgelenkdysplasie.

- Kontrolluntersuchung
- Spreizhosenbehandlung
- Overheadextensionsbehandlung mit anschließender Ruhigstellung im Gips
- Manuelle oder operative Reposition mit anschließender Gipsbehandlung.

Komplikation. Hüftkopfnekrose.

■ CHECK-UP

- ☐ Wann wird die Hüftsonografie durchgeführt?
- ☐ Nennen Sie Risikofaktoren für das Vorliegen einer Hüftgelenkdysplasie.
- ☐ Wann sollte bei gesicherter Hüftgelenkdysplasie mit der Therapie begonnen werden?
- ☐ Nennen Sie die therapeutischen Maßnahmen bei Hüftgelenkdysplasie.
- ☐ Welche ist die gefürchtete Komplikation einer angeborenen Hüftgelenkdysplasie?

22 Kinderpsychologie und Sozialpädiatrie

Anorexia nervosa

Definition
Überwiegend bei Mädchen in der Pubertät auftretende, selbst verursachte, extreme Gewichtsabnahme oder unzureichende altersentsprechende Gewichtszunahme, die mit der Überzeugung einhergeht, trotz Untergewicht zu dick zu sein.

Epidemiologie
Häufigkeit bei Mädchen: 0,5–1 %.

Klinik
- **Untergewicht:** Body-mass-index (BMI) < 10. Perzentile
- Betroffene schränken Kalorienzufuhr ein, beschäftigen sich zwanghaft anmutend mit dem Körpergewicht, sind depressiv verstimmt, zeigen ausgeprägten Ehrgeiz bei hoher Intelligenz
- Amenorrhö, Haarausfall, Osteoporose, reversible Pseudoatrophie des Gehirns, Kälteempfindlichkeit.

BMI-Werte unter 13 kg/m² gehen mit einer deutlich erhöhten Mortalitätsrate einher.

Diagnose
- Körpergewicht mindestens 15 % unterhalb der Norm: BMI < 17,5 kg/m²
- Selbst verursachter Gewichtsverlust
- Körperschemastörung
- Endokrine Störungen
- Störung der Pubertätsentwicklung.

Therapie
Umfassendes Betreuungskonzept:
- Behandlungsmotivation
- Gewichtszunahme
- Normalisierung des Essverhaltens
- Psychotherapie.

CHECK-UP
- ☐ Welche Altersgruppe ist bei der Anorexia nervosa besonders gefährdet?
- ☐ Beschreiben Sie die typische klinische Symptomatik der Anorexia nervosa.
- ☐ Wie stellen Sie die Diagnose einer Anorexia nervosa?
- ☐ Beschreiben Sie das therapeutische Vorgehen bei Anorexia nervosa.

Adipositas

Definition
Pathologische Erhöhung des Körperfettanteils an der Gesamtkörpermasse.

Epidemiologie
Steigende Häufigkeit in Industrienationen.

Klinik
- Schwere, große Kinder (akzeleriertes Längenwachstum)
- Striae distensae
- Pseudogynäkomastie, Pseudohypogenitalismus bei Jungen
- Frühzeitige Pubertätsentwicklung bei Mädchen.

Komplikationen.
- Diabetes mellitus Typ 2
- Dyslipoproteinämien
- Erhöhtes Atheroskleroserisiko
- Orthopädische Folgekrankheiten: Genua valga, aseptische Nekrose der Tibiaepiphyse
- Obstruktive Schlafapnoen
- Fettleber
- Gastroösophagealer Reflux
- Pseudotumor cerebri.

Diagnose
- Gewicht, Länge, BMI dokumentieren
- Blutdruckmessung
- Cholesterin, Triglyzeride, Harnsäure i.S. bestimmen
- Ggf. oraler Glukosetoleranztest
- Orthopädisches Konsil.

Therapie
Umfassendes Betreuungskonzept:
- Gesunde Ernährung
- Ausreichende körperliche Bewegung
- Reduktion oder Elimination der Komorbidität.

Kindesmisshandlung und Kindesmissbrauch

Definitionen

- **Körperliche Misshandlung:** Gewaltanwendung durch Erwachsene gegenüber Kindern, die zu Wunden, körperlichem Trauma sowie schweren Schädigungen führen kann
- **Sexueller Missbrauch:** Beteiligung von Kindern und Jugendlichen an sexuellen Aktivitäten, die sie nicht oder nicht in allen Konsequenzen verstehen, denen sie nicht verantwortlich zustimmen können oder die soziale Tabus im Rahmen familiärer Strukturen verletzen.

Epidemiologie

Vorsichtige Schätzungen ergeben fünf betroffene Kinder auf 1.000 Geburten/Jahr.

Ätiologie

- Initiale Ablehnungshaltung der Eltern gegenüber dem Kind
- Persönlichkeitsprobleme der Eltern
- Widrige familiäre Bedingungen.

Klinik

- **Hautveränderungen:** Narben, Striemen, unterschiedlich alte Hämatome, Bissverletzungen, Würgemale
- **Konjunktivale Einblutungen**
- Brandverletzungen: kreisrund, am Gesäß, strumpfförmig an den Füßen
- Frakturen
- Schädel-Hirn-Trauma: **Schütteltrauma**
- Kopf-, Bauchschmerzen, Übelkeit
- Gangstörung
- Verletzungen im Genital-, Analbereich
- Auffällige Verhaltensmuster.

Die Kombination eines subduralen Hämatoms mit typischen Knochenveränderungen und/oder typischen Hautveränderungen ist pathognomonisch für eine Kindesmisshandlung.

Diagnose

- Gespräch mit Familie und Patient
- Sorgfältig klinisch untersuchen, kindergynäkologisch und Skelettsystem untersuchen
- Labor: Blutbild, Gerinnungsstatus, Eisenstatus, Vitamin D, Parathormon
- Apparative Untersuchungen: Röntgen Schädel, cCT, Skelettstatus, Sonografie-Abdomen, ophthalmologische Untersuchung.

Bei Verdacht auf Kindesmisshandlung sollten alle körperlichen Auffälligkeiten sorgfältig fotografisch dokumentiert werden.

Differenzialdiagnose

- Leukämie
- Primäre Gerinnungsstörung
- Rachitis
- Osteogenesis imperfecta
- Metaphysär lokalisierte Skelettdysplasien.

Therapie

- **Sicherheit** für das Kind und praktische Hilfen
- Inobhutnahme: Kind aus der Familie nehmen
- Jugendamt, Psychologen, Sozialpädagogen, Kinder- und Jugendpsychiater, Erzieher, Polizei einschalten.

CHECK-UP

- ☐ Definieren Sie die Begriffe körperliche Misshandlung und sexueller Missbrauch.
- ☐ Nennen Sie körperliche Untersuchungsbefunde, die an eine Kindesmisshandlung denken lassen.
- ☐ Welche diagnostischen Maßnahmen ziehen Sie bei V.a. Kindesmisshandlung in Betracht?
- ☐ Worin besteht Ihre erste therapeutische Maßnahme bei V.a. Kindesmisshandlung?

Enuresis

Definition

Unkontrollierte Harnentleerung ab dem Alter von 4–5 Jahren.

Epidemiologie

14 % aller Kinder im Alter von 5 Jahren sind noch nicht dauerhaft kontinent.

Ätiologie

Primäre Enuresis. Das Kind war noch zu keiner Zeit kontinent.

Sekundäre Enuresis.

- Wiedereinnässen
- Psychische Probleme
- Neurogene Blasenfunktionsstörung
- Urogenitale Fehlbildungen
- Harnwegsinfektionen
- Genetische Faktoren.

Klinik

Einnässen in unterschiedlicher Frequenz tagsüber (Enuresis diurna) oder nachts (Enuresis nocturna).

Diagnose

- Anamnese
- Enuresiskalender
- Sonografie
- Urodynamik
- Uroflowmetrie.

Therapie

Die Behandlung der nicht organisch bedingten Enuresis erfolgt interdisziplinär.

- Enuresiskalender mit Belohnungsstrategien
- Toilettenerziehung
- Verhaltenstherapeutische Maßnahmen
- In therapieresistenten Fällen kann eine Therapie mit Minirin erwogen werden.

Bei organischer Enuresis erfolgt die Behandlung der Grunderkrankung.

Enkopresis

Definition

Willkürlicher oder nicht willkürlicher Stuhlabgang nach dem 4. Lebensjahr, nicht selten mit Kotschmieren assoziiert.

Epidemiologie

1,5 % der 8-Jährigen, 0,8 % der 12-Jährigen.

Ätiologie

- Primäre Enkopresis: allgemeine Entwicklungsverzögerung, Einschränkung der intellektuellen Funktionen, Behinderung
- Sekundäre Enkopresis: chronisch-habituelle Obstipation, Konfliktsituationen.

Klinik

Einkoten.

Diagnose

Anamnese, eingehende körperliche und neurologische sowie rektale Untersuchung.

Therapie

Bei chronisch-habitueller Obstipation konsequente Darmentleerung und Normalisierung der Stuhlfrequenz.

Legasthenie

Definition

Beeinträchtigte Entwicklung der Lesefähigkeit, die nicht zurückgeführt werden kann auf Intelligenzminderung, Hör-, Sehstörung oder andere Erkrankungen.

Epidemiologie

7 % der Kinder im Alter von 8 Jahren, ♂ > ♀.

Klinik

Lesefähigkeit und Rechtschreibleistung bei normalem Intelligenzquotienten liegt deutlich unter der altersentsprechenden Norm.

Anamnestisch:
- Sprachentwicklungsverzögerung
- Aufmerksamkeitsstörungen
- Hyperaktivität
- Sekundär emotionale Störungen
- Konzentrationsstörungen
- Psychosomatische Symptome
- Depressive Verstimmungen.

Diagnose
- Klinisch-psychiatrische und neurologische Untersuchung
- Hör- und Sehprüfung
- Intelligenztestung
- Psychologische Testung.

Therapie
Lesen und Rechtschreiben im Rahmen einer schulischen Förderung üben.

Frühkindlicher Autismus

Definition
Hochgradige, interpersonelle Kontaktstörung mit genereller Entwicklungsverzögerung. Unfähigkeit, Emotionen auszudrücken. Stereotypien und Sprachauffälligkeiten.

Epidemiologie
3:10.000, ♂ > ♀.

Klinik
- Verzögerte Entwicklung
- Fehlender Blickkontakt
- Emotionale Entwicklung fehlt nahezu
- Extreme Kontaktstörung
- Motorische Auffälligkeiten, Stereotypien
- Verzögerte Sprachentwicklung, Neigung zu Wortneubildung, Echolalie.

Diagnose
- Beurteilungsskalen
- Eingehende Entwicklungsdiagnostik
- cMRT, um zugrunde liegende anatomische Veränderungen des Gehirns auszuschließen.

Therapie
- Die Behandlung ist schwierig und erfordert viel Geduld von allen Beteiligten
- **Verhaltenstherapeutische Maßnahmen** und gezielte Frühförderung.

Stottern

Definition
Situationsbedingte Redeflussstörung.

Epidemiologie
5 % der 5-jährigen Jungen und 2 % der 5-jährigen Mädchen.

Klinik
- Klonisches Stottern: Wiederholungen bei Sprechbeginn
- Tonisches Stottern: Blockierung bei Sprechablauf.

Therapie
Verhaltenstherapeutisch ausgerichtete Übungsbehandlung. Patienten psychologisch entlasten.

Aufmerksamkeits-Defizit-Hyperaktivitäts-Störung

Definition
Aufmerksamkeits-Defizit-Hyperaktivitäts-Störung (ADHS): unaufmerksames und impulsives Verhalten mit oder ohne Hyperaktivität, das nicht dem Alter und Entwicklungsstand entspricht und zu Störungen in den sozialen Bezugssystemen führt.

Epidemiologie
6 % der 6–10 Jahre alten Kinder.

Ätiologie
Fehlerhafte Informationsverarbeitung zwischen Frontalhirn und Basalganglien infolge von Störungen im Neurotransmitterstoffwechsel.

Klinik
Leitsymptome: **Aufmerksamkeitsstörung, Impulsivität, Hyperaktivität** in altersvariabler Ausprägung.
Häufig komorbide Störungen:
- Aggressive Verhaltensstörung
- Depressive Störung
- Angst-, Zwangs-, Lernstörung
- Teilleistungsschwächen
- Tic-Störungen.

> Komorbide Störungen werden teilweise verstärkt, wenn die Umwelt auf ungünstiges Verhalten negativ reagiert.

Diagnose
- Anamnese
- Körperlicher und neurologischer Untersuchungsbefund
- Hör- und Sehprüfung
- Verhaltensbeobachtung
- ADHS-spezifische Fragebögen
- Testpsychologische Untersuchungen
- EEG, um Epilepsie auszuschließen.

Diagnosekriterien.
- Mindestens sechs Symptome von Unaufmerksamkeit seit mindestens 6 Monaten
- Mindestens sechs Symptome von Hyperaktivität oder Impulsivität seit mindestens 6 Monaten
- Auftreten einiger Symptome vor dem Alter von 7 Jahren
- Beeinträchtigung in mindestens zwei Bezugssystemen
- Deutliche Beeinträchtigung im sozialen und Lernleistungsbereich.

Differenzialdiagnose
- Altersentsprechend hohes Aktivitätsniveau
- Milieubedingte Verhaltensauffälligkeiten
- Isolierte Teilleistungsschwächen
- Epilepsie
- Nebenwirkungen von Medikamenten
- Folge eines Schlafapnoe-Syndroms
- Umschriebene Angststörungen
- Tic-Störungen
- Zwangsstörungen
- Psychosen
- Autismus
- Fragiles-X-Syndrom
- Hyperthyreose.

Therapie
- **Gespräch mit Eltern und Kind**
- Maßnahmen im gegenseitigen Umgang erarbeiten:
  - Tagesablauf strukturieren
  - Regeln und Grenzen festlegen
  - Positive Verstärkung
  - Freizeit konstruktiv planen
- Familien-, Erziehungsberatung
- Psychotherapie
- Förderkindergarten und -schule.

Bei deutlicher Beeinträchtigung im Leistungs- und psychosozialen Bereich: medikamentöse Therapie mit Psychostimulanzien wie beispielsweise Methylphenidat. Allerdings stieg die Menge an verordnetem Methylphenidat in den letzten Jahren auf das Zehnfache. Eine neue Arzneimittel-Richtlinie sieht daher vor, dass Methylphenidat nur noch eingesetzt werden darf, wenn die nichtmedikamentöse Therapie nicht erfolgreich ist.

CHECK-UP
- ☐ Nennen Sie die Leitsymptome der ADHS.
- ☐ Wie stellen Sie die Diagnose?
- ☐ Mit welchen therapeutischen Maßnahmen können Sie die ADHS behandeln?

Register